Java程序设计项目教程 （第2版）

主　编　唐春玲　蔡　茜
副主编　胡方霞　董　超
　　　　阮小伟　孙明刚
参　编　周士凯　李　敏
　　　　崔　涛　陈　宁
主　审　杨正益

重庆大学出版社

内容提要

本书采用 5 个项目来贯穿 Java 语言中基础知识:面向对象程序设计思想和相关概念,数组、异常处理、GUI 设计与实践处理、Java 输入/输出、Java 多线程、Socket 网络编程及数据库编程等内容。每个项目又分为若干任务,每个任务的完成离整个项目的完成就又进了一步。书中项目通俗易懂,由浅入深,符合学习者学习习惯。本书结构严谨、层次清晰、语言生动,课后有大量习题,可供学习者自我测试。

本书适合作为高等院校应用型本科、高职院校各专业学习 Java 语言的基础教材,也可作为相关工程技术人员和科技工作者的参考用书

图书在版编目(CIP)数据

Java 程序设计项目教程/唐春玲,蔡茜主编. --2
版. --重庆:重庆大学出版社,2020.1(2022.8 重印)
ISBN 978-7-5624-8463-9

Ⅰ.①J… Ⅱ.①唐…②蔡… Ⅲ.①JAVA 语言—程序
设计—教材 Ⅳ.①TP312.8

中国版本图书馆 CIP 数据核字(2019)第 011115 号

Java 程序设计项目教程
(第 2 版)

主　编　唐春玲　蔡　茜
副主编　胡方霞　董　超　阮小伟　孙明刚
参　编　周士凯　李　敏　崔　涛　陈　宁
主　审　杨正益

策划编辑:鲁　黎

责任编辑:文　鹏　　版式设计:鲁　黎
责任校对:谢　芳　　责任印制:张　策

*

重庆大学出版社出版发行
出版人:饶帮华
社址:重庆市沙坪坝区大学城西路 21 号
邮编:401331
电话:(023) 88617190　88617185(中小学)
传真:(023) 88617186　88617166
网址:http://www.cqup.com.cn
邮箱:fxk@cqup.com.cn(营销中心)
全国新华书店经销
重庆华林天美印务有限公司印刷

*

开本:787mm×1092mm　1/16　印张:16　字数:399 千
2014 年 8 月第 1 版　2019 年 1 月第 2 版　2022 年 8 月第 7 次印刷
ISBN 978-7-5624-8463-9　定价:38.00 元

国家骨干高职院校重点建设项目
——软件技术专业系列教材
编委会

主　任　任德齐　胡方霞

副主任　卢跃生　周树语　周士凯

委　员（按姓氏笔画排序）

朴大雁　伍技祥　李健苹　李　敏　张　曼　何　婕

陈郑军　陈显通　陈　继（企业）　周龙福　周　勇（企业）

周继松（企业）　袁方成（企业）　敖开云　唐志凌　唐春玲

龚　卫　黄治虎　董　超（企业）　蓝章礼　蔡　茜

总序

随着计算机的日益普及和移动互联网的飞速发展,信息与相关的软件技术已成为信息社会的运行平台和实施载体,软件已开始走向各个行业,软件技术应用的全面延伸对信息处理的软件技术的发展提出了更高要求,同时促进了软件技术和软件行业的飞速发展,软件技术已经成为当今发展最为迅速的技术之一。

当今世界衡量城市或地区国际竞争力、现代化程度和经济增长能力的重要标志是推行信息化的水平,在大量推进信息化建设过程中,对软件产品和软件技术产生的巨大的需求,使软件企业迅猛发展,因此,世界各国都面临着"软件产品开发、软件产品使用、软件产品维护"人才的巨大需求。而我国早在2004年《教育部财政部关于推进职业教育若干工作的意见》已将软件技术在内的计算机人才列为紧缺型人才。2012年6月,教育部颁布的《国家教育事业发展第十二个五年规划》中要求我们能培养出更多的能适应"产业转型升级和企业技术创新需要的发展型、复合型和创新型的技术技能人才",对高职教育人才培养方向的明确定位,增加了对高职教育人才培养的价值期待,以满足产业转型升级和技术创新需要。

重庆工商职业学院于2012年起作为国家骨干高职建设单位,积极探索校企合作工学结合人才培养新内涵。学校通过一系列的调研和准备工作,联合30多家企业、行业、院校和政府建立了政、行、企、校合作发展理事会,学院软件技术教学团队以合作发展理事会为纽带,认真开展软件人才需求调研。与重庆市经信委软件处、信息化处、重庆市服务外包协会、重庆市人力资源与社会保障局、重庆市软件技术行业协会、重庆德克特科技公司、重庆市亚德科技股份有限公司、重庆市博恩科技(集团)有限公司等多家单位共同编写了《应用软件开发职业人才标准》。依据人才标准,在重庆大学出版社的倡导下,组织具有丰富实践经验的软件企业技术人员和职业院校的一线教师，与软件行业实际紧密结合，共同编写了《软件技术专业系列教材》。

这套《软件技术专业系列教材》采用校企结合模式编写，结合全国软件企业发展状况，推出的面向全国、面向未来的教材，既汇集了高校专业教师们的理论知识，也汇聚了软件企业工程师们的宝贵经验。

为做好教材的编写工作，重庆大学出版社专门成立了由各行业专家组成的教材编写委员会。这些专家对软件技术专业教学作了深入细致的调查研究，对教材编写提出了许多建设性意见，反复审查，确保教材本身的高质量水平，对教材的教学思想和方法的先进性、科学性严格把关。

"校企合作"、"项目化"是本套系列教材的特点，教材将企业提供的真实项目解构重构为项目案例，分解项目案例为一个个的任务。在具体教学时，向学生发放要素齐全的项目任务单，明确项目教学的过程和相关知识点，极大地方便教师们实施"任务驱动"的课堂教学。

随着软件技术发展的需要，新技术的不断应用，本系列教材必然还要不断补充、完善，希望该套教材的出版能满足广大职业院校培养软件技术专业人才的需求，能成为开发人员的"良师益友"。

编委会

2014 年 10 月

前 言

随着移动互联技术的快速发展,Android 操作系统的迅速流行,Java 作为在 Android 操作系统上开发的程序设计语言,其发展非常迅速。Java 语言是由 Sun 公司开发的面向对象程序设计语言,主要特点表现在具有简单、面向对象、分布式、健壮性强、安全性能高等方面。同时,Java 还是一种跨平台的程序设计语言,可以运行在各种类型的计算机和操作系统上。本书使用 Sun 公司推出的 Java 开发工具(JDK)的 1.6 版本作为开发工具来介绍 Java 语言。

全书的内容安排以读者的学习特点和认知过程为基础,共 5 个项目,21 个任务。每个项目分为若干个任务,每完成一个任务就离整个项目的完成进了一步,依次完成全部任务就完成了整个项目。项目完成后,为巩固读者所学知识,课后还安排了习题,供读者练习。具体内容如下:

项目 1 Java 语言入门——显示手机参数,该项目主要介绍 Java 语言的历史及其特点,JDK、JRE 和 JVM,Java 程序分隔符、标识符、关键字、注释,数制、数据类型,握变量、常量的声明和初始化以及安装 Java 运行环境,配置环境变量。

项目 2 评选最喜欢的水果,该项目主要介绍一维数组、多维数组的概念及数组的声明、初始化和使用,运算符的使用和不同运算符的优先级别,程序设计中的流程控制语句包括顺序结构、选择结构和循环结构,程序设计中的 break 语句、continue 语句、return 语句的使用。

项目 3 统计某微企软件公司的工资,该项目主要介绍面向对象程序设计相关概念,类和对象的概念、类的定义、类的属性和方法的编写、对象的创建及引用对象,握访问权限修饰符,类的封装、继承和多态,抽象类,接口,包和静态修饰符。

项目 4 我的文件去哪了,该项目主要介绍 Java 图形用户界面,常用 AWT 组件,GUI 的事件处理机制,异常,Java 的输入和输出。

项目 5 编写校园一卡通系统,该项目主要介绍 C/S,B/S 编程模式,Java 中 Swing 组件,Java 的网络编程相关知识,Java 的数据库编程及多线程。

本书组织了 5 个难度循序渐进的独立项目,按照"项目导向"任务驱动"的模式编写。在内容编写方面以实用为目的，注意难点分散、由浅入深、内容全面，主要具有以下特点：

1. 项目导向，任务驱动

本书选取 5 个项目，21 个任务，每个项目进行任务分解，采取任务驱动方式编排。对 Java 全部知识点进行重构并划分到各个项目的任务中，然后对每个任务所涉及知识点进行讲解，然后实施任务。这种编排使读者更易阅读，同时也培养读者的程序分析和设计能力。

2. 内容全面，自检自测

本书详细介绍每个任务所涉及知识点，使读者有目的性的学习，为检测学习效果、自我提高，每个项目后还配有大量习题。

3. 任务实施，实践性强

为提高读者动手能力，本书中每个知识点都配有任务实施，并有代码参考。同时习题中配有大量的拓展实训，使读者在学习后，能够上机实验，提高动手能力。

本书由在高校工作多年、有着丰富教学经验的高校教师和有着大量项目经验的企业工程师共同编写完成，具体编写工作分工如下：重庆工商职业学院唐春玲、李敏和国核电力规划设计研究院重庆有限公司孙明刚编写项目3、项目4；重庆工商职业学院蔡茜、阮小伟、周士凯和重庆思委夫特科技有限公司董超编写项目1、项目5；重庆工商职业学院胡方霞和东软重庆分公司崔涛编写项目2。本书由唐春玲、胡方霞负责设计全书的框架及编写思路，重庆工商职业学院陈宁负责完成全书的统稿工作，李敏、蔡茜完成全书的校对工作。

由于编者水平有限，编写时间仓促，书中若有不妥之处，欢迎广大读者批评指正。

编　者

2014 年 8 月

目录

项目 **1**
Java 语言入门——显示手机参数

【项目描述】

当今社会,手机已经是人们生活中经常使用的数码产品。人们在购买手机时,手机的性能参数是重要的参考指标,请编写 Java Application 程序,在控制台输出手机参数。

【学习目标】

1. 了解 Java 语言的历史及其特点。
2. 理解 JDK、JRE 和 JVM。
3. 能独立安装 Java 运行环境,配置环境变量。
4. 掌握 Java 程序分隔符、标识符、关键字、注释。
5. 掌握数制、数据类型。
6. 掌握变量、常量的声明和初始化。

【能力目标】

1. 能够独立安装 Java 的运行环境,配置环境变量。
2. 能够掌握 Java 程序的开发流程。
3. 能熟练使用 Java 语言的分隔符、标识符、关键字、注释。
4. 能熟练使用 Java 语言的数制和数据类型。
5. 会声明变量和常量,并对其初始化。

任务 1.1　了解 Java 语言

1.1.1　任务要求

了解 Java 语言的历史与特点,以及 Java 的不同版本,理解 JDK、JRE 和 JVM。

1

1.1.2 知识准备

1）Java 的历史

Java 的历史最早可以追溯到 1990 年 SUN 公司内部一个名为 Green 的项目。Green 项目起初的目的是为家用消费电子产品开发一个分布式代码系统,这样就可以通过 E-mail 对电冰箱、微波炉等家用电器进行控制和信息交流。最初,项目组成员准备采用 C++,但在开发过程中,他们认为 C++ 十分复杂,安全性差,尤其面对软硬件环境纷繁复杂的嵌入式开发环境时,C++ 的可移植性差的弱点表现得尤为突出。于是,1991 年 6 月,项目组决定开发一个新的语言,命名为 Oak 语言,这就是 Java 语言的前身。由于 Oak 这个商标已经被别人注册,1995 年 Oak 语言更名为 Java 语言。

小插曲:一天 Java 小组成员正在喝 Java 咖啡时,议论给新语言取名字问题,有人提议用 Java(Java 是印度尼西亚盛产咖啡的一座岛屿),这项提议得到了其他成员的赞同,于是就采用了 Java 来命名此新语言。

项目组最开始将目标定在数字电视市场,但是由于市场不成熟,并没有引起大的反响。后来,项目组将目标定位在互联网上,于 1995 年 5 月 23 日正式向全世界推出了 Java 语言。Java 的推出迅速引起了轰动,"一次编写,到处运行"的特性使人耳目一新。短短数年,Java 已经造成了深远的影响,获得了市场的广泛认可。

表 1.1　Java 的发展历史

时　间	描　述
1991	Sun 公司进军消费电子产品(IA)市场
1991.4	Sun 成立"Green"小组,以 C++ 为基础开发新的程序设计语言,并将其命名为 Oak
1992.10	Green 小组升格为 First Person 公司,他们将 Oak 的技术转移至 Web 上,并把 Oak 改名为 Java
1993—1994	Web 在 Internet 上开始流行,致使 Java 得以迅速发展并成功
1995.5	Sun 公司正式发表 Java 与 HotJava 产品
1995.10	Netscape 与 Sun 合作,在 Netscape Nevigator 中支持 Java
1995.12	微软公司 IE 加入支持 Java 和行列
1996.2	Java Beta 测试版结束,Java 1.0 版正式诞生
1997.2	Java 发展至 1.1 版,Java 的第一个开发包 JDK(Java Development Kit)发布
1998.12	Java 发展至 1.2 版
2000.5	Java 发展至 1.3 版
2002.2	Java 发展至 1.4 版

2）Java 的 3 个版本

随着 Java 的飞速发展,Sun 公司趁热打铁,于 1998 年 12 月推出了一个里程碑式的版本——Java1.2。该版本中出现了许多革命性的变化,这些变化一直沿用至今,并对 Java 发展产生了极为深远的影响。其中,Sun 公司将 Java 版本一分为三,即 Java ME、Java SE、Java EE

三个版本,分别对应于不同的应用。三个版本的关系如图1.1所示。

在图1.1中,越位于外围的部分所涵盖的领域就越大,支持的基本数据类型就越完整,核心类库也就越大;反之,越位于内圈的部分所涵盖的领域就越小,支持的基本数据类型就越不完整,核心类库也就越小。

①Java ME:Java Platform,Micro Edition(以前称之为J2ME)用于嵌入式的 Java 消费电子平台。不论是无线通信、手机、PDA 等小型电子装置都可采用其作为开发工具及应用平台。

②Java SE:Java Platform,Standard Edition(以前称之为J2SE)是 Java 最通行的版本,是用于工作站、PC 机的 Java 标准平台。

图1.1 Java 三个版本的关系

③Java EE:Java Platform,Enterprise Edition(以前称之为J2EE)可扩展的企业应用平台,它提供了企业 e-Business 架构及 Web Services 服务,其深受企业用户欢迎之处是开放的标准和优越的跨平台能力。

[小贴士]
本书介绍的运行环境为 Java SE(Java Platform,Standard Edition)。

3)Java 语言的特点
Java 具有简单、面向对象、平台无关、多线程、安全性、健壮性等特点。

(1)简单性
简单性是指这门语言比较容易学习而且好用。Java 是从 C++演变而来的,保留了很多 C++的优点,废除了许多容易产生错误的功能,并提出了相应加强或替代的方案。

(2)面向对象
在现实世界中,任何实体都可以看作一个对象。对象具有状态和行为两大特征。在Java语言中,没有采用传统的、以过程为中心的编程方法,而是采用以对象为中心、通过对象之间的调用来解决问题的编程方法。

(3)平台无关性
使用 Java 语言编写的应用程序不需要进行任何修改,就可以在不同的软、硬件平台上运行,因此大大降低了开发、维护和管理的开销。这主要是通过 Java 虚拟机(JVM)来实现的。

(4)多线程
多线程是当今软件技术的一大重要成果,已成功应用在操作系统、应用开发等多个领域。多线程技术允许同时存在几个执行体,按几条不同的执行路线共同操作,满足了一些复杂软件的需求。Java 不但内置多线程功能,而且提供语言级的多线程支持,即定义了一些用于建立、管理多线程的类和方法,使得开发具有多线程功能的程序变得简单、容易、有效率。

(5)安全性
现今的 Java 语言主要应用于网络应用程序的开发,因此对安全性有很高的要求。如果没有安全保护,用户运行从网络下载的 Java 应用程序是十分危险的。Java 语言通过使用编译器和解释器,在很大程度上避免了病毒程序的产生和网络程序对本地系统的破坏。另外,Java 特

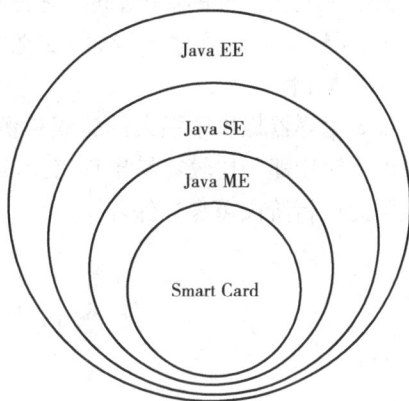

有的机制是其安全性的保障,同时它去除了 C++ 中易造成错误的指针,增加了自动内存管理等措施,保证了 Java 程序运行的可靠性。

(6)健壮性

Java 编译器提供了强大的错误检测功能,可检测出许多在执行阶段才显示出来的问题。Java 也不使用那些比较容易出现错误的程序功能。同时,Java 语言的异常机制进一步提供了在程序的执行阶段可靠性保障。

任务 1.2　搭建 Java 开发环境

1.2.1　任务要求

会搭建 Java 开发环境,配置环境变量,掌握 Java 程序的开发流程。

1.2.2　知识准备

1)Java 平台

在计算机科学中,支撑程序运行的硬件或软件环境被称为平台。目前,主流的平台包括 Microsoft Windows、Linux、UNIX、Sun Solaris 及 Apple Mac OS 等。各种平台都有其特有的指令格式,进而导致了不同平台的可执行文件无法跨平台。这种情况称为平台相关。

和大多数平台不同,Sun 公司的 Java 平台——JRE(Java Runtime Environment,Java 运行环境)是一种纯软件的平台,它运行在其他基于硬件的平台(Microsoft Windows)之上。所有的 Java 程序都要在 JRE 下才能运行。

Java 平台主要由两部分组成:

(1)Java 虚拟机(Java Virtual Machine,JVM)。

(2)Java 应用程序编程接口(Java Application Programming Interface,API)。

Java 虚拟机是由软件虚拟的计算机,是 Java 平台的核心。Java 虚拟机有自己的指令格式和可执行文件,即字节码指令和字节码文件。Java 虚拟机在运行时不直接操纵硬件而是通过调用底层基于硬件的平台的功能来实现。由此,Java 程序之所以能够实现跨平台运行,是因为它根本就不直接运行在任何底层平台上,而是运行在 Java 平台上。

Java 应用程序编程接口是一个开发好的软件部件的集合,提供了许多有用的功能。这些软件部件被分组成不同的相关类和接口的类库,这些类库被称为包。在 Java 程序的开发中,这些包能够被程序员导入使用。

2)Java 程序运行过程

在 Java 编程中,首先是在以.java 为扩展名的文件中写入 Java 的源代码。这些源代码通过 Java 编译器编译成.class 文件。.class 文件中包含的是字节码,是 JVM 机器语言,然后 Java 导入工具就能够在 JVM 上运行用户的应用程序了。

在此介绍一下编译这个概念。所谓编译,就是一种转换处理,是将程序代码从一种指令格式转换为另一种指令格式,只能在特定平台或环境中运行。编译器(Compile)是能够提供编译功能的软件程序。

图 1.2 Java 程序开发过程

1.2.3 任务实施

1)JDK 的安装和配置

JDK 是"Java Development Kit(Java 开发工具包)"的缩写,是所有 Java 开发工具的基础,由一个标准类库和一组 Java 实用程序组成,其核心 Java 应用程序编程接口是一些预定义的类库。

(1)JDK 安装环境要求

Java 对计算机的要求不高,以下是基于 Windows 平台的计算机最低要求。

①硬件要求:CPU P2 以上,64 MB 内存,100 MB 硬盘空间。

②软件要求:Windows 98/NT/2000/XP,Internet Explorer5.0。

(2)JDK 的安装和配置

下面介绍在 Windows XP 系统环境下,JDK 安装与配置的具体过程。

①下载 JDK。在站点 http://www.oracle.com/technetwork/java/javase/downloads/index.html 可以找到各种 JDK 版本的下载链接,这里下载 1.6 版本的 JDK。

②安装 JDK。JDK 与一般软件的安装过程没有特殊区别,只要双击所下载的文件,按照提示安装即可。安装过程中可以设置安装路径并选择组件,系统默认安装路径为 C:\Program Files\Java\jdk1.6.0_10,默认"组件选择"是全部安装,如图 1.3 所示。安装成功后,JDK 的目录机构如图 1.4 所示。

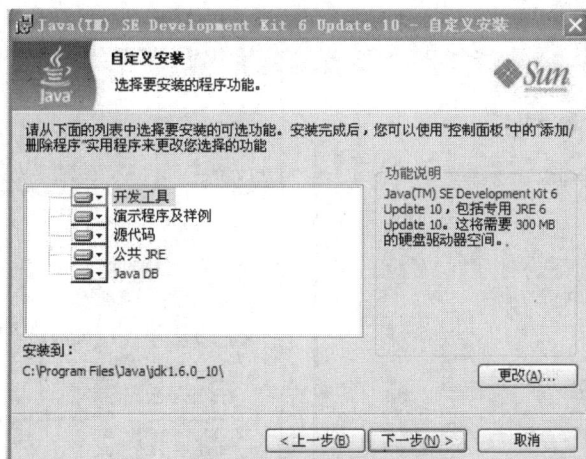

图 1.3 JDK 安装过程中选择安装目录

③配置 JDK 环境变量。由于 Java 是与平台无关的,安装 JDK 时 Java 不会自动设置路径,也不会修改注册表,需要用户自己设置环境变量,但不需要修改注册表。设置的环境变量包括 path、java_home 和 classpath。

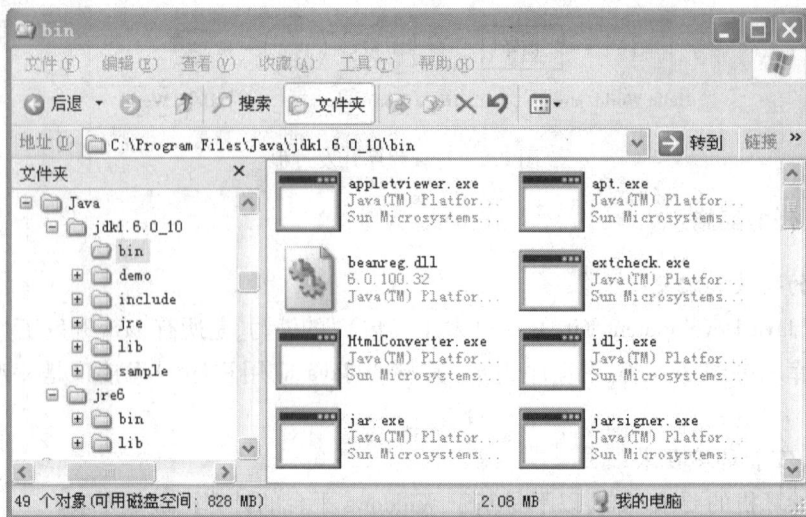

图 1.4　JDK 的目录结构

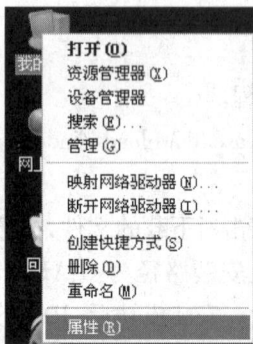

图 1.5　"我的电脑"属性

在计算机桌面上,用鼠标右击"我的电脑"图标,在弹出的快捷菜单里选择"属性"项,如图 1.5 所示。

然后在"系统属性"对话框中选择"高级"选项卡,如图 1.6 所示。最后单击"环境变量"按钮,如图 1.7 所示。

A.编辑用户变量 Path。

Path 是 Windows 已经定义的变量。在"环境变量"列表框中的"变量"一栏找到"Path",单击"编辑"按钮,在打开的"编辑系统变量"对话框中将";C:\Program Files\Java\jdk1.6.0_10\bin;"加到"变量"文本框中,如图 1.8 所示。

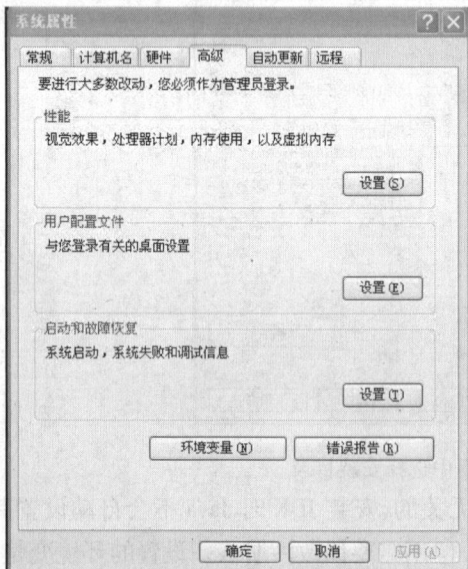

图 1.6　"系统属性"对话框中"高级"选项卡

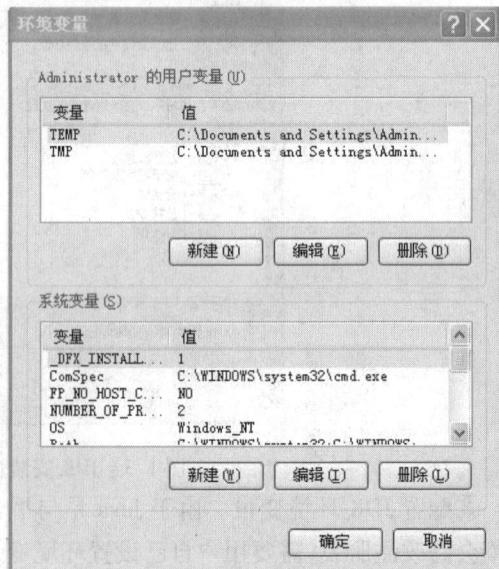

图 1.7　"环境变量"对话框

图 1.8　编辑环境变量 Path

向 Path 添加的是 JDK 编译器 javac.exe 和解释器 java.exe 的路径。

B. 新建环境变量 classpath。

classpath 是 JDK 包(类库)的路径,在"环境变量"选项区中单击"新建"按钮,建立环境变量 classpath,如图 1.9 所示。

图 1.9　新建环境变量 classpath

classpath 变量值中的"."表示在任意当前目录下均可执行 JDK,通常写在最前面,作为系统查找类的第一个路径。

[小贴士]

配置环境变量 path 和 classpath 变量值中的"C:\Program Files\Java\jdk1.6.0_10"是 Java 安装目录,不同用户的安装目录不同。

配置或修改环境变量后需重新启动命令行窗口才能生效。

④测试 JDK 是否安装成功。单击"开始"按钮,然后选择"运行"项,在"运行"对话框的"打开"栏中输入"cmd",如图 1.10 所示。然后单击"确定"按钮,打开 DOS 模拟窗口。在 DOS 模拟窗口内依次键入"java"和"javac"命令后回车,如果出现其用法参数提示信息,则表明 JDK 安装正确,如图 1.11 和图 1.12 所示。如果有问题,应检查环境变量的路径设置是否正确。

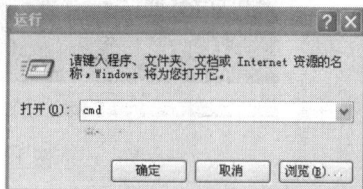

图 1.10　"运行"界面

2)Eclipse 编程工具

Eclipse 是著名的跨平台的自由集成开发环境(IDE),最初主要用来 Java 语言开发。Eclipse 只是一个框架软件,本身不能开发程序,但它可以安装各种插件。正是运行在 Eclipse 的种种插件,提供了程序开发的各种功能。由于其运行效率高,免费资源丰富,已成为当前最受欢迎的专业级 Java 开发工具之一。

(1)下载 Eclipse

在 http://www.eclipse.org/downloads/index.php 网站上可下载各种版本的 Eclipse。一般 Eclipse 同时提供几个下载版本:Release,Stable Build,Integration Build 和 Nightly Build,建议下载 Release 或 Stable 版本。同时,Eclipse 也提供多种操作系统的版本,可以根据实际需要下

7

载。此处下载的是 Eclipse3.5.1 版,是 Windows 平台的版本。

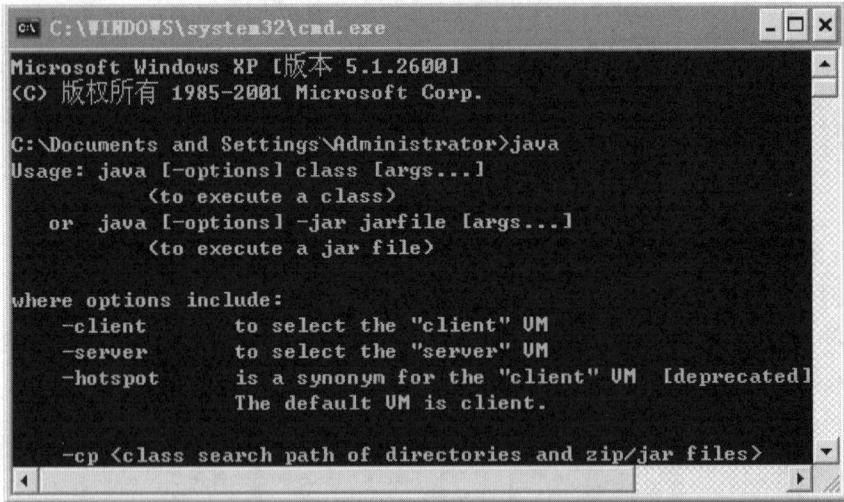

图 1.11　DOS 模拟窗口运行 java 命令

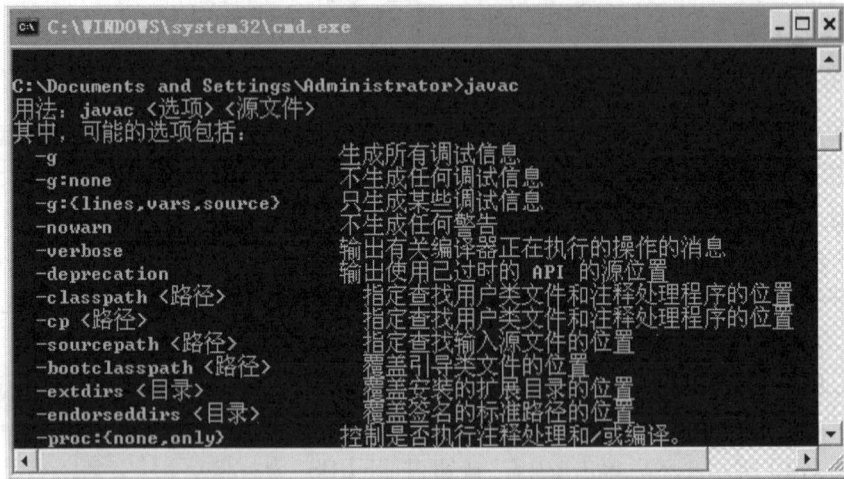

图 1.12　DOS 模拟窗口运行 javac 命令

（2）安装 Eclipse

安装 Eclipse 非常简单,只需将下载的压缩包解压缩即可。

（3）运行 Eclipse

如果 JDK 尚未安装,或设置不正确,Eclipse 是无法正常运行的。当 JDK 的安装与配置都成功后,就可以运行 Eclipse 安装目录下的 Eclipse.exe 文件了。启动 Eclipse,弹出如图 1.13 所示界面,用户选择工作空间存储路径界面,默认路径为"C:\Documents and Settings\Administrator\workspace"。

单击"OK"按钮后,弹出 Eclipse 主界面,如图 1.14 所示。

3）汉化 Eclipse

（1）下载汉化包

要汉化 Eclipse,通常有 3 种办法。其中一种是在线安装法,其余两种均是把汉化包下载后再安装。由于在线安装的方法操作起来比较烦琐而且费时,我们就只介绍后两种方法。这两种方法都需要先下载好汉化包,然后再进行其他操作。

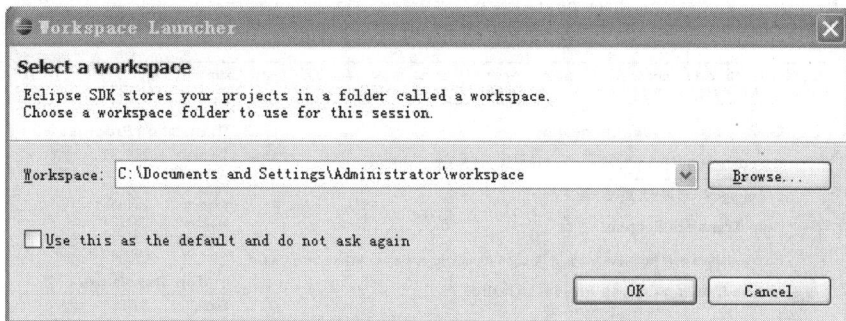

图 1.13　选择工作空间图

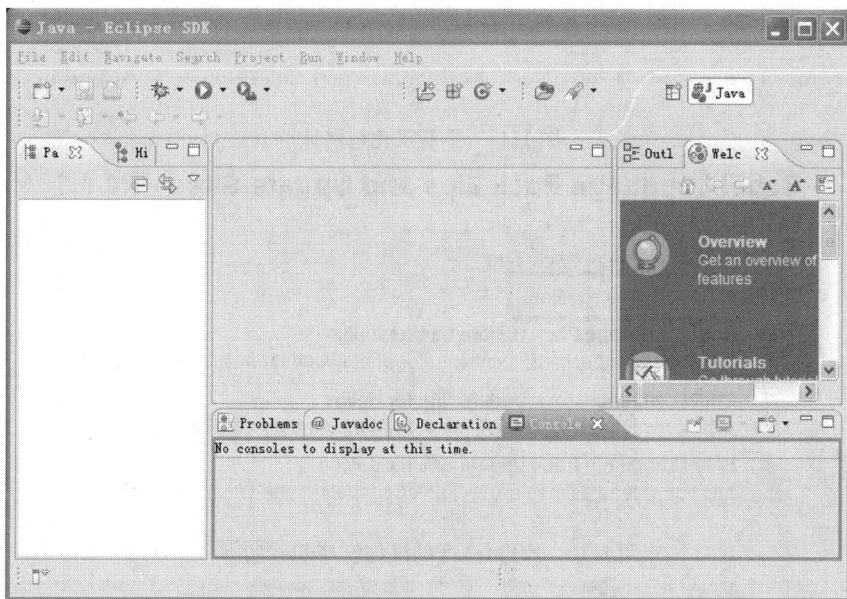

图 1.14　Eclipse 主界面

汉化包是由著名的 Babel 项目提供的,登录 https://babel. eclipse. org/babel/,然后单击"Download a language pack"项,如图 1.15 所示。

弹出如图 1.16 所示网页,会有 3 个版本的语言包可供下载,其中 Indigo 对应 Eclipse3.7,Helios 对应 Eclipse3.6,Galileo 对应 Eclipse3.5。如果以后 Eclipse 发布新版本后,可直接点击对应版本的连接,这里点击 Galileo。

单击 Galileo 后在弹出的界面中点击"BabelLanguagePack-eclipse-zh_3. 7. 0. v20111128043401. zip(87.36%)"这个汉化包。其他的连接对应的是 Eclipse 相应插件的汉化,如果有需要可以下载。

(2)安装汉化包

①方法一:直接复制汉化。

解压缩汉化包,将解压后的语言包下的 features 和 plugins 文件夹直接覆盖安装好的 Eclipse 目录下的 features 和 plugins 文件夹即可,如图 1.17 所示。

图 1.15　下载汉化包网址

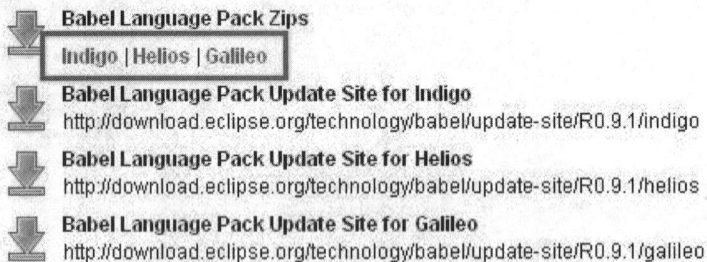

图 1.16　Eclipse3.5 的汉化包 Galileo 版本

图 1.17　汉化 Eclipse

重启 Eclipse 后,弹出如图 1.18 所示主界面,表明汉化成功。

②方法二:links 安装法。

当在 Eclipse 安装较多插件时可以使用 links 安装法。首先解压缩汉化包,然后将最外层名为"Eclipse"的文件夹重命名为"language",当然也可以不重命名。重命名的目的是安装多个插件的时候,区别各个文件夹,如图 1.19 所示。

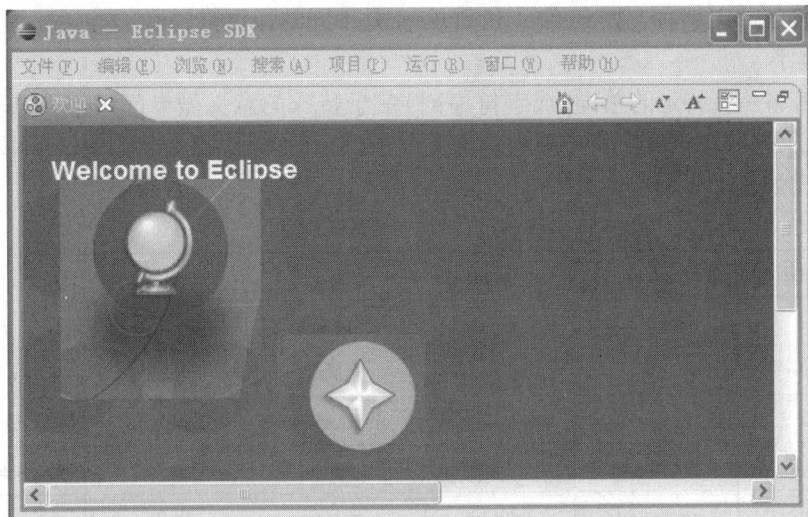

图 1.18　汉化成功的 Eclipse 主界面

在安装的 Eclipse 目录下新建一个 links 文件夹,再在 links 文件夹下面新建一个文本文件,然后将其重命名为 language.links(后缀名无所谓,也可以取名为 language.txt)并用记事本打开,在里面输入"path = D:\\Program Files\\eclipse_plugins\\language"(这是汉化包 language 所在路径,注意:分隔符是"\\")。最后重新启动 Eclipse 后即弹出图 1.18 所示界面。

图 1.19　文件结构图

任务 1.3　确定手机参数数据类型

1.3.1　任务要求

根据项目要求确定输出手机各项参数的数据类型,要求具备以下技能:
①能熟练使用 Java 语言的分隔符、标识符、关键字、注释。
②能熟练使用 Java 语言的数制和数据类型。
③会声明变量和常量,并对其初始化。

1.3.2　知识准备

1)Java 语言基本语法
(1)标识符
标识符是起到标识作用的符号。Java 语言中用标识符对变量、类、方法等进行命名。对标识符的定义需要遵守以下的规则:
①标识符由字母、"_"、"$"和数字组成。
②标识符以字母、"_"和"$"开头。
③标识符不能与关键字同名。

11

④标识符区分大小写。如 student 和 Student 是不同的标识符。

（2）关键字

Java 语言将一些特定的单词（或字符序列）赋予特殊的意义做专门用途，也就是说，这些单词被占用了，这些单词或字符序列被称为关键字（Keyword）或保留字（Reserved word）。Java 的关键字分类如表1.2所示。

表1.2 Java 语言的关键字

abstract	boolean	break	byte	case	catch
char	class	const	continue	default	do
double	else	extends	false	final	finally
float	for	if	implements	import	instanceof
int	interface	long	native	new	package
private	protected	public	return	throw	throws
transient	true	try	void	volatile	while

（3）分隔符

Java 的分隔符就是起到分割作用的符号，包括半角的分号（;）、逗号（,）、圆点（.）、空格和花括号。

①分号（;）是 Java 语句结束的标记。

②逗号（,）可以在方法声明或调用的参数列表中分隔多个参数，也可在一条声明语句中同时声明多个属性或局部变量时起到分割作用。

③圆点（.）用于访问对象成员（属性或方法）时标明调用或隶属关系，其格式为"对象.成员名"。

④空格符包括空格、水平定位键、回车。空格符主要用于分隔源代码中不同的部分，提高程序的可读性。Java 程序的元素之间可插入任意数量的空白，编译时不作处理。

⑤花括号{}包含的一系列语句称为语句块，简称为块。花括号用于限定某一部分的范围，必须成对使用。

程序结构如图1.20所示。

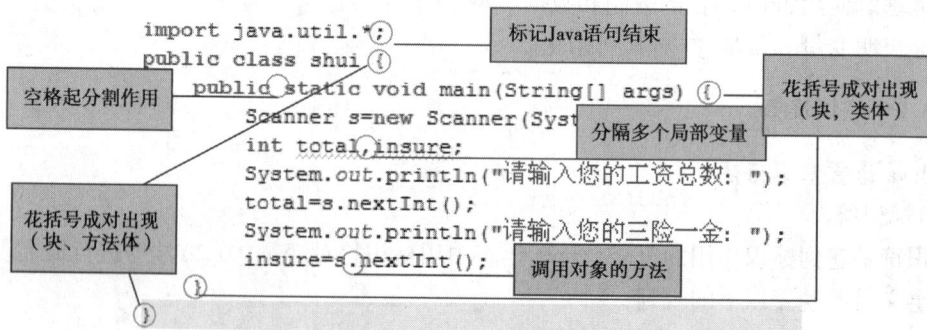

图1.20 程序结构图

（4）注释

文件中可以有注释语句。注释语句是注释给程序员看的,起到解释作用的语句,不参加程序的运行。注释语句有三种形式:

①第一种形式://　　注释一行。

它以"//"开始,终止于行尾,一般作单行注释,可放在语句的后面。

②第二种形式:/ * …… */　　一行或多行注释。

它以"/ *"开始,最后以" */"结束,中间可写多行。

③第三种形式:/ ** …… */　　一行或多行注释。

它以"/ **"开始,最后以" */"结束,中间可写多行。这种注释主要是为支持 JDK 工具 javadoc 而采用的。

带注释语句程序图如图 1.21 所示。

```
/**定义"点"类, 用于Circle类的父类
 * @author 唐春玲
 */
class Point {
    /*x轴坐标和y轴坐标
      由于准备用于继承, 故修饰为protected
     */
    protected float mX, mY;
    public Point(float x, float y) {    //构造方法
        mX = x;
        mY = y;
    }
}
class Circle extends Point {    //定义"圆"类继承于"点"类
    protected float mRadius;    //半径
    public Circle(float x, float y,float r) {    //构造方法
        super(x,y);
        mRadius = r;
    }
}
```

图 1.21　带注释语句程序图

2）Java 数据类型

Java 数据类型包含基本数据类型、数组类型和复合数据类型。基本数据类型分为数值型、字符型,数组类型包括一维数组和多维数组,复合数据类型包括类和接口类型。本节主要介绍基本数据类型,其余数据类型将在以后项目中详细介绍。

（1）数值型数据

数值型可以分为整数类型和浮点类型。整型数据是不带小数点的数。浮点数就是数学中的实数,主要用它处理带小数点的数。

①整数类型。Java 把整型数细分为字节型、短整型、整型、长整型。它们的类型标识符、默认值、取值范围和所占字节如表 1.3 所示。

表 1.3　整数类型的相关说明

名　　称	类　　型	所占字节	默认值	取值范围
字节型	byte	1	0	－128～127
短整型	short	2	0	－32 768～32 767

续表

名　称	类　型	所占字节	默认值	取值范围
整型	int	4	0	$-2^{31} \sim 2^{31}-1$
长整型	long	8	0	$-2^{63} \sim 2^{63}-1$

[小贴士]

Java 中所有整数类型都是有符号的,没有无符号的整数。

②浮点型。Java 提供了两种浮点类型:单精度和双精度。它们的类型标识符、默认值、取值范围和所占字节如表1.4 所示。

表1.4　浮点型的相关说明

名　称	类　型	所占字节	默认值	取值范围
单精度	float	4	0.0f	$-3.4E38 \sim 3.4E38$
双精度	double	8	0.0	$-1.7E308 \sim 1.7E308$

[小贴士]

Java 语言在使用浮点型数据是默认的类型是 double 类型。如果要指定为 float 或 double 型变量,可以在常量的后面加上 F(f) 或 D(d),如单精度浮点常量 2.45f、1.6E2F,双精度浮点型常量 $-1.58D$。

(2)字符类型

字符类型中每个字节占2B,它使用的是 Unicode 字符集。字符类型可以与 int 类型转换,它的类型标识符、默认值、取值范围和所占字节如表1.5 所示。

表1.5　字符类型的相关说明

名　称	类　型	所占字节	默认值	取值范围
字符型	char	2	0 或 ' \u00000'	0 ~ 65 535 ' \u0000' ~ ' \uffff'

(3)布尔型

布尔类型有两种取值:true 和 false,在内存中占 1B。Java 中的布尔值和数字是不能转换的,即 true 和 false 不对应于 1 和 0 数值。它的类型标识符、默认值、取值范围和所占字节如表1.6 所示。

表1.6　布尔类型的相关说明

名　称	类　型	所占字节	默认值	取值范围
布尔型	boolean	1	false	true,false

3)Java 语法基础

(1)常量

常量指在程序执行过程中,其值不会发生改变的量。Java 中的常量有整型常量、浮点型常量、布尔型常量、字符型常量和字符串常量。例如：

- 整型常量：125、8500。
- 实型（浮点型）常量：1. 25、3. 14e8。
- 字符常量：′a′、′N′。
- 布尔常量：true、false。
- 字符串常量：" hello"、"chongqing"。

①整型常量。Java 的默认整型常量类型为 int 类型，用 4 个字节表示。如果要表示 long 类型的整型常量，需要在整数后加上后续 L 或 l，表示长整型。例如 1234567L，9876543201 等。整型常量有三种表示形式。

- 十进制整型常量：如 12、58、−5。
- 八进制整型常量：以数字 0 开头，如 010 表示十进制的 8。
- 十六进制整型常量，以 0X 或 0x 开头，如 0x11 表示十六进制的 17。

②浮点常量。浮点常量是可以含有小数部分的数值常量，分为单精度浮点型和双精度浮点型。

③布尔型常量。布尔数据类型用于表示两个逻辑状态之一的值：true（真）或 false（假）。

④字符型常量。字符型常量是非常常见的一种数据类型。在许多程序设计语言中，字符是用 8 位数据表示的，也就是 ASCII 码。但在 Java 中，字符数据类型 char 是用 16 位表示的，这种编码方法称为 Unicode。Unicode 所定义的国际化字符集能表示迄今为止人类语言的所有字符集。

Java 中的字符型常量有以下 4 种表示形式：

- 用单引号括起来的单个字符，如′a′、′ + ′、′汗′。
- 用单引号括起来的转义字符，如换行符′\n′、制表符′\t′、反斜杠′\\′等，如表 1.7 所示。
- 用单引号括起来的八进制转义字符，形式为′\ddd′。其中，ddd 表示 3 位八进制数。例如，′\141′表示字母′a′。该表示法只能表示部分 Unicode 字符内容。
- 用单引号括起来的 Unicode 转义字符，形式为′\uxxx′，如′\u234f′。u 字符后面带 4 位十六进制数，它可以表示全部 Unicode 字符内容。

表 1.7 常用的转义字符及其功能

转义字符	功能描述
\′	单引号
\"	双引号
\\	反斜杠
\r	回车
\n	换行
\f	走纸
\t	制表符
\b	退格
\ddd	用八进制表示字符
\uxxx	用十六进制表示字符

⑤字符串常量。字符串常量是用双引号括起来的一串若干个字符,也可以是 0 个字符。字符串中可以包含转义字符。标志字符串开始和结束的双引号必须在源代码的同一行。

(2)变量

变量用来存取某种类型值的存储单元,其中存储的值可以在程序执行过程中被改变。变量是 Java 程序中的基本存储单元,它的定义包括变量名、变量类型和作用域几个部分。其中:

- 变量名用于标记一段特定的存储空间,变量名的命名规则与标识符命名规则相同。变量名应具有一定的含义,以增加程序的可读性。
- 变量类型可以为上面介绍的任意一种数据类型。
- 变量的作用域指明可访问该变量一段代码的范围。

①变量的声明。

变量在使用前必须先声明。声明变量包括指定变量的名称和数据类型,必要时还可以指定变量的初始值。变量说明的基本格式为:

<数据类型名> <变量名>[= <初值>][, <变量名>[= <初值>]…];

上式中,[ ]中的内容是可选项,<变量名>必须是一个合法的标识符,变量名的长度没有限制。当有多个变量同属一种类型时,各变量之间用逗号分隔。举例:

int a;

float result = 9.5f;

char c = 'a';

②变量的初始化。

初始化变量的常用形式有 6 种,具体操作方法如下:

- 初始化一个变量,其格式为:

变量类型 变量名;

变量名 = 数据;

举例:

int n;

n = 5;

- 一行定义多个同样类型的变量再分别赋初值,其格式为:

变量类型 变量名 1,变量名 2,…,变量名 n;

变量名 1 = 数据;变量名 2 = 数据;…;变量名 n = 数据;

举例:

int a,b,c;

a = 12;b = 22;c = 32;

- 定义和赋初值合并使用,其格式为:

变量类型 变量名 = 数据;

举例:

int a = 12;

- 一次定义多个同样类型的变量并且赋初值,其格式为:

变量类型 变量名 1 = 数据,变量名 2 = 数据,…,变量名 n = 数据;

举例：

double num1 = 1.2, num2 = 2.5, num3 = 6.2;

● 一次给多个变量赋同样的初值，其格式为：

变量名 1 = 变量名 2 = … = 变量名 n = 数据；

举例：

num1 = num2 = num3 = 3.5;

③变量的作用域。

变量的作用域也称为变量的作用范围，即一个变量在多大的范围内可以使用。变量的作用域和变量的定义位置有关。在类体中定义的类的成员变量，在该类的各个成员方法中均可以使用；在某个方法中定义的局部变量，仅能在本方法中使用；在复合语句中定义的变量仅在该复合语句中有效。

[小贴士]

方法体或复合语句中定义的局部变量必须初始化（赋值）后才能使用，而类体中的成员变量则可自动初始化为默认值。

④变量类型的转换。

当把一种基本数据类型的值赋给另外一种基本类型变量时，就涉及数据转换，不包括逻辑类型和字符类型，仅涉及整数类型和浮点型。Java 可以将低精度的数字赋值给高精度的数字型变量，反之则需要强制类型转换。

强制转换格式：（数据类型）数据表达式

如：int i;

float   f = (float)34.6;   // 34.6 默认是双精度，float f = 34.6F 也对

i = (int)f;

System. out. println(f);   // 输出 34.6

System. out. println(i);   // 输出 34

byte	short	char	int	long	float	double
字节型	短整型	字符型	整型	长整型	单精度实型	双精度实型

低 ——————————————————————→ 高

1.3.3　任务实施

1）第一步：创建工程

双击 Eclipse. exe 文件启动 Eclipse 软件后进入主界面，如图 1.22 所示。

①选择"文件"→"新建"→"Java 项目"选项，弹出如图 1.23 所示对话框，在"项目名（P）"中输入项目名称，如"first"，单击"完成"按钮（注意：项目名称命名规则遵循标识符命名规则，不能有汉字，可由开发者依据项目功能命名）。

②此时在主界面左边"包资源管理器中"中就创建了一个项目名称为"first"的项目。

提示：在开发一个软件过程中往往需要大量的各种文件，如代码文件、资源文件（图片、声音）等。项目就是管理这些文件的工具，它会把同一类文件存放在同一目录里以便开发者进行查找。

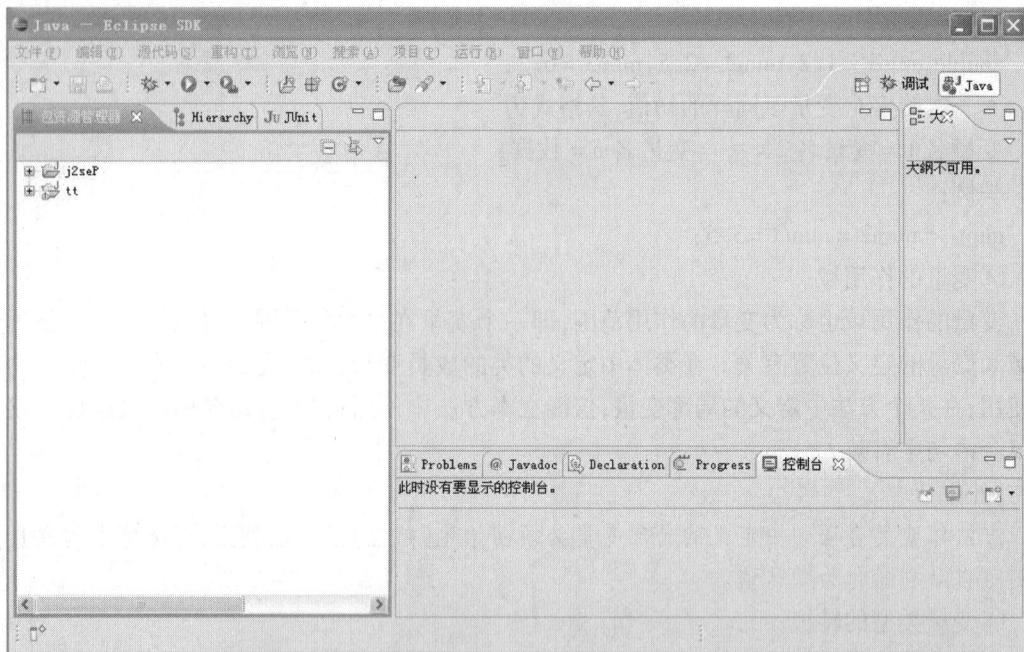

图 1.22　Eclipse 主界面

图 1.23　新建 Java 项目

2)第二步:创建类文件

①选择"文件"→"新建"→"类"选项 ⓒ,弹出如图 1.24 所示对话框。界面中的"源文件夹"中的路径即为此类所保存的路径。

②界面中输入类的"名称",如 mobile(类名也要遵循标识符命名规则)。

③勾选"public static void main(String[ ] args)"选项,让 Eclipse 自动创建 main 方法,单击

"完成"按钮。

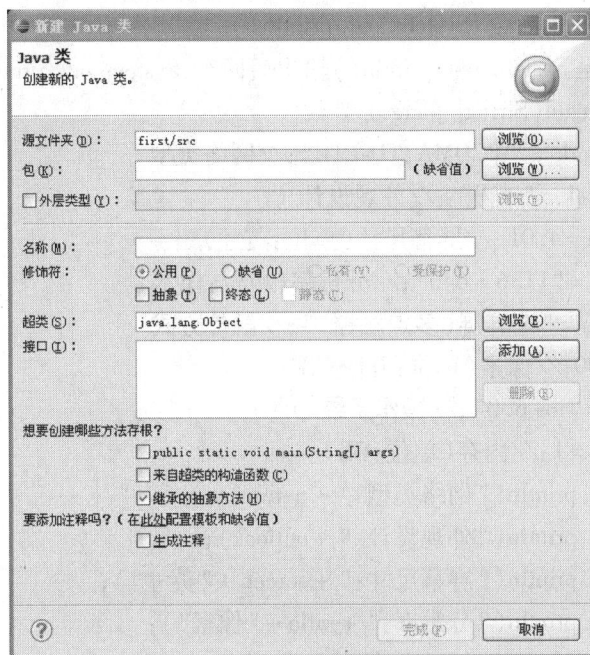

图 1.24　新建 Java 类

3）第三步：确定保存手机各参数数据类型及变量名

（1）手机各参数数据类型

网络类型：String 型；

外观设计：String 型；

屏幕尺寸（单位：英寸）：float 型；

分辨率（单位：像素）：String 型；

触控方式：String 型；

像素（单位：万像素）：int 型；

操作系统：String 类型；

内存（单位：GB）：int 型。

（2）保存手机各参数变量名

各参数定义变量名为：

String network = "WCDMA,TD-LTE";//网络类型

String outlook = "直板";//外观设计

float screen = 4.0F;//屏幕尺寸（单位：英寸）

String ratio = "1136 * 640";//分辨率（单位：像素）

String touch = "电容屏（多点触控）";//触控方式

int pix = 800;//像素（单位：万像素）

String OS = "ios 6.0";//操作系统

int memory = 1;//内存（单位：GB）

4) 第四步:输出手机各项参数

在 Java 中会直接使用函数"System. out. println( )"或"System. out. print( )"来向控制台输出信息。两者的区别是 System. out. println( )输出后回车,System. out. print( )只输出语句。

```java
public static void main(String[ ] args) {
        String network = "WCDMA,TD-LTE";//网络类型
        String outlook = "直板";//外观设计
        float screen = 4.0F;//屏幕尺寸(单位:英寸)
        String ratio = "1136 * 640";//分辨率(单位:像素)
        String touch = "电容屏(多点触控)";//触控方式
        int pix = 800;//像素(单位:万像素)
        String OS = "ios 6.0";//操作系统
        int memory = 1;//内存(单位:GB)
        System. out. println("网络类型:" + network);
        System. out. println("外观设计:" + outlook);
        System. out. println("屏幕尺寸:" + screen + "英寸");
        System. out. println("分辨率:" + ratio + "像素");
        System. out. println("触控方式:" + touch);
        System. out. println("像素:" + pix + "万像素");
        System. out. println("操作系统:" + OS);
        System. out. println("内存:" + memory);
}
```

[小贴士]标准输出

(1)print 和 println 方法

可以用 System. out. println 在程序中将常量、变量或表达式的值输出到屏幕。println 方法可有 0 个或 1 个参数。若参数是 0 个,则输出一回车换行,光标移动到下一行行首;若有一个参数,该参数可以是 char,byte,int,boolean,float,double,String,char[ ](字符数组)和 Object(对象)类型的。各种类型的数据转换成相应的字符串类型输出。输出给定所有内容后,输出一个回车换行。

另外也常用 System. out. print 进行输出,print 方法需要一个参数来输出,可用的参数类型与 println 相同,输出参数的值后不输出回车换行。因此,若输出内容本身不包含控制光标的内容或未满行,System. out. print 输出后,光标将停留在输出内容后。

(2)printf 和 format 格式输出方法

要控制输出数据的格式,可使用 System. out. printf 和类似的 System. out. format 方法,在方法的参数中对每一输出项(表达式),都可在一个格式控制字符串中用%开始的格式符进行格式控制。

例如:

System. out. printf("a = % d \tb = % f\tc = % c",a,b,c);

或:System. out. format("a = % d \tb = % f\tc = % c",a,b,c);

5）第五步：保存并运行程序

①单击"保存"按钮🖫或直接按"Ctrl + S"保存源文件，Eclipse会自动编译 mobile. java。

②单击"运行"按钮▶，即可在下方的"控制台"中看到图1.25所示输出结果。

```
网络类型: WCDMA,TD-LTE
外观设计: 直板
屏幕尺寸: 4.0英寸
分辨率: 1136*640像素
触控方式: 电容屏（多点触控）
像素: 800万像素
操作系统: ios 6.0
内存: 1
```

图1.25　程序运行结果图

1.3.4　补充知识

Eclipse 的一个有用的特性是其集成的调试器。它可以交互式执行代码，通过设置断点，逐行执行代码，可以查看断点处的变量和表达式的值，从而查看程序的执行过程，调试程序。

调试程序前先在代码中设置断点，此时程序运行到断点后暂停进行程序调试，否则程序会从头执行到尾。设置断点要先在编辑器左边灰色表缘处双击，这时该语句左边缘将会出现一个蓝色的小点，表示这是一个断点，如图1.26所示。

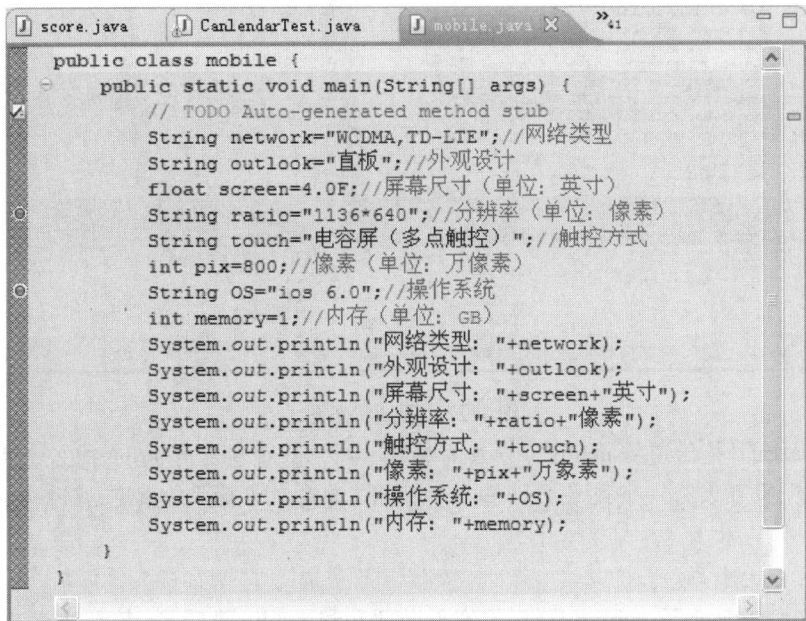

```java
public class mobile {
    public static void main(String[] args) {
        // TODO Auto-generated method stub
        String network="WCDMA,TD-LTE";//网络类型
        String outlook="直板";//外观设计
        float screen=4.0F;//屏幕尺寸（单位：英寸）
        String ratio="1136*640";//分辨率（单位：像素）
        String touch="电容屏（多点触控）";//触控方式
        int pix=800;//像素（单位：万像素）
        String OS="ios 6.0";//操作系统
        int memory=1;//内存（单位：GB）
        System.out.println("网络类型: "+network);
        System.out.println("外观设计: "+outlook);
        System.out.println("屏幕尺寸: "+screen+"英寸");
        System.out.println("分辨率: "+ratio+"像素");
        System.out.println("触控方式: "+touch);
        System.out.println("像素: "+pix+"万象素");
        System.out.println("操作系统: "+OS);
        System.out.println("内存: "+memory);
    }
}
```

图1.26　设置断点图

断点设置完后要先切换到调试状态下才可以运行程序。右键单击要调试的程序，依次选择"调试方式"→"Java 应用程序"后，程序运行到断点后将进入调试状态，如图1.27所示。

调试界面的标题栏提供了控制 Java 程序执行的工具栏，使用继续、暂挂、终止、单步跳入、单步跳出等按钮可以一行一步地执行程序代码（正在执行的程序行的左边有一个箭头进行标示）。调试视图的右边是一个标签视窗包含视图可以检查、修改变量和断点，选择标量标签页便显示当前运行程序的变量名和变量值。

［小贴士］

• public class 指明是一个公共类，一个文件内可以定义多个类，但是最多只能有一个公共类。

• main( )方法有且只有一个，且严格按照格式定义。

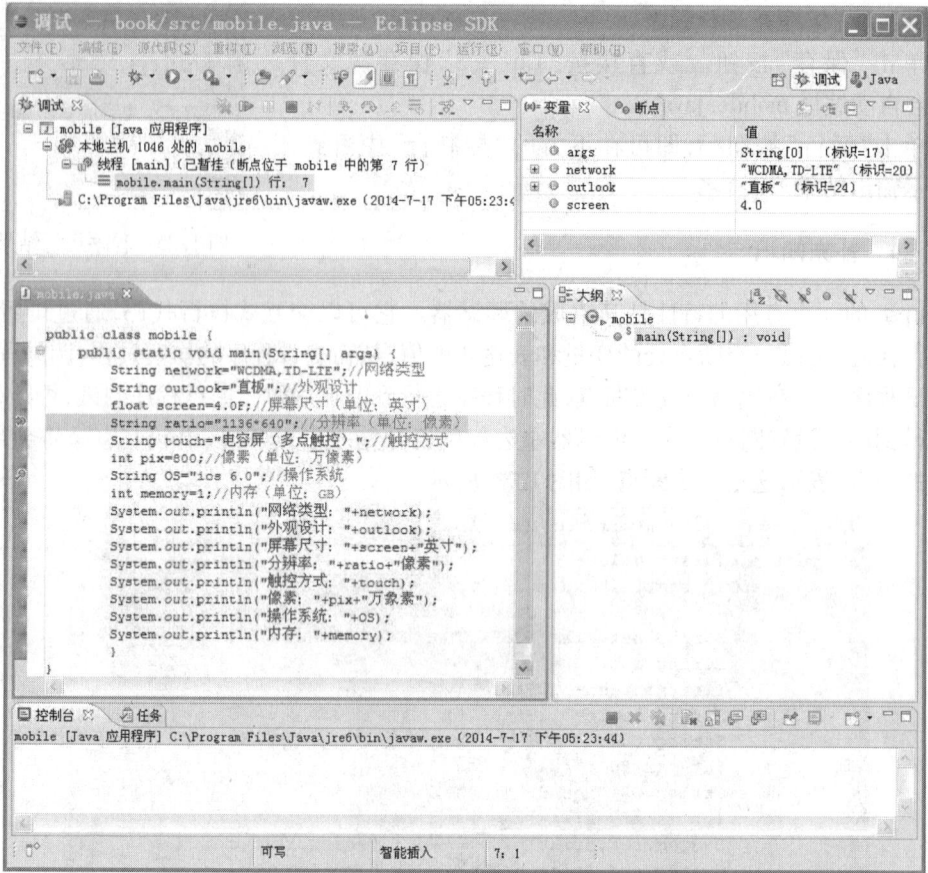

图 1.27　调试状态图

- String args[]是传递给 main( )方法的参数,名为 args,它是类 string 的一个实例,参数可以没有,也可以为一个或多个。每个参数用"类名　参数"来指定,多个参数间用逗号分隔。
- Java 区分大小写。
- 如果文件中包含了 public 类,则源文件必须和该 public 类同名(扩展名为".java")且大小写一致。

习　题

一、判断题

1."//"既可以表示单行注释,也可以表示多行注释。　　　　　　　　　　　　　(　　)

2. Java 中的整型 int 占 2 个字节,取值范围为 −32 768 ~ 32 767。　　　　　　(　　)

3. 声明变量时必须定义一个类型。　　　　　　　　　　　　　　　　　　　　(　　)

4. 注释的作用是使程序在执行时在屏幕上显示注释符号之后的内容。　　　　　(　　)

5. Java 认为变量 Sum 与 sum 是相同的。　　　　　　　　　　　　　　　　　(　　)

6. Java 语言中的标识符可以以数字、字母或下画线开头。 （ ）

7. Java 中小数常量的默认类型为 float 类型,所以表示单精度浮点数时,可以不在后面加 F 或 f。 （ ）

二、选择题

1. Java 运行平台包括三个版本,请选择正确的三项:( )。

 A. Java ME B. Java SE C. Java EE D. Java E

2. public static void main 方法的参数描述是( )。

 A. String args[ ] B. String[ ] args C. Strings args[ ] D. String args

3. 在 Java 中,关于 CLASSPATH 环境变量的说法不正确的是( )。

 A. CLASSPATH 一旦设置之后不可修改,但可以将目录添加到该环境变量中

 B. 编译器用它来搜索各自的类文件。

 C. CLASSPATH 是一个目录列表。

 D. 解释器用它来搜索各自的类文件。

4. 编译 Java Application 源文件将产生相应的字节码文件,扩展名为( )。

 A. . java B. . class C. . html D. . exe

5. 下面这些标识符哪个是错误的? ( )

 A. Javaworld B. _sum C. 2Java Program D. $abc

6. ( )所占的字节数相同。

 A. 布尔型和字符型 B. 整型和单精度型

 C. 字节型和长整型 D. 整型和双精度型

7. ( )赋值语句不会产生编译错误。

 A. char a = 'abc' B. byte b = 152 C. float c = 2.0 D. double d = 2.0

8. ( )是 Java 语言的关键字。

 A. False B. FOR C. For D. for

9. 有如下的程序:

```
public class Welcome3
{
public static void main(String args[ ] )
{
System. out. println("How\nare\nyou! \n");
}
}
```

则它的输出结果是:( )。

 A. How are you ! B. How are you !

 C. How D. How

 are are

 you you!

 !

10.（　　）在 java 中是非法的标识符？

    A. $user   B. point   C. You&me   D. _endline

11. 下列不属于 Java 保留字的是（　　）。

    A. sizeof   B. super   C. abstract   D. break

12. 下面哪些 java 语句会导致无限循环？（　　）

    Ⅰ. while（true）i = 0；

    Ⅱ. while（false）i = 1；

    Ⅲ. while（! false）i = 0；

    A. 仅仅Ⅲ   B. Ⅰ和Ⅲ   C. 仅仅Ⅰ   D. Ⅰ，Ⅱ和Ⅲ

13. 下列整型数据类型中，需要内存空间最少的是（　　）。

    A. short   B. long   C. int   D. byte

三、编程题

1. 绘制直角三角形。

编写程序使用符号绘制一个直角三角形图案，并借助打印语句将其显示在屏幕上，显示效果如图所示：

```
#
###
#####
#######
```

2. 打印鸭子戏水。

请使用 System. out. println（）函数和转义字符输出以下图形：

```
        _
      <'><
       \<
        > \
   \----" \
    \  -= \
    ~~~~~~~~~~~~~~
```

四、简述题

1. Java 有哪些基本数据类型？写出 int 型所能表达的最大、最小数据。

2. 一张火车票上有如下信息：起点站、终点站、车次、姓名、身份证号码、开车时间、车厢号、座位号、票价、火车票条码（例如：A033889）。这些信息分别用哪种数据类型保存最恰当？

项目 2
评选最喜欢的水果

【项目描述】

软件班同学要开主题班会,为了调动现场气氛,会场上准备一种水果供大家食用,备选水果有苹果、梨、樱桃、西瓜、葡萄。大家有的要吃苹果,有的要吃葡萄,最后班长决定采用投票方式选举出一种最受欢迎的水果。全班 22 名学生,每人只能投一票,针对此问题编程。注:如果两种及两种以上水果并列得票最高则任选其中一种水果。

【学习目标】

1. 掌握一维数组、多维数组的概念及数组的声明、初始化和使用。
2. 掌握运算符的使用和不同运算符的优先级别。
3. 掌握程序设计中的流程控制语句包括顺序结构、选择结构和循环结构。
4. 掌握程序设计中的 break 语句、continue 语句、return 语句的使用。

【能力目标】

1. 能熟练使用数组。
2. 能熟练使用 Java 运算符。
3. 能使用流程控制语句顺序语句、分支语句、循环语句编写程序。
4. 能熟练使用 break 语句、continue 语句、return 语句。

任务 2.1 输入参加投票的学生人数

2.1.1 任务要求

根据项目要求,首先确定参加投票的学生人数。

2.1.2 知识准备

确定参加投票的学生人数有 3 种方法：

1）方法一：整型变量法

可以直接在程序中定义一个整型变量，然后为其赋值：参加投票的学生人数 22。如果改变学生人数，此种方法需要修改程序内部变量的值。

2）方法二：弹出对话框法

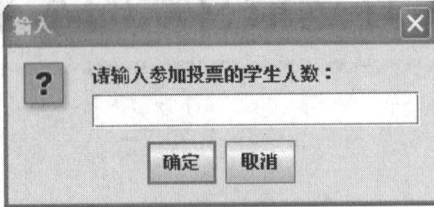

图 2.1　弹出对话框图

弹出如图 2.1 所示对话框，程序需调用 JOptionPane. showInputDialog（s）方法。对话框字符串参数 s 是显示在对话框中给用户提示的信息，比如本项目中可设置 s 为"请输入参加投票的学生人数："。此时对话框中还显示"确定"按钮和"取消"按钮。当单击"确定"按钮时，对话框关闭，该方法返回用户在输入对话框的文本框中输入的值，如果单击"取消"按钮，则关闭对话框。需要注意的是，JOptionPane. showInputDialog（s）方法的返回值类型是 String 类型，将表示学生人数的字符串 s 转换成整数使用 Integer. parseInt（s）方法。

[小贴士]

调用 JOptionPane. showInputDialog（s）方法，一定要先把 JOptionPane 类所在的包 javax. swing 引进来（具体内容将在后面项目中详细介绍），语法格式如下：

import javax. swing. JOptionPane；

3）方法三：读取控制台输入

所谓控制台（Console），就是由操作系统提供的一个字符界面窗口（一般为 25 行宽 ×80 列高、黑底白字，当然这些显示效果也可被重新设置），用于实现系统与用户的交互——接受用户输入的数据并显示输出结果。

在控制台中运行的程序被称为控制台应用程序，也称字符界面应用程序。图形用户界面的操作系统或应用程序其实就是对底层操作指令进行了整体"包装"，在 Windows 系统中的操作，例如用鼠标单击工具栏中的某一按钮，最终还是要转换为对底层指令的调用，只要有"包装"就会有性能上的削弱和限制，而用控制台能够在相对底层实现操控，效率会更高。从控制台应用程序入手有助于我们更好地掌握 Java 的基本语法。

在 JDK1.5 以后，Java 引入了 Scanner 类，为用户提供了一种接收控制台输入的便捷方式。使用 Scanner 类在控制台接收数据，需要首先创建 Scanner 类的一个对象（具体对象的概念以后项目中会详细介绍）。

Scanner s = new Scanner（System. in）；

然后使用 Scanner 类的方法。Scanner 类的几个常用的方法：

（1）public Scanner（InputStream source）

构造方法：新创建的 Scanner 对象关联到指定的输入流。

（2）public String next（）

读取下一个单词，以空格符或换行符作为分割单词的标记，换行符作为结束读取的标记。

（3）public String nextLine（）

读取一行，以换行符作为分割行的标记。

（4）public int nextInt（）

读取一个整数，以空格符或换行符作为分割整数的标记，换行符作为结束读取的标记。如果输入的下一个单词不能解析为有效的整数，则出错。

（5）public double nextDouble（）

读取一个双精度浮点数，以空格符或换行符作为分割双精度浮点数的标记，换行符作为结束读取的标记。如果输入的下一个单词不能解析为有效的浮点数，则出错。

（6）public boolean nextBoolean（）

读取一个布尔值，以空格符或换行符作为分割布尔值的标记，换行符作为结束读取的标记。如果输入的下一个单词不能解析为有效的布尔值，则出错。

举例：

```java
public static void main(String[] args) {
    Scanner s = new Scanner(System.in);
    System.out.println("请输入:");
    String name = s.next();
    System.out.println("您输入的是:" + name);
}
```

［小贴士］

- System.in 是 InputStream 的对象，一个由系统提供的关联到控制台输入的 Java 对象，实现标准的输入。在 Java 中，标准输入的对象是键盘，标准输出对象是显示器屏幕，标准错误输出对象也是显示器屏幕。
- 使用 Scanner 类，一定要先把 Scanner 所在的包 java.util 引进来。语法格式是：import java.util.Scanner;

2.1.3　任务实施

1）方法一：整型变量法

int num = 22;//num 表示参加投票学生的人数

2）方法二：弹出对话框方法

int num = Integer.parseInt(JOptionPane.showInputDialog("请输入参加投票的学生人数:"));

3）方法三

Scanner s = new Scanner(System.in);

System.out.println("请输入参加投票的学生人数:");

int num = s.nextInt();

任务 2.2   定义保存 5 个水果投票票数

2.2.1   任务要求

根据项目定义一个数组保存学生们的投票结果。掌握数组声明、初始化和使用。

2.2.2   知识准备

数组是相同数据类型的元素按顺序组成的一种复合数据类型。这些数据称为数组元素，它们可以是基本数据类型的元素，也可以是复合数据类型的元素，但同一个数组中每个元素的数据类型必须相同。数组可以用一个统一的数组名和下标来唯一地确定数组中的元素。

Java 语言按数组的维数来分类，可分为一维数组和多维数组。

1）一维数组

在 Java 语言中，使用数组一般要经历数组定义、分配内存及赋值 3 个步骤。

（1）定义数组

定义数组也称数组的声明，主要任务是定义数组的名称和数组中元素的数据类型。形式有两种：

数组元素类型 数组名［］；

数组元素类型［］数组名；

其中，数组元素类型可以是简单数据类型，也可以是对象数据类型。数组名必须符合 Java 语言标识符命名规则。

举例：

int student［］；

String s［］；

char［］c；

［小贴士］

● 数组的下标从 0 开始到数组长度减 1 为止。

● 定义数组，并不为数据元素分配内存，因此"［ ］"中不用指出数组中元素个数。

（2）数组的初始化

①定义数组时直接赋给初值，例如：

int a［］＝{0,1,2,3,4,5}；//定义、创建数组 a，并未其赋初始值 0,1,2,3,4,5

②用 new 初始化数组后，通过下标为每个元素赋值。

关键字 new 初始化数组的任务是：指定数组的长度并分配相应的内存空间。例如：

int［ ］a；

a＝new int［6］；/＊表示给数组 a 分配内存空间 24 个字节，用来保存 6 个 int 类型的数字＊/

定义数组和动态初始化数组也可以合并为一条语句，如：

int a［］＝new int［6］；

其在内存中存放方式如图2.2所示:

图2.2显示了数组 a 在内存中的存放方式。a 是一个整型数组,连续占用6个整型存储空间,初始为默认值0。在动态初始化数组后,数组的默认值由其元素的类型决定。例如,整型数据的默认值为0,浮点型数据的默认值为0.0,布尔型数据的默认值为 false。

然后依次给每个元素赋值。

例如给数组 a 赋值:

a[0] = 0;

a[1] = 1;

…

a[5] = 5;

(3)数组元素的引用

格式为:数组名[下标]

下标的取值范围是0到数组长度减1。

(4)测试数组长度

格式为:数组名.length

char c[] = {'a', 'b', 'c', 'd', 'e'};

System. out. print(c. length);   // 输出5

举例:

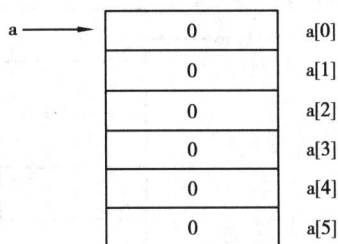

图2.2　数组元素在内存中的
存放方式

```
public class ArrayTest {
    public static void main(String[] args) {
        int intArray[] = {0,1,2,3,4};            //定义数组 intArray 并初始化
        int temp[];                              //定义数组 temp
        System. out. println(intArray[2]);       //输出数组元素 intArray[2]
        temp = intArray;                         //用数组 intArray 初始化数组 temp
        System. out. println(temp[2]);           //输出数组元素 temp[2]
        temp[2] = 200;                           //修改数组 temp 中元素 temp[2]的值
        System. out. println(intArray[2]);       //再次输出数组元素 temp[2]
    }
}
```

程序的输出结果如下:

2

2

200

上例中的语句 temp = intArray 的作用是使数组 temp 和 intArray 指向同一个内存空间,如图2.3所示。此时输出 temp[2]就相当于输出 intArray[2],当修改 temp[2]时,实际上是修改 intArray[2]所在内存单元的值如图2.4所示。

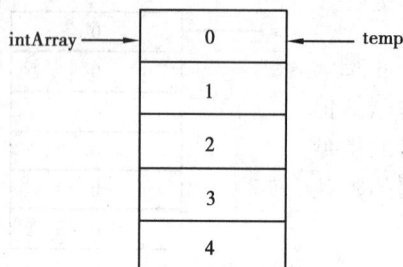

图 2.3　数组 intArray 和 temp 的内存方式　　图 2.4　执行 temp[2]=200 后的内存

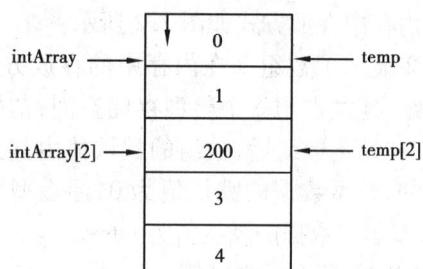

（5）一维数组的复制

假如有两个一维整型数组 temp1 和 temp2，需要将数组 temp1 的内容赋值给数组 temp2，有两种形式：

①当 temp2 数组的长度大于等于 temp1，那么将 temp1 数组的内容复制给 temp2 后，temp2 数组中下标大于 temp1.length-1 部分的元素将保留原来的值。

举例：

```
int[] temp1 = {1,2,3,4,5};
int[] temp2 = new int[7];
for(int i = 0;i < temp1.length;i ++){
    temp2[i] = temp1[i];
}
```

此时 temp1 和 temp2 关系如图 2.5 所示。

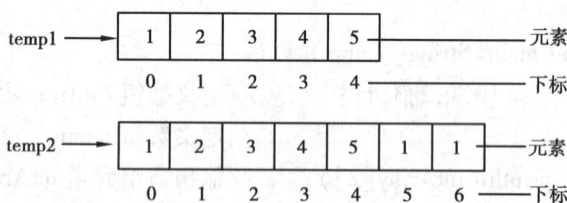

图 2.5　数组 temp1 和 temp2 的关系

②当数组 temp1 被直接赋值给另外一个数组 temp2，那么原数组 temp2 中元素不能再引用了，变成了垃圾，会被 JVM 自动回收，此时，temp2 和 temp1 两个数组均指向同一组元素空间。

举例：

```
int[] temp1 = {1,2,3,4,5};
int[] temp2 = new int[7];
temp2 = temp1;
```

此时 temp1 和 temp2 关系如图 2.6 所示。

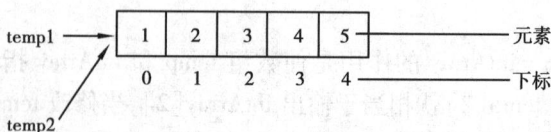

图 2.6　数组 temp1 和 temp2 的关系

由以上两种形式可知:如果要真正复制一个数组,在修改复制的数组时不影响源数组的话,就需要定义一个和源数组长度相同的数组,然后再把源数组中的元素一一复制给新数组。

2) 多维数组

多维数组是在一维数组的基础上,将一维数组中的每一个元素再看作是一个数组,即多维数组是数组的数组。多维数组在数据存储方面具有很多有用的应用,例如:一个班中有多个学生,每个学生有多门课程,要记录学生的分数就可以用多维数组来实现。在程序设计中,最常用的是二维数组,二维数组相当于由多行多列、类型相同的数据组成的数据表。关于多维数组的内容主要以二维数组为例来讲解。

(1)二维数组的定义

与定义一维数组类似,定义二维数组也有两种形式:

①数组元素类型[ ][ ] 数组名;

例如:

int [ ][ ] num;

char[ ][ ] zf;

②数组元素类型 数组名[ ][ ];

例如:

int num [ ][ ];

char zf[ ][ ];

其中:

- 类型可以是任意合法的 Java 数据类型。
- 变量名是合法的 Java 语言标识符。
- 两对空的方括号用于表明声明的是二维数组,其位置可以在元素类型之后、数组名之前,也可以位于数组名之后,效果是一样的。

和一维数组一样,上述语句声明了数组类型变量,运行时系统将为这些引用变量分配引用空间,但并没有创建对象,也不会为数组元素分配空间,因此还不能使用任何数组元素。

(2)二维数组的创建和初始化

多维数组的创建和初始化分为静态和动态两种形式。

①静态初始化。在程序设计过程中,通常会遇到数组元素的个数事先知道并且元素的值可以确定的情况。对于此种情况,可以在数组定义的过程中直接申请数组的内存空间,并且为数组元素赋值。如:

int a[ ][ ] = {{11,23},{7,23,45},{15,67}};

②动态初始化。

第一步:同一维数组类似,二维数组也用 new 来创建。有如下两种方式:

- 定义和创建二维数组放在一条语句上,如

int intArray[ ][ ] = new int[2][3];

- 定义和创建二维数组放在不同语句上,如

int intArray[ ][ ];

intArray = new int[2][3];

第二步:创建完二维数组后,分别为每一维分配存储空间,但必须从最高维开始,由高到低

进行:

intArray[0] = new int[3];// intArray[0]数组包含 3 个 int 元素

intArray[1] = new int[4];// intArray[1]数组包含 4 个 int 元素

[小贴士]

Java 支持非规则矩阵形式的二维数组,即每一行的列数可以不同。

第三步:给二维数组元素赋初始值。方法如下:

二维数组名[行下标][列下标] = 值;

intArray[0][0] = 12;

intArray[0][1] = 20;

…

(3)二维数组元素的使用

二维数组的使用和一维数组的使用方法相同,通过指定数组元素的行和列,就可以得到相对应的数组元素。实际上,这里的行和列即为二维数组中某个元素的下标。需要注意的是,二维数组的下标也是从 0 开始的,如声明创建了一个二维数组 a:

int a[][] = new int[2][3];

则第一个下标的变化范围是 0 ~ 1;第二个下标的变化范围是 0 ~ 2。如果使用 a[0][2],则发生异常。

(4)二维数组的长度

二维数组的长度是指行数的个数,二维数组每行的长度是指每行的元素个数。例如 results[i].length 表示二维数组 results 的长度,也就是行数;results[i].length 表示二维数组 results第 i 行的长度,也就是元素个数。

2.2.3　任务实施

定义一整型数组 fruit 来保存水果投票投票数:

int fruit[] = new int[5];//保存 5 个水果投票票数的数组

任务 2.3　投票并计票

2.3.1　任务要求

在程序中实现同学们投票,然后为每种水果的得票计票。在程序中灵活使用流程控制语句顺序语句、分支语句、循环语句,根据实际需要能熟练使用 break 语句、continue 语句、return 语句。

2.3.2　知识准备

程序中要为每种水果的得票进行统计,就要用到算术运算符、算术表达式及程序流程控制。运算符是表明作何种运算的符号。操作数是被运算的数据。Java 语言提供了丰富的运算符,对于每个运算符要掌握它的功能、优先级和结合性。运算符的优先级决定了表达式中各个运算符的运算顺序。运算符的结合性决定了运算符优先级相同时的运算顺序。运算符根据其作用分为算术运算符、条件运算符、逻辑运算符、位运算符和赋值运算符。

表达式是由操作数和运算符组成的式子,表达式的运算结果称为表达式的值。下面介绍Java 中的运算符和表达式。

1)运算符和表达式

(1)算术运算符

算术运算符是对数值类型数据进行运算的符号,按操作数的个数可分为一元运算符(只有一个操作数,又称单目运算符)、二元运算符(有两个操作数,又称双目运算符),参与算术运算的操作数可以是整型或浮点型数据。

由算术运算符和操作数据组成的式子称为算术表达式。

①二元算术运算符。二元运算符需要两个操作数参与运算,表 2.1 列出 Java 提供的二元算术运算符。

表 2.1 二元算术运算符

运算符	名　　称	使用举例(a = 2, b = 3)	功能与结果
+	加法运算符	a + b	求 a 与 b 相加的和是 8
-	减法运算符	a - b	求 a 与 b 相减的差是 -1
*	乘法运算符	a * b	求 a 与 b 相乘的积是 6
/	除法运算符	a/b	求 a 与 b 相除的商是 0
%	取余运算符	a%b	求 a 与 b 相除的余数是 2

[小贴士]

Java 语言中的算术运算符与数学中的算术运算符有许多不同的地方。

● " +"运算符可以用来连接字符串。例如:

    String a = "hello";

    String b = "ChongQing";

    String c = a + b;

    System. out. println(c);

则 c 值为"helloChongQing"。

● "%"运算符。Java 中的取余运算可以是整数也可以是浮点数。例如,12%5 的结果为2, -3.5%4 的结果为 -3.5。

● "/"运算符。两个整数做除法运算,结果为整数。例如,1/6 的结果为 0。如果希望得到小数部分。需要对操作数进行强制类型转换。例如((float)1)/5 的结果为 0.2。

● 二元算术运算符的优先级是先算乘除后算加减。

②一元运算符。一元算术运算符的操作数仅有一个。Java 语言中有 3 个一元运算符,如表 2.2 所示。

表 2.2　一元算术运算符

运算符	名　称	使用举例	功能与结果
++	自加 1	a ++ 或 ++a	求变量 a 的数据加 1
——	自减 1	a —— 或 ——a	求变量 a 的数据减 1
—	求相反数	—a	求 a 的相反数

自加 1 和自减 1 运算符只能用于变量,不能用于常量或带运算符的表达式。

自加 1 和自减 1 运算符有两种形式。运算符既可以加在变量名之前称为前置,如 ++a,又可以加在变量名之后称为后置,如 a++。对于单独的自加 1 或自减 1 运算,前置与后置两种形式等价。

如果表达式中除了有自加 1 和自减 1 运算符外,还有其他运算符,这时前置运算和后置运算具有不同的含义,得到不同的运算结果。以自加 1 为例,++a 先对 a 增 1,然后用增 1 后的值参与运算,a++ 先用 a 的值参与运算,然后对 a 自加。

举例:

int a = 1,b = 1;

int c = ++a;

int d = b ++;

执行结果是:

a = 2,b = 2,c = 2,d = 1

(2)关系运算符

Java 语言提供了 6 种关系运算符用来比较两个数据的大小:== 、! = 、> 、>= 、< 、<=。关系运算符是二元运算符。关系运算的结果是布尔值,当关系成立时,结果为 true(真),反之结果为 false(假)。表 2.3 列出了 Java 提供的关系运算符。关系运算符常用于条件控制语句,将在以后项目中详细介绍。

表 2.3　关系运算符

运算符	名　称	使用举例(int a = 2,b = 4)	运算结果
==	等于	a == b	false
! =	不等于	b ! = a	true
>	大于	a > b	false
>=	大于等于	a >= b	false
<	小于	a < b	true
<=	小于等于	a <= b	true

由关系运算符和操作数据组成的式子称为关系表达式。

(3)逻辑运算符

逻辑运算又称布尔运算,是对布尔值进行运算,因此操作数是布尔数据,其运算结果仍为布尔值。逻辑运算符如表 2.4 所示。

表 2.4 逻辑运算符

运算符	名 称	使用举例 (boolean x = true, y = false)	运算结果
!	逻辑非	!x	false
&	逻辑与	x&&y	false
|	逻辑或	x || y	true
&&	短路与	x&y	false
||	短路或	x | y	true
^	逻辑异或	x^y	true

"!"为非运算符,对操作数进行取反运算。表达式! A,A 为 true 则返回 false,A 为 false 则返回 true。

"&"为逻辑与运算符。对于表达式 A&B,A 和 B 都为 true 则结果为 true,否则为 false。

"|"为逻辑或运算符。对于表达式 A｜B,A 和 B 都为 false 则结果为 false,否则为 true。

"^"为异或运算符。对于表达式 A^B,A 和 B 逻辑值相同则结果为 false,逻辑值不同则为 true。

"&&"为短路与运算符,参与运算的两个操作数均为 true,运算结果为 true,否则为 false。如果左边的表达式值为 false,则不再计算右边表达式,返回值为 false,其他情况运算与"&"运算符相同。

"||"为短路或运算符,参与运算的两个操作数有一个为 true,运算结果为 true;全为 false,运算结果为 false。如果左边的表达式值 true,则不再计算右边表达式,返回值为 true,其他情况运算与"｜"运算符相同。

对于一个逻辑表达式,如果逻辑运算符左边的值已能够确定整个式子的运算结果,逻辑运算符右边的值不能影响运算结果,那么逻辑运算符右边的式子被忽略,即不进行运算。例如 2 > 8&&4 < 3,由于 2 > 8 不成立,结果为 false,按照逻辑与的运算规则,只有运算符两次的结果都为 true,结果才为 true,所以不论 4 < 3 的结果如何,整个式子的结果都为 false,那么 4 < 3 就不用运算了。

由逻辑运算符和操作数据组成的式子称为逻辑表达式。

(4)位运算符

位运算符用于对整型或字符型数据的二进制位进行运算,运算结果为一个整数。在参加运算的过程中,操作数要转换成补码进行运算。常见位运算符如表 2.5 所示。位运算符的优先级从高到低是 ~ 、<< 、>> 、>>> 、& 、^ 、|。

表 2.5 位运算符

运算符	名 称	使用举例	运算规则
~	按位取反	~ x	对 x 每个二进制取反
&	按位与	x&y	对 x,y 每个对应的二进制位做与运算

续表

运算符	名　称	使用举例	运算规则
|	按位或	x | y	对 x,y 每个对应的二进制位做或运算
<<	按位左移	x << a	将 x 各二进制位左移 a 位
>>	按位右移	x >> a	将 x 各二进制位右移 a 位
>>>	不带符号的按位右移	x >>> a	将 x 各二进制位右移 a 位,左边的空位填 0
^	按位异或	x^y	对 x,y 每个对应的二进制位做异或运算

因为数据在计算机内存中是以二进制的形式存放的,因此在使用位运算符时一定要知道不同进制间的转换方法,如十进制转换为二进制、十六进制转换为二进制等。

①"&"运算符:进行按位与运算,只有当进行逻辑操作的两个二进制位都为"1"时,操作结果才为"1"。如:

01110010&01011100 = 01010000

②"|"运算符:进行按位或运算,只有当进行逻辑操作的两个二进制位中有一个为"1"时,操作结果为"1"。如:

01110010 | 01011100 = 01111110

③"^"运算符:进行按位异或运算,只有当进行逻辑操作的两个二进制位不相同时,操作结果为"1"。如:

01110010^01011100 = 00101110

④"~"运算符:进行按位取反运算。如:

~01110010 = 10001101

⑤"<<"运算符:按位左移。将操作数左移指定的位数,右端全部补 0。如图 2.7 将 5 左移一位:

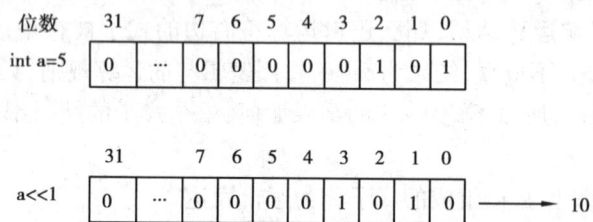

图 2.7　5 左移运算

⑥">>"运算符:带符号位按位右移。将操作数右移指定的位数,若为正数,左端补 0;若为负数,则最左端补 1。如图 2.8 将 5 和图 2.9 将 -5 右移一位:

⑦">>>"运算符:不带符号的按位右移。将操作数右移指定的位数,左端全部补 0。如图 2.10 将 -5 不带符号的按位右移一位:

(5)赋值运算符

赋值运算符的作用是将运算符"="右侧表达式的值赋给左侧的变量。另外,"="和其他运算符组合产生了扩展赋值运算符。

赋值运算符都是二元运算符,具有右结合性。

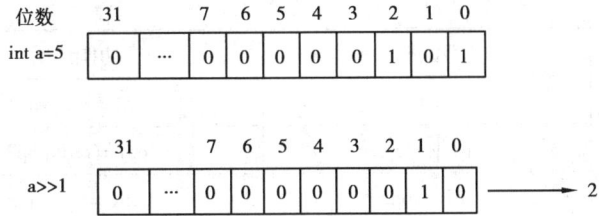

图 2.8　5 右移运算

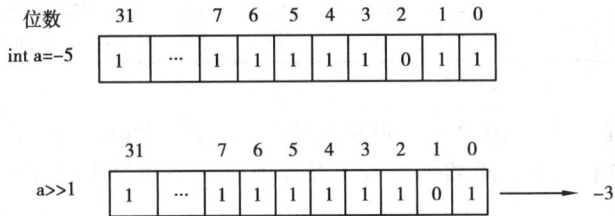

图 2.9　-5 右移运算

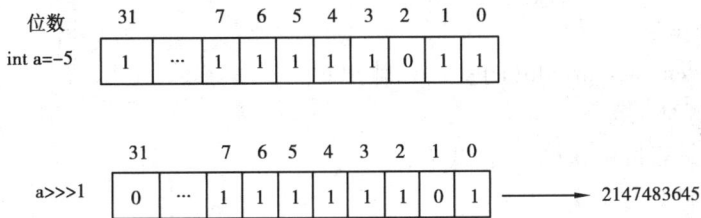

图 2.10　-5 不带符号按位右移运算

①简单赋值运算符。

赋值运算符"="用来将一个数据赋给一个变量。在赋值运算符两侧的类型不一致的情况下,若左侧变量的数据类型的级别高,则右侧的数据被转换为与左侧相同的高级数据类型,然后赋给左侧变量。否则,需要使用强制类型转换运算符。

②复合赋值运算符。

Java 语言允许使用复合赋值运算符,即在赋值符前加上其他运算符。复合赋值运算符是表达式的一种缩写。例如:a += 5 基本等价于 a = a + 5。复合赋值运算符有 11 种,如表 2.6 所示。

表 2.6　复合赋值运算符

运算符	使用格式	功能说明
+=	op1 += op2	op1 = op1 + op2
-=	op1 -= op2	op1 = op1 - op2
*=	op1 * = op2	op1 = op1 * op2
/=	op1/ = op2	op1 = op1/op2
%=	op1% = op2	op1 = op1% op2

续表

运算符	使用格式	功能说明
& =	op1 & = op2	op1 = op1 & op2
| =	op1 | = op2	op1 = op1 | op2
^ =	op1^ = op2	op1 = op1^op2
<<=	op1 <<= op2	op1 = op1 << op2
>>=	op1 >>= op2	op1 = op1 >> op2
>>> =	op1 >>> = op2	op1 = op1 >>> op2

其中,op1 必须是一个变量,而 op2 可易失变量、常量或表达式等。可以看出,只有当一个变量和一个表达式进行运算且要将运算结果保存到前一个变量中时,才可以使用扩展赋值运算符来简化表示。

举例:

```
int a = 2, b = 3;
a * = b;
System. out. println(a);    // 输出 6
```

(6)条件运算符

条件运算符是三目运算符,其格式为:

表达式? 语句1:语句2;

其中表达式的值是布尔类型,当表达式的值为 true 时执行语句1,否则执行语句2。

举例:
```
int a = 4 , b = 5 , max ;
max = a > b ? a : b  ;
System. out. println(max) ;       // 输出 5
```

[小贴士]

int 型数据7在内存中占用4字节,共32位,其二进制表现形式如下:

00000000 00000000 00000000 00001111

左边最高位是符号位,0 表示正数,1 表示负数。

负数采用补码形式, −7 的二进制是把7的二进制各位取反后在末尾位加1,表现形式如下:

11111111 11111111 11111111 11111001

然后再对转换成二进制的数进行按位运算。

(7)其他运算符

①方括号[ ]和( )运算符。

方括号运算符[ ]是数组运算符,方括号中的数值表示数组元素的下标。

括号运算符( )的优先级是所有运算符中最高的,所以它可以改变表达式运算的先后顺序。在有些情况下,它可以表示方法或函数的调用。

②点运算符。

点运算符"."称为引用符,主要用于访问对象实例或者类的类成员历数,如 System. out.

println( )等。

③new 运算符。

new 运算符用于为数组、对象等分配内存空间。例如 a = new int[4],是为数组 a 分配存放 4 个 int 数据的内存空间。

④instanceof 运算符(对象运算符)。

对象运算符用来判断一个对象是否是某一个类或者其子类的实例。如果对象是该类或者其子类的实例,返回 true;否则返回 false。

2)运算符的优先级和结合性

优先级决定了同一表达式中多个运算符被执行的先后次序,如乘除运算优先于加减运算,同一级里的运算符具有相同的优先级。运算符的结合性则决定了相同优先级的运算符的执行顺序。表 2.7 列出了 Java 中运算符的优先级与结合性。因为括号优先级最高,所以不论任何时候,当一时无法确定某种计算的执行次序时,可以使用加括号的方法来明确指定运算的顺序,这样不容易出错,同时也是提高程序可读性的一个重要方法。

表 2.7 Java 运算符的优先级和结合性

优先级	描　述	运算符	结合性
1	最高优先级	. [ ] ( )	左/右
2	单目运算	-- ++ ! ~ 强制类型转换	右
3	算术运算	* / %	左
4	算术运算	+ -	左
5	移位运算	<< >> >>>	左
6	大小关系运算	< <= > >=	左
7	相等关系运算	== !=	左
8	位与运算	&	左
9	位异或运算	^	左
10	位或运算	|	左
11	逻辑与运算	&&	左
12	逻辑或运算	||	左
13	条件运算	?:	右
14	简单、复合赋值运算	= 运算符 =	右

3)流程控制语句

编程语言都会提供 3 种基本的流程控制结构:顺序结构、分支结构和循环结构。顺序结构是 3 种结构中最简单的一种,即语句的执行是按着录入程序的顺序依次进行的;选择结构又称为分支结构,这种程序的执行将根据选择结构的条件(逻辑)表达式的值来判断应该执行哪一个分支;而循环结构则是在一定的条件下反复地执行一个程序段。这 3 种结构构成了程序模块的基本框架。

（1）顺序结构

顺序结构是最常见的程序结构语句。顺序结构就是程序从上到下一行一行地执行，中间没有任何判断和跳转，是最简单的程序结构。

举例：输入一个圆的半径，求圆的面积。

```java
public class circle {
    public static void main(String[] args) {
        double r = Double.parseDouble(JOptionPane.showInputDialog("请输入圆的半径:"));
        double s = Math.PI * r * r;
        System.out.println("圆的面积为" + s);
    }
}
```

（2）选择结构

常见的选择结构有 3 种：单分支选择结构、双分支选择结构和多分支选择结构。

①单分支选择结构。

单分支选择结构可以根据指定表达式的当前值，选择是否执行指定的操作，如图 2.11 所示。单分支由简单的 if 语句组成，该语句的一般形式为：

格式：

if（条件表达式）

语句；

功能：条件表达式为 true 就执行语句。

举例：

```java
import javax.swing.JOptionPane;
public class ifTest {
    public static void main(String[] args) {
        int i = 45;
        char c = 'A';
        if(i >= c)
            System.out.println("A 小");
        System.out.println("结束");
    }
}
```

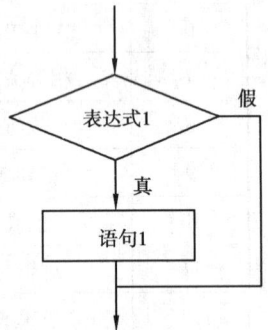

图 2.11 if 语句流程图

语句说明：

- if 是 Java 语言的关键字，表示 if 语句的开始。
- if 后边表达式必须为合法的逻辑表达式，即表达式的值必须是一个布尔值，不能用数值代替。
- 子句可由一条或多条语句组成，如果子句由一条以上的语句组成，必须用花括号把这一组语句括起来。

②双分支选择结构。

双分支选择结构可以根据指定表达式的当前值选择执行两个程序分支中的一个分支,如图 2.12 所示。包含 else 的 if 语句可以组成双分支选择结构,该语句的一般形式为:

格式:

if (条件表达式)

语句 1

else

语句 2

功能:条件表达式为 true 就执行语句 1,为 false 则执行语句 2。

举例:判断学生成绩是否及格。

```
import javax. swing. JOptionPane;
public class score {
    public static void main(String[ ] args) {
        // TODO Auto-generated method stub
        int score = Integer. parseInt(JOptionPane. showInputDialog("请输入你的成绩:"));
        if( score >= 60)
            System. out. println("恭喜你的成绩及格了");
        else
            System. out. println("sorry,你的成绩没及格,继续努力呦");
    }
}
```

语句说明:

- 表达式的值为真时,执行语句 1;表达式值为假时,执行语句 2。
- 如果 if 与 else 之间的语句 1 包含多于一条语句的内部语句,必须用花括号把内部语句括起来,失去了花括号,编译程序时系统将报错;如果 else 后面的子句 2 包含多于一条的内部语句,也必须用花括号把这些内部语句括起来,丢了花括号,系统默认 else 后面的第一条语句是 else 的内部语句,运行程序时也将出现错误。

③多分支选择结构。

在 Java 语言中使用嵌套的 if 语句或 switch 语句实现多分支选择结构的功能。

a. 嵌套的 if 语句。

在 if 或 else 语句中又包含一个或多个 if 语句称 if 语句的嵌套。

在 if 子句、else 子句中嵌套 if 语句,格式为:

if(表达式 1)

　　if(表达式 2)

子句 1;

else

子句 2;

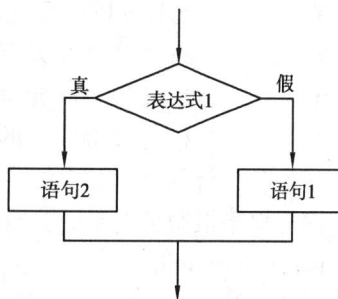

图 2.12　if-else 语句流程图

41

else

if(表达式3)

子句3;

else

子句4;

执行过程为:如果表达式1为真,则判断表达式2,如果表达式2为真,执行子句1,否则执行子句2;如果表达式1为假,接着判断表达式3,如果表达式3为真,执行语句3,否则执行语句4。

b. if…else 复合结构。

if…else 复合结构是一种特殊的 if 嵌套形式,它使程序层次清晰,易于理解,在程序中经常使用这种形式。形式如下:

if(条件表达式1) 语句1

else if (条件表达式2) 语句2

……

else if (条件表达式n) 语句n

else 语句 n+1

执行过程:语句从上向下执行,当 if 语句表达式1为真时,只执行子句1,如果表达式1为假,则跳过子句1,再判断表达式2的值,并根据表达式2的值选择是否执行子句2。即从上到下逐一判断 if 后面表达式的值,当某一表达式值为真时,就执行与该语句相关的子句,其他子句就不执行;如果所有表达式值都为假,则执行 else 后语句。

举例:计算个人所得税。

我国个人所得税自 2011 年 9 月 1 日起调整后,也就是 2012 年现在实行的 7 级超额累进个人所得税税率,工资的起征点变成 3 500 元。

级数	应纳税所得额	税率	速算扣除数
1	不超过 1 500 元的部分	3%	0
2	超过 1 500 元至 4 500 元的部分	10%	105
3	超过 4 500 元至 9 000 元的部分	20%	555
4	超过 9 000 元至 35 000 元的部分	25%	1 005
5	超过 35 000 元至 55 000 元的部分	30%	2 755
6	超过 55 000 元至 80 000 元的部分	35%	5 505
7	超过 80 000 元的部分	45%	13 505

计算公式:(工资 − 起征点)× 对应税率3% − 速算扣除数(0)

编写程序根据某人原始工资计算其应缴纳个人所得税及其税后工资。程序如下:

```java
import java.util. * ;

public class tax {
    public static void main(String[ ] args) {
        double gz = 0, ysgz = 0;//税前工资总数,ysgz 应纳税所得额
        double revenue, shgz;//revenue 个人所得税,shgz 税后工资总数
        System. out. print("请输入您的工资(单位:元):");
```

```
    Scanner s = new Scanner(System.in);
    gz = s.nextDouble();
    ysgz = gz - 3500;
    if(ysgz <= 1500)
        revenue = ysgz * 0.03 - 0;
    else if(ysgz <= 4500)
        revenue = ysgz * 0.1 - 105;
    else if(ysgz <= 9000)
        revenue = ysgz * 0.2 - 555;
    else if(ysgz <= 35000)
        revenue = ysgz * 0.25 - 1005;
    else if(ysgz <= 55000)
        revenue = ysgz * 0.3 - 2755;
    else if(ysgz <= 80000)
        revenue = ysgz * 0.35 - 5505;
    else
        revenue = ysgz * 0.45 - 13505;
    shgz = gz - revenue;
    System.out.println("您的个人所得税为:" + revenue + "元");
    System.out.println("您的税后工资为:" + shgz + "元");
    }
}
```

［小贴士］

在使用嵌套的 if 语句时,要特别注意 if 与 else 的匹配问题。如果程序中有多个 if 和 else,当没有花括号指定匹配关系时,系统默认 else 与它前面最近的且没有与其他 else 配对的 if 配对。

c. switch 开关语句。

switch 语句由一个控制表达式和多个 case 标签组成。和 if 语句不同的是,switch 语句后面的控制表达式的数据类型只能是整型或字符型。case 标签后紧跟着一个代码块,case 标签作为这个代码块的标识。switch 语句的格式如下:

```
switch　(表达式)｛
case　常量 1:［语句块 1;］［break;］
    ……
case　常量 n:［语句块 n;］［break;］
［default:语句块 n + 1;］
｝
```

功能:先计算 switch 表达式,再与每个 case 常量表达式值相比较,若相同,则执行相应语句被执行。若都不同,则执行 default 语句 n + 1(若有的话)。

说明:

- switch 后表达式必须是整型或字符型。
- case 后面的常量 1、常量 2……常量 n 必须是整型或字符型常量,各个 case 后面的常量必须不同。
- 若没有 break 语句,程序将继续执行下一个 case 语句。
- default 作用是当表达式的值与任何一个 case 语句中的值都不匹配时执行 default;如省略 default,则直接退出 switch 语句。default 位置可任意,但要注意 break。

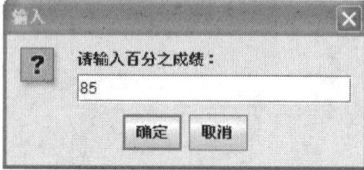

举例:输入学生的考试成绩后,输出其总评成绩。标准是:成绩为 90～100 为 A,成绩为 80～89 为 B,成绩为 70～79 为 C,成绩为 60～69 为 D,成绩在 0～59 为 E。程序运行效果如下所示:

当输入 85 后单击"确定"按钮,控制台输出为"良好"。

图 2.13　程序运行结果图

程序代码:

```java
import javax.swing.JOptionPane;
public class grade {
    public static void main(String[] args) {
        int cj = Integer.parseInt(JOptionPane.showInputDialog("请输入百分之成绩:"));
        int n = cj/10;
        switch(n){
            case 9:
            case 10:
                System.out.println("优秀");
                break;
            case 8:
                System.out.println("良好");
                break;
            case 7:
                System.out.println("中等");
                break;
            case 6:
                System.out.println("及格");
                break;
            case 5:
            case 4:
            case 3:
            case 2:
            case 1:
            case 0:
                System.out.println("不及格");
```

```
                break;
            default:
                    System. out. println("成绩输入错误");
        }
    }
}
```

思考:

● 没有 break 的情况是怎样?(将会执行"/"," * ","default"行)

● 若操作数都不符,default 改变位置,能否执行?(能,但后面要加"break")

(3)循环结构

循环语句可以在满足循环条件的情况下,反复执行某一段代码,这段被重复执行的代码块被称为循环体。当反复执行这段循环体时,需要在适当的时候把循环条件改为假,从而结束循环,否则循环将一直执行下去,形成死循环。

循环语句由循环体和循环条件两部分构成。循环体是要重复执行的语句,循环条件决定循环的开始、重复执行以及结束循环。循环语句实现的循环(或称重复)结构,是一种封闭结构,当循环条件被满足时,重复执行循环结构内的操作,当循环条件不被满足时,退出循环结构。

一个循环一般包括 4 个部分:

● 初始化部分:用来设置循环的一些初始条件, 如累加器清零等。

● 循环体部分:重复执行的一段程序,可以是一条语句,也可以是一块语句。

● 迭代部分:在当前循环结束,下一次循环开始前执行的语句。常用形式为一计数器值在增减。

● 终止部分:一般为布尔表达式,每一次循环都要对该表达式求值,以检查是否满足循环终止条件。

Java 语言提供 3 种形式的循环语句:while 循环语句、do-while 循环语句和 for 循环语句。

①while 语句。

格式:

```
while (条件表达式){
  循环体
}
```

功能:先计算条件表达式,为 true,则执行循环体;为 false,则跳出循环。然后,再检查布尔表达式的值,反复执行上述操作,直到布尔表达式的值为 false 时退出循环结构。若首次执行 while 语句时循环条件为 false,则循环体一次也未执行,即 while 语句循环体最少执行次数为 0 次。while 语句流程图如图 2.14 所示。

举例:使用 while 语句求 m 的阶乘。

```
import javax. swing. JOptionPane;
public class jc {
```

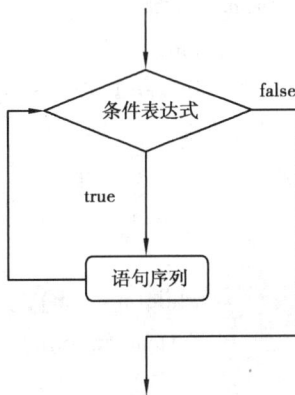

图 2.14　while 语句流程图

```
public static void main( String[ ] args) {
    int m = Integer. parseInt( JOptionPane. showInputDialog( "请输入你要求的阶乘:" ) );//
m 表示求 m 的阶乘
    long j = 1;
    int n = 1;//n 为迭代变量
    while( n < = m) {
        j = j * n;
        n + + ;
    }
        System. out. println( m + "的阶乘的值为:" + j) ;
    }
}
```

②do-while 语句。

while 语句在执行循环体前先检查布尔表达式(为循环条件) ,但有些情况下,不管条件表达式的值是 true 还是 false,都希望把循环体至少执行一次,那么就应使用 do - while 循环。do-while 语句的循环体至少执行一次。do-while 语句循环语句的一般格式为:

```
do
{
循环体
}
while(条件表达式) ; //注意:while 后面的“;”
```

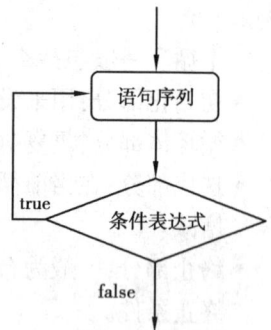

图 2.15　do-while 语句流程图

举例:使用 do-while 语句求 m 的阶乘。
程序如下:

```
import javax. swing. JOptionPane;
public class jc {
    public static void main( String[ ] args) {
        int m = Integer. parseInt( JOptionPane. showInputDialog( "请输入你要求的阶乘:" ) );//
m 表示求 m 的阶乘
        long j = 1;
        int n = 1;//n 为迭代变量
        do {
            j = j * n;
            n + + ;
        }
        while( n < = m) ;
        System. out. println( m + "的阶乘的值为:" + j) ;
    }
}
```

③for 语句。

for 循环语句在几种循环语句中的格式与用法最灵活,它的一般格式为:

for([表达式1];[表达式2];[表达式3])语句

for 语句执行步骤:

a. 第一次进入 for 循环时,对循环控制变量赋初值。

b. 根据判断条件检查是否要继续执行循环。为真,执行循环体内语句块;为假,则结束循环。

c. 执行完循环体内语句后,系统根据"循环控制变量增减方式"改变控制变量值,再回到上一步骤,根据判断条件检查是否要继续执行循环。

可以在 for 循环的表达式1中说明仅在循环中使用的变量,例如: for(int i = 10;i >= 0;) i--;

举例:使用 for 语句计算 m 的阶乘。

程序如下:

```java
public class jc {
    public static void main(String[] args) {
        int m = Integer.parseInt(JOptionPane.showInputDialog("请输入你要求的阶乘:"));//m
表示求 m 的阶乘
        long j = 1;
        for(int n = 1;n <= m;n ++) {
            j = j * n;
        }
        System.out.println(m + "的阶乘的值为:" + j);
    }
}
```

④foreach 循环。

从 JDK1.5 开始,Java 提供了一种对数组和集合操作更加容易的循环——foreach 循环。使用 foreach 循环遍历数组或集合时,无须获得数组或元素的长度,只需声明一个表示数组或集合元素类型的变量,则该变量自动遍历数组或集合的每一个元素。

foreach 循环的语法格式:

```java
for(type variableName:array | collection) {
    //variableName 自动迭代访问每个元素…
}
```

上面语法格式中,type 是数组元素或集合元素的类型,variableName 是一个形参名,foreach 循环将自动将数组元素、集合元素依次赋给该变量。下面举例如何使用 foreach 循环来遍历数组元素:

```java
public class TestForEach {
    public static void main(String[] args) {
        int[] array = {1, 2, 3, 4, 5};
        for(int i: array) {
```

```
                System. out. println(i);
            }
        }
    }
```

以上可知使用 foreach 循环遍历数组元素不需要获得数组长度,不需要循环条件,不需要循环迭代语句,也不需要根据索引来访问数组元素,这些部分都由系统来完成。foreach 循环自动迭代数组的每个元素,当每个元素都被迭代一次后,foreach 循环自动结束。

[小贴士]

使用 foreach 循环迭代数组元素或集合元素时,不要对 foreach 的循环变量进行赋值。因为 foreach 的循环变量是一个临时变量,系统会把数组元素依次赋给这个临时变量,而这个临时变量并不是数组元素,它只是保存了数组元素的值,所以对该元素进行赋值,不影响数组中元素的值。

⑤循环嵌套。

如果把一个循环放在另一个循环体内,就形成嵌套循环。while 循环、do-while 循环和 for 循环等类型的循环既可以作外层循环,也可以作内层循环。当程序遇到嵌套循环时,如果外层循环的循环条件允许,则开始执行外层循环。此时内层循环被当作外层循环的循环体来执行,这时内层循环根据内层循环条件反复执行多次直到退出内层循环。当内层循环执行结束且外层循环的循环体执行结束后,再次判断外层循环的循环条件决定是否再次执行外层循环的循环体。

假设外层循环的循环次数为 n 次,内层循环每次执行的循环次数为 m 次,那么内层循环的循环体需要执行 n × m 次。嵌套循环的运行流程图如图 2.16 所示。

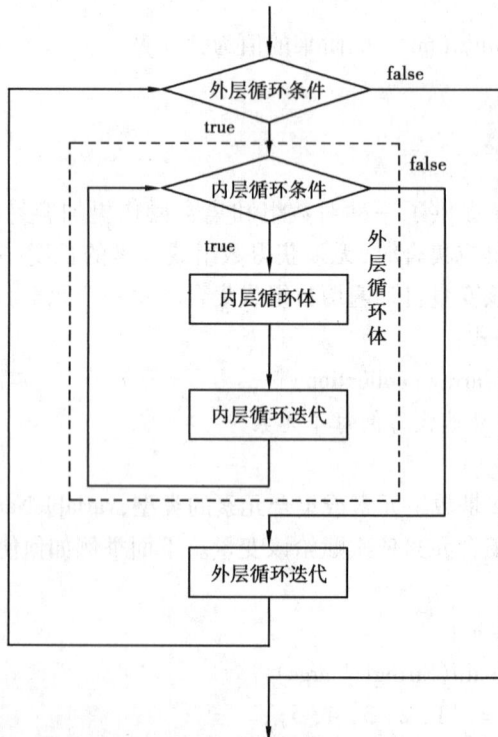

图 2.16 嵌套循环的运行流程

举例:求 $1!+2!+\cdots+9!$ 的值。

求某个数的阶层用循环,求 $1!+2!+\cdots+9!$ 的值就要使用双层循环。

程序如下:

```
public class jcc {
    public static void main( String[ ] args) {
        int sum = 0,jc;
        //外层循环
        for( int i = 1;i <= 9;i ++ ){
            jc = 1;
            //内层循环
            for( int j = 1;j <= i;j ++ ){
                jc = jc * j;
            }
            sum = sum + jc;
        }
    System. out. println( "1!+2!+\cdots +9!= " + sum) ;
    }
}
```

程序运行结果如图 2.17 所示。

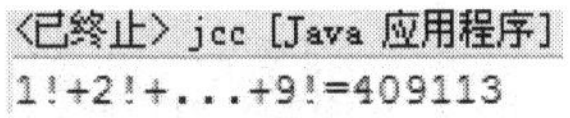

程序运行当外层循环的迭代变量 $i = 1$ 时,jc 的值为 1,满足内层循环循环条件,此时执行内层循环,内层循环计算 1! 的值后退出,sum 变量把 1! 的值加上,然后 $i = 2$,jc 变量的值重新赋值为 1;接下来满足内层循环循环条件,此时执行内层循环,内层循环计算 2! 的值后退出,sum 变量把 2! 的值加上。如此循环,当外层循环的迭代变量 $i = 10$ 时,不满足外层循环条件,然后输出 1! $+2!$ $+\cdots +9!$ 的值。

<已终止> jcc [Java 应用程序]
1!+2!+...+9!=409113

图 2.17　程序运行结果图

⑥标号和其他流程控制语句。

a. 标号。标号是一个标识符,用于给某程序块一个名字。格式如下:

        label:{codeBlock}

label 是标号名,用标识符表示。标号名用冒号与其后面的语句(块)分开。例如,给 for 循环块一标号 Loop 的语句为:

Loop : for(int i = 0,sum = 0;i < 10;i ++)
    sum += i;

由于 Java 语言未提供 goto 语句,故标号不与 goto 一起使用。下面介绍的 break 语句和 continue 语句经常需要使用标号。

b. break 语句。

break 语句和下一节的 continue 语句可以看成结构化的 goto 语句。break 语句的功能是终止执行包含 break 语句的一个程序块。break 语句除了可应用于前面介绍的 switch 语句外,还可应用于各种循环语句中。break 语句的格式如下:

    break [label];

break 有两种形式：不带 label 和带 label。label 是标号名，必须位于 break 语句所在封闭语句块的开始处。

举例：用 break 终止循环。

```
class BreakLoop{
    public static void main(String args[]){
        for(int i = 0; i < 100; i ++){
            if(i == 5) break;          // 若 i 为 5 则终止循环
            System.out.println("i: " + i);
        }
        System.out.println("Loop 完成。");
    }
}
```

break 语句只终止执行包含它的最小程序块，而有时希望终止更外层的块，用带标号的 break 语句就可实现这种功能，它使得程序流程控制转移到标号指定层次的结尾。

举例：用 break 终止外层循环。

```
class BreakDemo {
    public static void main(String args[]){
        boolean t = true;
        first:{           // 定义块 first
            second:{      // 定义块 second
                third:{   // 定义块 third
                    System.out.println("在 break 之前。");
                    if(t) break second; // break 终止 second 块
                    System.out.println("本语句将不被执行。");
                }
                System.out.println("本语句将不被执行。");
            }
            System.out.println("在 second 块后的语句。");
        }
    }
}
```

c. continue 语句。

continue 语句只能用在循环中，其功能是使得程序跳过循环体中 continue 语句后剩下的部分（即短路），终止当前这一轮循环的执行。continue 语句的格式如下：

```
                continue [标号];
```

continue 语句有带标号和不带标号两种形式。不带标号的 continue 语句在 while 或 do-while 语句中使流程直接跳到循环条件的判断上；在 for 语句中则直接计算表达式 3 的值，再根据表达式 2 的值是 true 或 false 决定是否继续循环。

举例：以每行两个数据的格式输出数字 0 ~ 9。

程序如下：

```
class ContinueDemo {
    public static void main(String args[]) {
        for(int i = 0; i < 10; i ++) {
            System.out.print(i + " ");
            if (i % 2 == 0) continue;
            System.out.println();
            //上面的语句执行到 continue 时被跳过
        }
    }
}
```

continue 语句和 break 语句一样,也可以和标号结合使用。这个标号名必须放在循环语句之前,用于标示这个循环体。执行了内循环体的 continue 语句后,将进行由标号标明的循环语句的下一轮循环。

举例:求 3 ~ N 的所有素数,使用带标号的 continue 语句。

程序如下：

```
import javax.swing.JOptionPane;
class PrimeNbelow{
    public static void main(String args[]){
        String s = JOptionPane.showInputDialog("N = ");
        int n = Integer.parseInt(s);
        loop:
        for(int i = 3;i <= n;i ++){
            for(int j = 2;j <= i/2;j ++)
                if(i % j ==0)continue loop;
            System.out.printf("%4d",i);
        }
        System.out.println();
    }
}
```

在本程序中,执行到 continue loop 语句时,流程控制转移到 loop 标记的外层 for 循环的下一次循环中去执行。

d. return 语句。

return 语句的功能是从当前方法中退出,返回到调用该方法的语句处,并从紧跟该语句的下一语句继续程序的执行。return 语句的格式如下：

return [表达式];

或

return([表达式]);

当用 void 定义了一个返回值为空的方法时,方法体中不一定要有 return 语句,程序执行完,它自然返回。若要从程序中间某处返回,则可使用 return 语句。若一个方法的返回类型不是 void 类型,那么就用带表达式的 return 语句。表达式的类型应该同这个方法的返回类型一致或小于返回类型。

例如,一个方法的返回类型是 double 类型时,return 语句表达式的类型可以是 double、float 或者是 short、int、byte、char 等。例如:

```
double exam(int x,double y,boolean b) {
    if(b)
        return x;
    else
        return y;
}
```

2.3.3 任务实施

程序完整代码如下:

```
import javax. swing. JOptionPane;
public class fruit {
    public static void main(String[ ] args) {
        int fruit[ ] = new int[5];
        int n = Integer. parseInt(JOptionPane. showInputDialog("请输入参加投票的学生人数:"));
        int vote[ ] = new int[n];
        int max = 0;//max 为投票最多的水果的票数
        for(int i = 0;i < n;i ++) {
            int s = Integer. parseInt(JOptionPane. showInputDialog("请输入您最喜欢吃的水果(0 为苹果,1 为梨,2 为樱桃,3 为西瓜,4 为葡萄):"));
            switch(s) {
            case 0:
                fruit[0] ++;
                break;
            case 1:
                fruit[1] ++;
                break;
            case 2:
                fruit[2] ++;
                break;
            case 3:
                fruit[3] ++;
                break;
            case 4:
```

```
            ruit[4] ++ ;
            break;
        default:
            System. out. println("您输入有误,");
            break;
        }
        System. out. println("第" + (i + 1) + "名学生投完票");
    }
    /* 判定票数最高的水果的票数 */
    for( int i = 0; i < 5; i ++ ) {
        if( fruit[i] > max)
            max = fruit[i];
    }
    if( max == fruit[0])
        System. out. println("苹果票数最高");
    else if( max == fruit[1])
        System. out. println("梨票数最高");
    else if( max == fruit[2])
        System. out. println("樱桃票数最高");
    else if( max == fruit[3])
        System. out. println("西瓜票数最高");
    else
        System. out. println("葡萄票数最高");
    }
}
```

思考:如果选择两种同学们最喜欢的水果,程序怎么处理?

习　题

一、判断题

1. Java 中的整型数据占 2 个字节,取值范围为 – 32 768 ~ 32 767。　　　　（　　）

2. 在 Java 语言中,执行语句"boolean t = 1 && 0;"的结果是给 boolean 类型变量 t 赋初值为 false。　　　　（　　）

3. 声明变量时必须定义一个类型。　　　　（　　）

4. 注释的作用是使程序在执行时在屏幕上显示注释符号之后的内容。　　　　（　　）

5. 求模运算符(%)只可用于整型操作数。　　　　（　　）

6. 算术运算符 *,/,%, + 和 – 有相同的优先级。　　　　（　　）

7. Java 语言中的标识符可以以数字、字母或下划线开头。 （　　）

8. Java 中小数常量的默认类型为 float 类型,所以表示单精度浮点数时,可以不在后面加 F 或 f。 （　　）

二、填空题

1. 一个 double 型变量与一个 byte 型变量进行减法运算,运算的结果类型是_____。

2. 程序设计的三种基本流程控制结构是:_____、_____、_____。

3. 布尔型常量有两个值,它们分别是_____和_____。

三、选择题

1. （　　）所占的字节数相同。

    A. 布尔型和字符型   B. 整型和单精度型

    C. 字节型和长整型   D. 整型和双精度型

2. 下面赋值语句中,（　　）不会产生编译错误。

    A. char a = " abc ";   B. byte b = 152;

    C. float c = 2.0;   D. double d = 2.0;

3. 执行下面程序后,结果是（　　）。

```
int a,b,c;
a = 1;
b = 3;
c = (a + b > 3 ? ++a:b++)
```

    A. a 的值为 2,b 的值为 3,c 的值为 1

    B. a 的值为 2,b 的值为 4,c 的值为 2

    C. a 的值为 2,b 的值为 4,c 的值为 1

    D. a 的值为 2,b 的值为 3,c 的值为 2

4. 设各个变量的定义如下:

```
int a = 3,b = 3;
boolean flag = true;
```

    （　　）选项的值为 true。

    A. ++a == b   B. ++a == b++

    C. (++a == b) || flag   D. (++a == b) & flag

5. 下面表达式的值的类型为（　　）。

    (int)6.5/7.5 * 3

    A. short   B. int   C. double   D. float

6. 设 a,b,x,y,z 均为 int 型变量,并已赋值。下列表达式的结果属于非逻辑值的是（　　）。

    A. x > y && b < a   B. - z > x - y   C. y == ++x   D. y + x * x ++

7. 执行下列程序段后,b,x,y 的值正确的是（　　）。

```
int x = 3,y = 4;
boolean ch;
```

ch = x < y || ++x ==−−y;

　A. true,3,4　　　　　B. true,4,3　　　　C. false,3,4　　　　D. false,3,4

8. 执行下列程序段后,b,x,y 的值正确的是(　　)。

　int x = 3,y = 4;

　boolean ch;

　ch = x < y |++x ==−−y;

　A. true,3,4　　　　　B. true,4,3　　　　C. false,3,4　　　　D. false,4,3

9. 若有定义 int a = 1,b = 2;那么表达式(a ++) + (++b)的值是(　　)。

　A. 3　　　　　　　B. 4　　　　　　　C. 5　　　　　　　D. 6

10. 假定有变量定义:int k = 7,x = 12;那么能使值为 3 的表达式是(　　)。

　A. x% = (k% = 5)　　　　　　　　B. x% = (k − k%5)

　C. x% = k − k%5　　　　　　　　D. (x% = k) − (k% = 5)

11. 执行完代码 int[ ] x = new int[25];后,以下说明正确的是(　　)。

　A. x[24]为 0　　　　　　　　　　B. x[24]未定义

　C. x[25]为 0　　　　　　　　　　D. x[0]为空

12. 下列语句有错误的是(　　)。

　A. int [ ]a;　　　　　　　　　　B. int [ ]b = new int[10];

　C. int c[ ] = new int[ ];　　　　　D. int d[ ] = null;

13. 下列语句有错误的是(　　)。

　A. int a[ ][ ] = new int[5][5];　　B. int [ ][ ]b = new int[5][5];

　C. int [ ]c[ ] = new int[5][5];　　D. int [ ][ ]d = new int[5,5];

14. 关于下面的程序,正确的结论是_____。

```
public class ex4_7{
public static void main(String args[ ]){
        int a[ ] = new int[5];
        boolean b[ ] = new boolean[5];
        System. out. print(a[1]);
        System. out. println(b[2]);
        }
}
```

　A. 运行结果为 0false　　　　　　B. 运行结果为 1true

　C. 程序无法通过编译　　　　　　D. 可以通过编译但结果不确定

15. 数组中各个元素的数据类型是(　　)。

　A. 相同的　　　　B. 不相同的　　　　C. 任意的　　　　D. 部分相同的

四、阅读程序,写运行结果

1. public class ex2 {

　public static void main(String[ ] args)

　{

```
        for( int x = 0 ; x < 10 ; x ++ )
        {
                if( x == 5 )
                        break ;
                System. out. print( "    " + x ) ;
        }
    }
}
```

该程序的运行结果是：_____ 。

2. 下面代码执行后，正确的输出结果是(   )。

```
public class Example {
    public static void main( String args[ ] ) {
        int l = 0 ;
        do {
            System. out. println( "Doing it for l is :" + l ) ;
        } while ( --l > 0 ) ;
        System. out. println( "Finish" ) ;
    }
}
```

该程序的运行结果是：_____ 。

五、编程题

1. 如果我国经济以每年 10% 的速度保持稳定增长，请编写一个程序，计算每年达到多少，多少年可以实现总量翻两番。

2. 编写程序，声明两个整型变量并为其赋不同的值并输出，然后在程序中把这两个变量的值互换后再输出。

3. 编写一个应用程序，读取用户输入的 3 个非 0 数据，判断并输出这 3 个值是否能构成一个三角形。

4. 编写一个程序，用来判断用户输入的数字是否是 3 和 11 的倍数，也就是说是否能同时被 3 和 11 整除。该程序运行后，提示用户输入一个数字，然后按回车键，输出判断结果。

项目 3

统计某微企软件公司的工资

【项目描述】

某微企软件公司共有职工 8 人,设 1 位总经理、2 位部门主管和 5 名员工,每位职工有姓名、工号、职位、工资、入职时间 5 个属性。总经理工资实行月薪制(2 万)加分红;2 个部门(软件开发部、市场部)主管增加部门和奖金 2 个属性,工资由月薪(1 万)加奖金(营业额的 3%)组成;5 名员工增加部门、加班天数 2 个属性,实施的是月薪 3 000 元加加班工资,每加班一天得 50 元加班费。

现编写程序统计该公司员工平均工资、最高工资和最低工资。

【学习目标】

1. 理解类和对象的概念,类的定义,类的属性和方法的编写,对象的创建以及引用对象。
2. 掌握访问权限修饰符。
3. 掌握类的封装、继承和多态。
4. 理解抽象类的定义并学会使用抽象类。
5. 掌握接口的声明及实现接口。
6. 掌握包的定义及使用的基本方法。
7. 掌握静态修饰符的使用。

【能力目标】

1. 能够根据问题要求定义合适的类,使用类创建对象及调用类中的成员进行操作。
2. 能够使用继承定义新类。
3. 能定义抽象类,会使用抽象类与抽象方法。
4. 会使用 this 关键字。
5. 能够定义接口并在创建类时实现接口。
6. 能够实现方法的重载和覆盖。
7. 能够合理使用系统中提供的包。
8. 能够了解静态修饰符的使用。

任务 3.1　创建员工类

3.1.1　任务要求

通过了解面向对象的相关概念,根据项目要求定义软件公司的员工类(类名为 Employee)。员工类属性有姓名(属性名为 name),工号(属性名为 ID),职位(属性名为 position),工资(属性名为 salary),入职时间:年(属性名为 year),入职时间:月(属性名为 month),入职时间:日(属性名为 day)。掌握类的定义,以及类中的属性和方法的编写、重载。

3.1.2　知识准备

1)面向对象的基本概念

面向对象程序设计又称为 OOP(Object-oriented Programming),是目前占主流地位的一种程序设计技术,其思想主旨是"基于对象的编程"。对象是对现实世界事物的模拟,可以把万事万物都看作各种对象。面向对象程序设计将具有共同行为和状态的对象的共同性质抽象出来,使用数据和方法来描述对象的状态和行为。

与面向过程编程思想相比,面向对象编程思想更符合人的思维模式,编写的程序更健壮、高效且富有创造性。Java 是一种完全面向对象的语言,面向对象编程的四个重要特征就是"封装"、"抽象"、"继承"和"多态"。

(1)类与成员

把众多的事物归纳、划分成一些类是人类在认识客观世界时经常采用的思维方法。分类的原则是抽象。类是具有相同状态和行为的一组对象的抽象,它为属于该类的所有对象提供统一的抽象描述,其内部包括成员变量和成员方法两个主要部分。成员变量又称为属性,用来描述对象的状态,成员方法用来描述对象的行为。可以说类是对象的抽象化表示,对象是类的一个实例。类与对象的关系就如建筑图纸和依据该图纸建设的某个大楼的关系一样,类的实例化结果就是对象,而对一类对象的抽象就是类。

(2)对象

在程序设计中,对象(Object)是指具有属性和方法的实体。在现实世界中,可以明确标识的任何一个物体都可以看作一个对象。对象有自己的行为和状态。图 3.1 描述了一个对象及其状态和行为,即对象的成员变量和成员方法。

在现实生活中,对象的例子比比皆是,如把一辆汽车当成一个对象,那么这辆汽车的最高时速、耗油量可被称为汽车对象的属性,而汽车所具有的启动、行驶等行为就可以被称为汽车对象的方法。

2)类

在程序中,类实际上就是数据类型。为了更好地模拟现实世界,往往需要创建解决问题所必需的数据类型。比如要描述员工,Java 自身提供的基本数据类型不足以表达这样复杂的对象,因此就要定义类,在类内部描述员工的状态和行为。有了员工类,就可以进一步创建员工对象了。

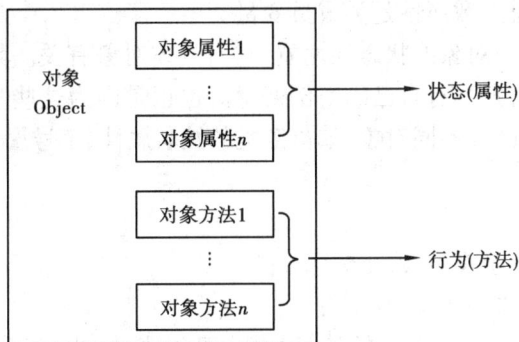

图 3.1　对象的状态和行为

（1）类的定义

类是对客观世界事物进行抽象后得到的一种复合数据类型，它将一类对象的状态和行为封装在一起。创建一个新类，就是创建一种新的数据类型；而实例化一个类，就得到一个该类的对象。

类的定义包括两部分的内容：类声明和类体。定义类的语法格式如下：

［类的修饰符］class 类名［extends 父类］［implements 接口名］//类的头声明

　　{

　　　　　　成员变量声明　　　　　　//类体

　　　　　　成员方法声明

　　　}

上述类的定义各部分的含义如下：

①类的修饰符用来描述类的特性，指明类在使用时所受到的限制，包括类访问权限（如 public）和其他特性［abstract］，［final］。

②class、extends 和 implements 都是 Java 的关键字。class 是用来标示类的声明，extends 子句是指明该类继承某一父类；implements 子句指明类实现了某个（些）接口。

③类名用来定义类的名字，必须是合法的 Java 标识符。

④类体中声明了该类中包含的成员变量和成员方法，类的成员变量即为属性，它可以是基本类型的数据或数组，也可以是一个类的对象，用来描述实物的静态特征；类的成员方法用来描述事物动态特征，主要处理该类的成员变量。在 Java 语言中也允许定义没有任何成员的空类。

［小贴士］

public、abstract、final 关键字顺序可以互换，但 class、extends、implements 顺序不能互换。

如定义员工类为：

class Employee{//类头

//类体

}

（2）成员变量

成员变量也称属性，是事物静态特征的抽象。成员变量分为两种：类的成员变量和对象的成员变量（又称为实例变量）。

类成员变量用来描述类的状态，被该类的所有对象所共享，即没有创建类的对象时，这些变量就存在,如员工类的总人数属性是类成员变量。

实例变量用来描述某一对象的状态和性质,它与具体对象有关。创建了一个对象也就创建了类的实例变量,每个对象具有自己的实例变量。也正是因为这些实例变量使得每个对象具有自己的特点。可用来区分不同对象,如员工类的姓名属性、工号属性是实例变量。

①成员变量的定义。

其一般定义格式为:

[成员说明修饰符] 变量类型 成员变量名;

对成员变量定义的语法格式说明如下:

- 成员说明修饰符限定了该变量的访问权限,可以省略,也可以是 public、protected、private、static、final。用 static 修饰的就是类成员变量。public、protected、private 是访问权限修饰符,最多只能出现一个,它们中的任一个可以与 static 和 final 组合起来修饰变量,具体用法以后再介绍。
- 变量类型可以是 Java 语言允许的任何数据类型,包括基本数据类型和复合数据类型。类是一种复合数据类型。一个变量的类型是类,那么这个变量就称为引用变量。成员变量有一个默认的初始值,数值型的成员变量初始值为 0,boolean 型的成员变量初始值为 false,引用类型的初始值为 null。
- 变量名必须是合法的标识符。从程序的可读性角度出发,建议变量名应该由一个或多个有意义的单词组合而成,第一个单词首字母小写,后面的每个单词首字母大写,其余字母全部小写,单词与单词之间不需使用任何分隔符。

可以为员工类(Employee 类)添加成员变量:

```
class Employee {
    String name;
    String ID;
    String position;
    double salary;
    int year;
    int month;
    int day;
    …
}
```

②成员变量的默认值。

可以为员工类(Employee 类)的成员变量赋初始值,如定义员工类(类名:Employee),程序如下:

```
class Employee {
    String name;
    String ID;
    String position = "员工";//设置成员变量 position 的默认初始值为"员工"
    double salary =4000;// //设置成员变量 salary 的默认初始值为 4000
    int year;
```

```
    int month;
    int day;
...
}
```

该类规定了成员变量的默认初始值。使用 Employee 类创建对象时,每个 Employee 类的对象的 position 和 salary 初始值都默认为员工和 4000。

[小贴士]

成员变量赋初始值必须与成员变量的声明写在同一条语句里,因为类的内部除了成员变量就是成员方法,不允许直接出现执行语句。

③成员方法。

成员方法(以下简称方法)是一个包含一条或多条语句的代码块,用来完成一个具体的、相对独立的功能。通常将一个复杂的程序划分为多个具有独立功能易管理的模块(这里使用方法)。同时,根据面向对象程序设计的原则,对类的动态行为加以描述。

方法可以对类中的成员变量进行操作,也可以被重复地使用,使用时只需关心方法的功能和如何使用,而不必关心方法的功能如何具体实现,这样可有利于代码的重用,提高程序的开发效率。在 Java 中所有的方法都被封装在类中,不能单独使用。方法分为两种:类方法和静态方法。类方法用来描述类的动态行为,即使该类没有声明对象,也可以使用类方法。实例方法描述对象的动态行为,没有对象就无法执行任何实例方法。

①方法的声明。

方法包含方法头和方法体两部分,方法声明的格式为:

```
[成员说明修饰符][方法返回类型]  方法名([形参列表])//方法头
{
方法中的语句                //方法体
}
```

对方法定义的语法格式说明如下:

- 成员说明修饰符限定了该方法的访问权限。成员方法可用的修饰符是在成员变量的修饰符基础上多了一个 abstract。除 abstract 外,其余修饰符使用方法完全一样,abstract 和 final 最多只能出现其中之一,它们可以与 static 组合起来修饰方法。
- 方法返回类型定义了方法返回值的类型,可以为基本类型,也可以为复合类型。当一个方法不需要返回值时,返回类型为 void。如果声明了方法返回值类型,则方法体内必须有一条有效的 return 语句,该语句返回一个变量或一个表达式的值,这个变量或表达式的值必须与方法返回值类型匹配。
- 方法名是一个合法的标识符,通常建议方法名以英文中的动词开头。
- 方法的参数列表中允许有零个或多个参数,多个参数用","隔开。参数由"参数类型参数名"组成。一旦在定义方法时指定了形参列表,则调用该方法时必须传入相对应的参数值。

方法声明的第一行是方法头,花括号中的语句构成了方法体。方法头定义了方法的功能是什么,以及怎样调用它。方法体定义功能的具体实现代码。对调用者来说,只需关心方法头,不需关心方法体。

例如,声明比较两个整数的大小并输出最大值的 Max 方法,程序如下:

```
public static int Max(int a,int b){
    if(a>=b)
        return a;
    else
        return b;
}
```

[小贴士]

main()方法作为程序的唯一入口,必须声明为类方法,因为在执行应用程序开始之前,任何对象均不存在。

②方法的调用。

使用方法实现特定功能称为方法的调用。调用方法只写方法名称和要处理的数据(称为实参)。方法一旦定义,则可根据需要反复调用。

方法调用的一般格式:

方法名(实参列表)

其中实参列表是使用逗号隔开的要处理的数据。实参列表和方法声明中形参列表的形参类型和形参个数完全相同。如果方法定义时无实参,则调用方法时只写方法名和小括号即可(注意:小括号不能省略)。如果方法无返回值(void),方法调用可作为一条语句单独出现在程序中。

例如,调用上述定义的方法求4和8较大值可写成如下形式:

Max(4,8);

以上方法调用为调用方法和被调用方法在同一类体内。在面向对象程序设计语言中,方法的调用还有两种方式:

对象的引用名.方法名(实参列表)//通过对象调用非静态方法

类名.方法名(实参列表)//通过类名调用静态方法

这两种方法将在以后章节详细介绍。

举例:定义求某个数阶乘的方法,调用该方法输出 5 和 10 的阶乘的值。

程序如下:

```
public class testNumber {
    public static void main(String[] args) {
        System.out.println("5 的阶乘为" + factor(5));
        System.out.println("10 的阶乘为" + factor(10));
    }
    public static long factor(int x){//求某个数的阶乘
        long s = 1;
        for(int i = 1;i <= x;i ++)
            s = s * i;
        return s;
```

```
        }
    }
```

程序运算结果如图 3.2 所示。

③方法的参数。

方法定义时形参列表简称形参。形参通常是方法运行
所需的数据,通常在调用方法时才传递给它的数据。调用
方法时,方法名后面小括号中的参数称为"实际参数",简
称实参。实参是具体数据,并参与方法的运行。调用方法时输入的实参要与形参的个数和类
型一一对应。形参与实参之间是被调和主调的关系。方法未被调用时,形参只是一个符号,在
内存中并不真实存在。方法被调用时,系统将在内存中给形参分配空间,然后由主调将实参的
值赋予形参,然后方法内部一行语句一行语句地运行。实参可以是常量、变量或表达式,但要
求它们有确定的值。比如:

int a = 6;

long b,c;

b = factor(5);//实参是常量

c = factor(a + 3);//实参是表达式

调用方法时将实参的值传递给形参有两种方式:按值传递和按引用传递。

当方法的参数为简单数据类型时,则将实参的值传递给形参。这种传递不因为调用方法
中对形参值的改变而改变实参的值。

举例:

```
public class changeNumber {
    public static void main(String[] args) {
        int a = 3,b = 5;
        System. out. println("调用方法前:a = " + a + ",b = " + b);
        exchange(a,b);
        System. out. println("调用方法后:a = " + a + ",b = " + b);
    }
    public static void exchange(int x,int y) {
        int z;
        z = x;
        x = y;
        y = z;
    }
}
```

由此可见,exchange(int x,int y)方法的调用并未改变实参 a 和 b 的值。调用 exchange 方
法时,实参 a 和 b 分别把数据 3 和 5 传递给方法 exchange 的形参 x 和 y,由于参数为基本数据
类型,参数的传递方式是值传递。传递完数据后,a,b 和 x,y 不再有任何联系,接下来程序执
行 exchange 的方法体,均为对 x 和 y 进行交换,所以方法结束后 a 和 b 的值还是原来的 3 和 5,
如图 3.3 所示。

<已终止> evenNumber [Java 应用程序]
5的阶乘为120
10的阶乘为3628800

图 3.2 程序运行结果图

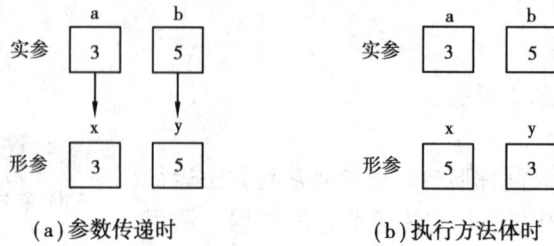

(a) 参数传递时　　　　　　　　　(b) 执行方法体时

图 3.3　参数值传递

[小贴士]

基本类型数据作方法参数时,实参对形参的数据传递是"单向值传递"。即只能由实参传递给形参,而不能形参传递给实参。

当方法的参数为引用类型数据时(如对象、数组、接口),实参代表的是数据的引用,即地址。实参传递给形参的也是地址,此时相当于实参和形参均指向同一个地址空间的数据,因此在方法中改变形参所引用实体的内容,均会影响实参。

```java
public class BubbleSort {
    public static void main(String[] args) {
        int a[] = {31,6,3,5,8,10};
        sortAll(a);
        System.out.println("排列后数组为:");
        for(int x:a) {
            System.out.print(x + "    ");
        }
    }
    public static void sortAll(int[] ar) {
        int temp;
        for(int i = 0;i < ar.length;i ++) {
            for(int j = 0;j < ar.length - i - 1;j ++) {
                if(ar[j] > ar[j + 1]) {
                    temp = ar[j];
                    ar[j] = ar[j + 1];
                    ar[j + 1] = temp;
                }
            }
        }
    }
}
```

上述程序中首先静态初始化数组 a,然后调用类中的静态方法 sortAll(int[] ar),把数组 a 作为实参传递给了冒泡排序 sortAll 方法形参 ar。由于数组 a 是引用数据类型,所以实参 a 和形参 ar 都指向同一数组,在 sortAll 方法中对数组元素的排序相当于对数组 a 进行排序。最后程序输出的数组 a 是经过排序后的数组。

［小贴士］

- 数组作方法参数时,形参的［］里什么都不写,调用时实参只写数组名称。
- 类中定义的成员变量可以被类中的所有方法访问。
- 在方法中定义的变量称为局部变量,方法中的形式参数和定义的局部变量的作用域仅限于方法,局部变量在使用前必须进行赋值初始化。如果局部变量和类中的成员变量重名,则在成员方法中对变量进行的操作是局部变量。

④构造方法。

构造方法又称为构造器,是类中的一个特殊的方法。构造方法的名字和类的名字相同,当创建对象时,构造方法被启动,它给对象的实例字段赋初始值。定义构造方法的语法格式如下:

［修饰符］构造方法名(［形参列表］){

　//由零条或多条可执行语句组成的执行体

}

对构造方法定义的语法格式说明如下:

- 构造方法不返回任何数据类型,即它是省略 void 关键字的 void 型。
- 修饰符:修饰符可以省略,也可以是 public、protected、private 其中之一。
- 构造方法名必须和类名相同。
- 形参列表的格式和定义方法的形参列表格式相同。
- Java 允许一个类中有若干个构造方法,但这些构造方法的参数必须不同,即或者是参数的个数不同,或者是参数的类型不同。
- 若程序中不显式地为类定义一个构造方法,Java 将为这类创建一个默认的构造方法。默认构造方法自动地将所有的实例变量初始化为零。

给员工类(类名:Employee)添加构造方法为:

```
class Employee {
    String name;
    String ID;
    String position;
    double salary;
    int year;
    int month;
    int day;
    Employee(String n, String i, String p, double s, int y, int m, int d) {
        name = n;
        ID = i;
        position = p;
        salary = s;
        year = y;
        month = m;
```

```
            day = d;
        }
        …
    }
```

⑤设置器和访问器。

在 Java 中,经常对类的属性进行查看和赋值,因此需要编写相应的方法。通常完成对某个属性值赋值功能的方法称为设置器,方法命名为 set×××(×××表示属性名,属性的第一个字母大写)。完成对某个属性值查看的方法称为访问器,方法命名为 get×××。

访问器的特点:
- 方法声明部分有返回值类型。
- 方法声明没有参数。
- 方法体内有返回语句。

设置器的特点:
- 方法返回类型为 void,即不返回类型。
- 方法声明中至少有一个参数。
- 方法体内肯定有赋值语句。

⑥变量的作用域。

变量的作用域是指程序中可以访问该变量的一段代码。声明变量的同时也就指明了变量的作用域。

a.类的成员变量和成员方法的作用域是整个类。这使得类中的任意一个方法均可以直接调用类中定义的成员变量,类的成员方法之间也可以使用方法名互相调用。

b.成员方法形参的作用域是该方法所在的方法体。

c.在方法或方法中的一块代码中声明的变量为局部变量,局部变量的作用域为它所在的代码块里(方法或方法中的一块代码里)。

d.for 结构头初始化部分的局部变量,其作用域是 for 结构体和结构体头中的其他表达式。

举例:

```
public class Demo {
    public static void main(String[ ] args) {
        System. out. println(7 + "的阶乘的值为:" + jc(7));
        m = m + 1;//错误,jc 方法的形参 m 的作用域为 jc 方法体
    }
    public static long jc(int m) {
        long j = 1;
        for(int n = 1;n <= m;n ++) {
            j = j * n;                        局部变量 n 作用域
        }
        System. out. println(n); //错误,不是局部变量 n 作用域
        return j;
    }
```

e. 类方法中可以声明与类成员变量同名的局部变量和形参,则在方法中类成员变量将被"屏蔽",直到方法结束。如果要访问被屏蔽的成员变量,则使用 this 关键字,具体方法将在后面详细介绍。

举例:

```
public class Box {
int length;
int width;
public Box(int l,int w) {
    length = l;
    width = w;
}
public void printBox() {
    int length = 10;
    System. out. println("length:" + length + "width:" + width);//输出的 length 是局部变
量的值 10
}
    public static void main(String[] args) {
        Box b1 = new Box(5,3);
        b1. printBox();//
    }
```

程序运行结果如图 3.4 所示。

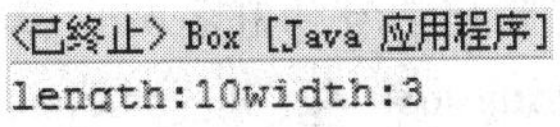

⑦方法重载。

〈已终止〉Box [Java 应用程序]
length:10width:3

图 3.4　程序运行结果图

在 Java 中,同一个类中的两个或多个方法可以具有同一个名称,只要它们的参数类型或参数数量不同即可。当这种情况发生时,就称为方法重载。方法重载是 Java 实现多态性的方法之一。方法重载要求同一个类中几个方法的方法名相同,但是同名的几个方法的参数类型或参数数量必须不同。重载方法的返回类型可以一样,也可以不一样。至于方法的其他部分,如方法返回值类型和修饰符等,可以相同,也可以不同,与方法重载没有任何关系。

a. 普通方法的重载。

举例如下:

```
public class Graph {
    public double area(float   a) {//求圆的面积
        return   (int)(Math. PI * a * a * 100)/100.0 ;
    }
    public double   area(float   a, float   b) {//求长方形的面积
        return   a * b ;
    }
    public double   area(float a, float b, float c) {//求三角形的面积
        float d;
```

67

```
        d = (a + b + c)/2 ;
        return   Math. sqrt( d * ( d - a ) * ( d - b ) * ( d - c ) ) ;
    }

    public static void main( String args[ ] )
    {
        Graph g = new Graph( ) ;
        System. out. println( "圆面积是: " + g. area( 2 ) ) ;
        System. out. println( "矩形面积是: " + g. area( 4 ,5 ) ) ;
        System. out. println( "三角形面积是: " + g. area( 3 ,4 ,5 ) ) ; }
}
```

运行结果:

圆面积是: 12. 56

矩形面积是: 20. 0

三角形面积是: 6. 0

b. 构造方法的重载。

与普通方法一样,构造方法也可以被重载,这样就可以以不同的方式来构造对象了。

举例如下:

定义一个学生类 student,包括成员变量学号 id,姓名 name,性别 sex,年龄 age。成员方法: 获得学号,获得姓名,设置性别,设置年龄。请为 student 类定义两个构造函数,一个构造函数 初始化学号和姓名两个属性,另一个构造函数初始化所有的成员变量。增加一个方法 public String toString( ) 把 student 类对象的所有信息组合成一个字符串输出。

```java
public class student{
private String id = " ";//设置默认值为空字符串
private String name = " ";//设置默认值为空字符串
private String sex = " ";//设置默认值为空字符串
private int age = 0;
public student( String id, String name) {
this. id = id;
this. name = name;
}
public student( String id, String name, String sex, int age) {
this. id = id;
this. name = name;
this. sex = sex;
this. age = age;
}
public void toString( ) {
System. out. println( "此学生信息为:学号" + id + "姓名" + name = + "性别" + sex + "年龄" + age);
```

68

```
        }
    }
```

3.1.3　任务实施

为员工类添加 name、ID、salary、position 属性的设置器和访问器：

```
class Employee {
    String name;
    String ID;
    String position;
    double salary;
    int year;
    int month;
    int day;
    Employee(String n,String i,String p,double s,int y,int m,int d){
        name = n;
        ID = i;
        position = p;
        salary = s;
        year = y;
        month = m;
        day = d;
    }
    String getName() {
        return name;
    }
    void setName(String n) {
        name = n;
    }
    String getID() {
        return ID;
    }
    void setID(String iD) {
        ID = iD;
    }
    String getPosition() {
        return position;
    }
    void setPosition(String d) {
        position = d;
```

```
    }
    public double getSalary( ) {
        return salary;
    }
    public void setSalary(double s) {
        salary = s;
    }
}
```

任务 3.2　创建员工对象

3.2.1　任务要求

为员工类(类名为 Employee)创建两个员工对象。这两个对象各属性值分别为:

①姓名:肖红,工号:0711,职位:软件开发,工资:4 000,入职时间(年):2010,入职时间(月):5,入职时间(日):17;

②姓名:王勤,工号:0712,职位:市场销售,工资:4 500,入职时间(年):2009,入职时间(月):11,入职时间(日):1。

通过在程序中查询肖红的工号,王勤的入职年、月、日,掌握对象的创建及调用类中的成员。

3.2.2　知识准备

在面向对象的程序设计语言中,具有共同属性的一组对象可以用一个"模板"来描述,这就是类。类是一种抽象数据类型,是一组数据和方法的集合,它的作用就是生成对象。一旦定义了所需的类,就可以构造该类的对象了。创建类的对象也称为类的实例化。

在 Java 语言中,要获得一个类的对象需要两步。第一步,对象的声明;第二步,对象的初始化。

(1)对象的声明

对象的声明格式如下:

类名 对象名;

使用前面创建的员工类来创建对象为:

Employee e1;

上述语句声明了 Employee 类的对象 e1。

声明完对象后,内存中还不存在对象的实体,只是对象的引用,且目前引用为空(初始值为 null)。

(2)对象的初始化

声明要创建一个对象的实际物理拷贝,并把对于该对象的引用赋给该变量。这是通过使用 new 运算符实现的。

new 运算符为对象动态分配(即运行时分配)内存空间,并返回对它的一个引用。此时,对象才真正地被创建出来。格式如下:

对象名 = new 类名(参数);

等号左边的对象名是已经声明过的对象,等号右边类名后的小括号里要按照类的构造方法的形参列表依次填写实际参数,注意实际参数要和形参数据类型和个数一一对应。如果构造方法没有参数,小括号不能省略。等号的作用是把右边创建的对象实体所在内存空间地址赋值给左边声明的对象引用。使用 new 运算符为前面声明的 Employee 类对象 e1 进行初始化如下:

e1 = new Employee("肖红","0711","软件开发",2010,5,17);

也可以把声明对象和初始化合并到一条语句中,格式为:

类名 对象名 = new 类名(参数);

Employee e1 = new Employee("肖红","0711","软件开发",2010,5,17);

使用 new 创建对象时,按照类中定义的成员变量和成员方法,为当前对象的成员变量和成员方法分配内存空间。每个对象都有自己独立的一段存储空间。上述语句执行后,对象在内存的状态如图 3.5 所示。

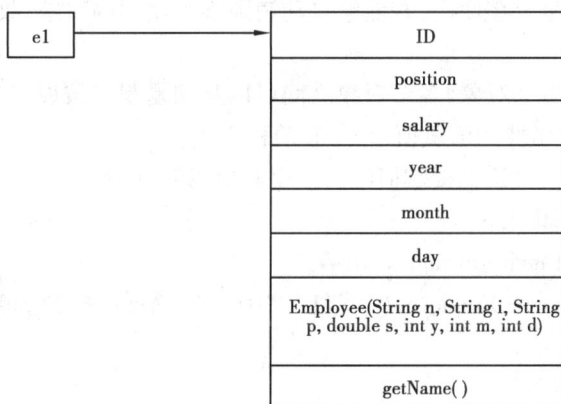

图 3.5 创建实体后的对象

(3)引用对象

在创建了类的对象后,就可以对对象的各个成员进行访问,进行各种处理。访问对象成员的一般形式为:

对象名.成员变量名

对象名.成员方法名(参数列表) //方法名带圆括号

运算符"."在这里称为成员运算符,在对象名和成员变量名之间,以及对象名和成员方法名之间起到连接的作用,指明是哪个对象的哪个成员,哪个对象的哪个方法。

例如,通过调用 Employee 类 e1 对象的 salary 属性和 getName( )方法,可以写成:

e1.salary;

e1.getName();

若要实现 Employee 类的应用,还需要再写一个 main 方法,此时可以把 main 方法放到 Employee类中,也可以再编写一个包含 main 方法的新类,以实现程序的执行。

```
public class EmployeeDemo {
    public static void main(String[ ] args) {
        Employee e1 = new Employee("肖红","0711","软件开发",4000,2010,5,17);
        System. out. println("对象 e1 的 salary 属性为:" + e1. salary);
        System. out. println("对象 e1 的 getName()方法为:" + e1. getName());
    }
}
```

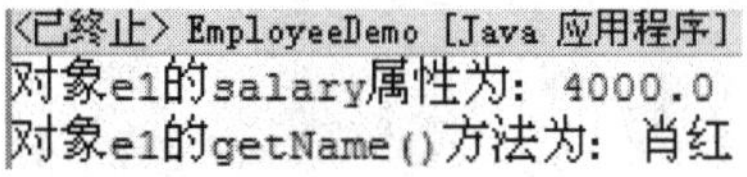

<已终止> EmployeeDemo [Java 应用程序]
对象e1的salary属性为: 4000.0
对象e1的getName()方法为: 肖红

图 3.6 程序运行结果图

程序运行结果如图 3.6 所示。

创建对象时,计算机会按照类的定义为对象的成员变量和成员方法分配内存空间,这些内存空间称作该对象的实体。对象的声明仅仅存放对实体的一个引用。仅有声明而没有创建的对象则没有具体的实体。没有实体的对象称为空对象,不能使用空对象的成员变量和成员方法,因为空对象不对应任何实体。

(4)销毁对象

Java 需要程序员用 new 运算符创建所需的对象,而不需要显式地销毁它们。Java 的垃圾回收机制自动判断对象是否在使用,并能够自动销毁不再使用的对象,收回对象所占的资源。

(5)对象的复制

同一个类可以声明多个对象,多个对象之间可以互相复制。假设定义 Employee 类的对象 e1 和 e2,把 e1 对象各个属性的值赋值给 e2 有两种方式。

第一种方式是把一个对象直接赋值给另一个对象,如下所示:

```
public class EmployeeDemo {
    public static void main(String[ ] args) {
        Employee e1 = new Employee("肖红","0711","软件开发",4000,2010,5,17);
        Employee e2 = e1;
        e2. name = "张宏";
        System. out. println("对象 e1 的 name 属性为:" + e1. name);
        System. out. println("对象 e2 的 name 属性为:" + e2. name);
    }
}
```

程序运行结果如图 3.7 所示。

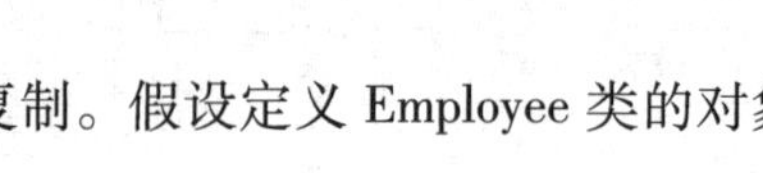

由运行结果可见:把 e1 对象的引用赋值给 e2,e1 和 e2 引用的是同一个实体,因此对 e2 对象的 name 属性重新赋值"张宏"后,e1 和 e2 的 name 属性值输出均为"张宏"。

<已终止> EmployeeDemo [Java 应用程序]
对象e1的name属性为: 张宏
对象e2的name属性为: 张宏

图 3.7 程序运行结果图

第二种方式是把一个对象的各个属性值分别赋值给另一个对象,如下所示:

```
public class EmployeeDemo {
    public static void main(String[ ] args) {
        Employee e1 = new Employee("肖红","0711","软件开发",4000,2010,5,17);
        Employee e2 = new Employee("","","",0,0,0,0);
```

```
        e2. name = e1. name;
        e2. ID = e1. ID;
        e2. position = e1. position;
        e2. salary = e1. salary;
        e2. day = e1. day;
        e2. month = e1. month;
        e2. year = e1. year;
        System. out. println("对象 e1 的 name 属性为:" + e1. name);
        System. out. println("对象 e2 的 name 属性为:" + e2. name);
        e2. name = "张宏";
        System. out. println("对象 e1 的 name 属性为:" + e1. name);
        System. out. println("对象 e2 的 name 属性为:" + e2. name);
    }
}
```

程序运行结果如图3.8 所示。

程序中首先创建 e1 对象和 e2 对象,然后分别把 e1 对象的各个属性值分别赋值给 e2 对象的各个属性,然后输出 e1 和 e2 的 name 属性值均为"肖红";接下来给 e2 对象的 name 属性重新赋值"张宏"后,e1 的 name 属性值为"肖红",e2 的 name 属性值为"张宏"。由此可见 e1 对象的各个属性值分别赋值给 e2 的各个属性后,e1 和 e2 引用的是两个不同的实体,只不过各个属性值相等而已。

```
〈已终止〉EmployeeDemo [Java 应用程序]
对象e1的name属性为: 肖红
对象e2的name属性为: 肖红
对象e1的name属性为: 肖红
对象e2的name属性为: 张宏
```

图3.8 程序运行结果图

3.2.3 任务实施

```
class Employee {
    String name;
    String ID;
    String position;
    double salary;
    int year;
    int month;
    int day;
    Employee(String n, String i, String p, double s, int y, int m, int d) {
        name = n;
        ID = i;
        position = p;
        salary = s;
        year = y;
        month = m;
```

```
            day = d;
        }
        String getName( ) {
            return name;
        }
        void setName( String n ) {
            name = n;
        }
        String getID( ) {
            return ID;
        }
        void setID( String iD ) {
            ID = iD;
        }
        String getPosition( ) {
            return position;
        }
        void setPosition( String d ) {
            position = d;
        }
        public double getSalary( ) {
            return salary;
        }
        public void setSalary( double s ) {
            salary = s;
        }
    }
    public class EmployeeDemo {
        public static void main( String[ ] args) {
            Employee e1 = new Employee("肖红","0711","软件开发",4000,2010,5,17);
            Employee e2 = new Employee("王勤","0712","市场销售",4500,2009,11,1);
            System. out. println( e1. getName( ) +"的工号为:" +e1. ID);
            System. out. println( e2. getName( ) +"的入职年份为:" +e2. year +",入职月份为:"
+e2. month +",入职日期为" +e2. day);
        }
    }
```

程序运行结果如图 3.9 所示。

<已终止> EmployeeDemo [Java 应用程序] C:\Program Files\Java\jre8
肖红的工号为：0711
王勤的入职年份为：2009,入职月份为：11,入职日期为1

图 3.9　程序运行结果图

任务 3.3　隐藏员工对象属性

3.3.1　任务要求

创建完员工对象后,在使用员工对象时发现,通过员工对象可以访问任一成员变量,这样就可在程序中修改其成员变量,造成类成员变量的不安全性。因此要在程序中要求成员变量的姓名、工号、工资 3 个属性只能查询不能修改,其余属性既可访问也可修改。掌握熟练定义包,能够合理使用系统中提供的包、类的封装,以及 this 关键字。

3.3.2　知识准备

1)包

(1)包的概念

在前面介绍访问权限控制符时提到过"包(package)",Java 语言允许将一组类和接口集合在一个包中。包是 Java 提供的一种区别类名字空间的机制,是类的组织方式。包对应一个文件夹,包中还可以再有包,称为包等级。具体而言,包是一组相关的类和接口的集合,Java 的每个类都包含在相应的某个包中。

在源程序中可以声明类所在的包,就像保存文件时要说明文件保存在哪个文件夹中一样。同一包中的类名不能重复,不同包中的类名可以相同。当源程序中没有声明类所在的包时,Java 将类放在默认包中,这意味着每个类必须使用唯一的名字,否则会发生冲突,就像在一个文件夹中的文件名不能相同一样。

(2)包的定义

要创建一个包非常容易,通过关键字 package 声明。package 语句必须作为 Java 源文件的第一条语句,用来指明该源文件定义的类所在的包。package 语句的一般格式为：

package ＜包名＞

其中,package 是关键字,＜包名＞是标识符。

包名可以是一个合法的标识符,也可以是若干个标识符加"."分割而成。在给包取名时应该考虑包名称的唯一性,建议使用所在公司的 Internet 域名或者电子邮件地址的字符串作为包名的前缀,故这两个名字都是全球唯一的。例如：

package cqtbi. edu. cn. mypackage;

public class Employee{

…

}

如果在程序中省略了 package 语句,则源文件中定义命名的类被放在默认的包中,即文件中所有的类放在同一个包中,但此默认的包没有名字。

声明包语句必须写在 Java 源程序中的第一行。它告诉系统,在该文件中声明的任何类都属于这个特定的包,之后其他类就可以引用此包中声明的类。

(3)包的使用

定义包的目的是为了有序地组织 Java 类和接口,以实现对类和接口更加有效地使用。程序员可以通过 import 语句导入这些类,从而使用包中的这些类。

import 语句的使用分为两种情况:①导入某个包中的某个类;②导入某个包中全部类。这两种情况分别用如下两种形式的 import 语句:

import java. util. Date;//导入包 java. util 中的 Date 类

import java. util. * ;//导入包 java. util 中的全部类,不包含其子包

说明:Java 中的包是按类似 Windows 文件的形式组织的,Windows 文件用反斜杠(\)表示一条路径下的子路径,而 Java 用圆点(.)表示一个包的子包。

(4)创建包等级

用圆点“.”将每个包名分隔就能形成包等级。格式如下:

package <包 1 名>[.<包 2 名>[.<包 3 名>]];

java. util 就是一个包等级,反映 Java 开发系统的层次关系,这个包对应 Windows 文件系统中的 java\util 文件夹。

注意:如果要改变一个包名,就必须同时改变对应的文件夹名。

2)类的封装

类的声明和使用不符合面向对象的基本思想,主要表现在如下两方面:

- 没有对类中的成员变量和类中成员方法设置访问权限。
- 直接方式访问成员变量。

这样使得在类中与在类之外访问类属性没有区别,都可以任意修改类中成员变量,使对象处于一种具有潜在危险的不稳定状态。

面向对象编程的最基本特性在于其封装性,通过封装能使对象类的定义和对象的实现分开,把相关的数据及其操作组织在类内。

封装体现在以下几个方面:

- 在类的定义中设置对象中的成员变量和方法进行访问的权限;
- 提供一个统一供其他类引用的方法;
- 其他对象不能直接修改本对象所拥有的属性和方法。

(1)访问权限修饰符

封装是面向对象程序设计的特性,那么如何进行数据的封装呢? Java 中通过设置类的访问权限和类中成员的访问权限,来进行数据的封装。

Java 为对象变量提供了 4 种访问权限:private(私有的)、default(不加任何访问修饰符表示包访问权限)、protected(受保护的)和 public(公有的)。访问权限修饰符可以修饰类和类中的属性和方法。

(2)访问权限修饰符修饰类

能修饰类的访问权限修饰符只有 public 和 default。

当类被 public 修饰,则此类为公共类,公共类可以被任何包中类访问。例如:

```
public class EmployeeDemo {
...
}
```

当类被包访问权限修饰符修饰(即不加任何访问权限修饰符),则这样的类只能被在同一个包中的其他类所访问。例如:

```
class EmployeeDemo {
...
}
```

(3)访问权限修饰符修饰成员变量和成员方法

4 种访问权限修饰符均能修饰类的成员变量和成员方法。

访问权限修饰符修饰成员变量和成员方法的作用如表3.1 所示。

表3.1　访问权限修饰符

	同一个类	同一个包	不同包中的子类	不同包中的非子类
private	√			
default	√	√		
protected	√	√	√	
public	√	√	√	√

表中:√表示可以访问。

private:只能修饰类的成员变量和成员方法,表示该成员变量和成员方法是一个私有变量和私有方法,私有成员只能在这个类的内部被访问,不能在类外通过对象名来访问。这个访问权限修饰符用于修饰属性最合适,可以把属性隐藏在类的内部。

default:如果在成员变量和方法前不加任何访问权限修饰符,即指明它的访问权限为default(包访问权限)。包访问权限的成员变量和方法可以被这个类本身引用,也可以被同一个包中的其他类通过对象访问包访问权限的成员变量和方法,但对包外的类就不能访问;还可以被同一个包中的子类访问包访问权限的成员变量和成员方法(具体使用方法将在后面项目中详细介绍)。

protected:只能修饰类的成员变量和方法。用 protected 修饰的成员变量和方法称为受保护的成员变量和受保护的方法。类中限定为 protected 的成员变量和方法可以被这个类本身引用,也可以被它的子类(包括同一个包以及不同包中的子类)所访问,还可以被同一个包中所有其他的类通过对象访问。

public:用 public 修饰的成员变量和方法被称为公共变量和公共方法。类中限定为 public 的成员变量和成员方法可以被类本身所访问,也可以被其他类(不管是否在同一个包中)通过对象所访问,还可以被该类的所有子类访问,不管其子类是否处于同一个包中。

[小贴士]

如果一个 Java 源文件里定义的所有类都没有使用 public 修饰,则这个 Java 源文件的文件名可以是一切合法的文件名。如果一个 Java 源文件里定义了一个 public 修饰的类,则这个源文件的文件名必须与 public 类的类名相同。

（4）构造方法的访问权限

类中默认构造方法的访问权限和类的访问权限保持一致。当用户自定义构造方法时,要保证其访问权限与类相同。因此,构造方法一般被 public 和 default 修饰。当 public 类的构造方法的访问权限缺省时,在不同包的类中是不能用此构造方法来创建对象的。

举例:

```
class Box {//包访问权限修饰符,只能被在同一个包中的其他类所访问
    private int length;// 私有变量,只能被类本身成员方法所访问
    private int width; // 私有变量,只能被类本身成员方法所访问
    Box(int l,int w){// 包访问权限修饰符,同一个包中的类才能用它来创建对象
        length = l;
        width = w;
    }
    public void printBox(){//公共方法
        System. out. println("length:" + length + "width:" + width);
    }
    public int getLength() {//公共方法
        return length;
    }
    public int getWidth() {//公共方法
        return width;
    }
    public static void main(String[] args) {
        Box b1 = new Box(5,3);
        System. out. println("Box 对象 b1 的长为:" + b1. getLength());
        b1. printBox();
    }
}
```

程序运行结果如图 3.10 所示。

```
<已终止> Box [Java 应用程序]
Box对象b1的长为: 5
length:5width:3
```

图 3.10　程序运行结果图

一般情况下,建议类的成员变量的访问权限修饰符为 private（私有权限）。这符合面向对象的程序设计思想,有利于数据的封装和安全性。同时,可以为私有成员变量提供设置器和访问器,以便通过这些方法对私有成员变量进行间接访问,因此设置器和访问器的访问权限修饰符为 public。

以上程序中为把类中的数据进行封装,类中的成员变量使用 private 访问权限修饰符。假设为保护类属性的安全性同时程序中也会使用到属性的值,此时为两个私有的成员变量 ength 和 widtth 分别添加了两个访问器 getLength() 和 getWidth() 方法。这样就既可以保护类的成员变量的安全性,又可以通过访问器访问属性的值,而不能修改属性的值。

3）this 关键字

在类的方法体中可以直接引用类变量,当对象调用方法时,方法中对类变量的操作实际上

是在对象的域进行操作。在有些情况下,需要指明对象才能操作到域,例如当成员方法的形参名与数据成员名相同,或者成员方法的局部变量名与数据成员名相同时,在方法内借助 this 关键字来明确表示引用的是类的数据成员,而不是形参或局部变量,从而提高程序可读性。简单地说,this 代表了当前对象的一个引用,通过这个名字可以顺利地访问对象、修改对象的数据成员、调用对象的方法。this 的使用场合有以下三种:

(1)用来访问当前对象的数据成员

this. 数据成员

(2)用来访问当前对象的成员方法

this. 成员方法(参数)

(3)当有重载的构造方法时,用来引用同类的其他构造方法

this.(参数)

this 对象是 Java 语言实现封装的一种机制,它将对象和用于操作这些对象的方法连接在一起。以下是成员变量赋值示例:

```java
public class Timer{                      //创建一个时钟类
    private int hour;
    private int minute;
    private int second;
    public void setTime(int h, int m, int s){
    hour = h;
    minute = m;
    second = s;
    }
    public void showTime(){
        System. out. println("当前时间是:" + hour + " : " + minute + " : " + second);
    }
}
```

Timer 类中有 3 个成员变量:hour、minute、second,在构造方法中使用 h、m、s 对其进行初始化。假设构造方法中的形参列表中的变量名与类成员变量名相同时,那就会使形参列表中的变量名与类成员变量名混乱。比如:

```java
public void setTime(int hour, int minute, int second){
    hour = hour;
    minute = minute;
    second = second;
}
```

构造方法中赋值语句中"hour = hour;"等号两边相同,其实等号右边的是形参,左边是类成员变量,为了进行区分,使用 this 关键字作为自身的引用,表示对象本身。因此程序改为:

```java
public class Timer{
    private int hour;
    private int minute;
```

```
        private int second;
        public void setTime(int hour,int minute,int second){
        this. hour = hour;
        this. minute = minute;
        this. second = second;
        }
        public void showTime(){
            System. out. println("当前时间是:" + hour + " : " + minute + " : " + second);
        }
    }
```

3.3.3 任务实施

①把程序中表示人员的类放在包 cqtbi. edu. cn. person 中,则程序修改成:

```
package cqtbi. edu. cn. person;
public class Employee{
...
}
```

②把类 Employee 的访问权限修饰符设置为 public,把类成员变量的访问权限修饰符设置为 private,同时为 name 属性、ID 属性和 salary 属性添加访问器,为其他几个属性添加设置器和访问器。

```
package cqtbi. edu. cn. person;
public class Employee {
    private String name;
    private String ID;
    private String position;
    private double salary;
    private int year;
    private int month;
    private int day;
    public Employee(String n,String i,String p,double s,int y,int m,int d){
        name = n;
        ID = i;
        position = p;
        salary = s;
        year = y;
        month = m;
        day = d;
    }
    public String getName(){
```

```
        return name;
    }
    public String getID() {
        return ID;
    }
    public String getPosition() {
        return position;
    }
    public void setPosition(String d) {
        position = d;
    }
    public double getSalary() {
        return salary;
    }
    public int getYear() {
        return year;
    }
    public void setYear(int y) {
        year = y;
    }
    public int getMonth() {
        return month;
    }
    public void setMonth(int m) {
        month = m;
    }
    public int getDay() {
        return day;
    }
    public void setDay(int d) {
        day = d;
    }
}
```

③当形参和类成员变量相同时,使用 this 关键字作为自身的引用,表示对象本身。因此 Employee 类可以写成:

```
package cqtbi.edu.cn.person;
public class Employee {
    private String name;
    private String ID;
```

```java
        private String position;
        private double salary;
        private int year;
        private int month;
        private int day;
        public Employee(String name,String ID,String position,double salary,int year,int month,
int day) {
            this. name = name;
            this. ID = ID;
            this. position = position;
            this. salary = salary;
            this. year = year;
            this. month = month;
            this. day = day;
        }
        public String getName( ) {
            return name;
        }
        public String getID( ) {
            return ID;
        }
        public String getPosition( ) {
            return position;
        }
        public void setPosition(String position) {
            this. position = position;
        }
        public double getSalary( ) {
            return salary;
        }
        public int getYear( ) {
            return year;
        }
        public void setYear(int year) {
            this. year = year;
        }
        public int getMonth( ) {
            return month;
        }
```

```
    public void setMonth(int month) {
      this. month = month;
    }
    public int getDay() {
      return day;
    }
    public void setDay(int day) {
      this. day = day;
    }
}
```

在 Employee 类的构造函数和设置器里都使用了 this 关键字,代表 Employee 类的实例本身。

任务3.4　添加员工人数属性

3.4.1　任务要求

掌握静态修饰符 static 的使用。为员工类(Employee)添加员工人数属性,每创建一个员工,员工人数加1,在程序中输出当前公司员工总数。

3.4.2　知识准备

1)静态修饰符 static

在编写程序过程中,有些类成员与类中对象无关,也就是说,它完全独立于该类的任何对象,比如说公司员工人数。但是通常情况下,类成员必须通过对象访问,因此需要创建这样一个成员,它能够被它自己使用,而不必引用特定的实例。这时就可以在成员的声明前面加上关键字 static(静态的)。如果一个成员被声明为 static,它被保存在类的内存区(堆中)的公共存储单元中,而不是保存在某个对象的内存区中。类的任何对象访问它时,存取到的都是相同的数值。它就能够在它的类的任何对象创建之前被访问,而不必引用任何对象。

2)static 修饰初始化块

初始化块是类中可以出现的又一重要成员。初始化块没有名称也没有标识,因此无法通过类和对象来调用,只在创建对象时自动执行并且在执行构造方法之前执行。初始化块的语法格式如下:

```
[修饰符]{
    //初始化块的代码
}
```

初始化块内的代码可以包含任何可执行的语句,如定义局部变量、使用分支、循环等语句。一个类里可以有多个初始化块,相同类型的初始化块之间,前面定义的初始化块先执行,后面定义的初始化块后执行。初始化块的修饰符只能是 static,被 static 修饰的初始化块称为静态初始化块。

初始化块的作用是对 Java 对象执行指定的初始化操作,与构造方法的作用相似。区别在于:

初始化块是一段固定的执行代码,没有返回值和参数表,因此对同一个类内的属性所进行的初始化处理完全相同。因此如果多个构造方法中有相同的代码模块,而这些代码模块又无须接受参数,那么就可以把相同的代码模块提取出来放到初始化块中,这样能更好地提高初始化块的复用性。

静态初始化块是类相关的,系统在类初始化阶段执行静态初始化块,因此静态初始化块总是比普通初始化块先执行。静态初始化块对整个类进行初始化处理,可对静态变量执行初始化,但不能对实例属性进行初始化,也不能访问实例方法。举例如下:

```java
public class student{
private String id = "";
private String name = "";
private String sex = "";
public static int num;
private int age;
static{
    System. out. println("静态初始化块");
    num =0;// num 是静态变量放在静态初始化块中初始化
}
{
    System. out. println("初始化块");
    age =18; //各个对象的 age 属性均设值为18,且为实例属性,提取到初始化块中
}
public student(String id,String name){
this. id = id;
this. name = name;
num ++ ;
}
public student(String id,String name,String sex){
this. id = id;
this. name = name;
this. sex = sex;
num ++ ;
}
public String toString(){
return("此学生信息为:学号" + id + "姓名" + name + "性别" + sex + "年龄" + age);
}
public static void main(String[ ] args) {
```

```
student s1 = new student("1301","mary","female");
System. out. println(s1. toString());
student s2 = new student("1302","rose","female");
System. out. println(s2. toString());
System. out. println("当前学生人数为:" + student. num);
}
}
```

程序运行结果:

静态初始化块

初始化块

此学生信息为:学号 1301 姓名 mary 性别 female 年龄 18

初始化块

此学生信息为:学号 1302 姓名 rose 性别 female 年龄 18

当前学生人数为:2

由上例可知,静态初始化块比普通初始化块先执行,静态初始化块在类加载的时候执行,普通初始化块在创建对象调用构造方法之前执行。系统在类初始化阶段执行静态初始化时,按照类的层次,先执行顶级类的静态初始化块(如果顶级类有静态初始化块),然后执行父类的静态初始化块(如果父类有静态初始化块),最后执行此类的静态初始化块。

3)static 修饰成员变量

用 static 修饰符修饰的数据成员是不属于任何一个类的具体对象,而是属于类的静态数据成员。上例中学生人数 num 成员变量只和类有关,与具体对象无关,属于类的静态数据成员。静态数据成员是类固有的,可以通过"类名. 成员变量名"访问,其他成员变量仅仅被声明,只有等到生成实例对象后才存在,才可以被引用。静态变量也称为类变量、类属性,非静态变量称为实例变量、实例属性,静态成员变量的初始化先于非静态成员的初始化。

静态变量保存在类的内存区的公共存储单元中,而不是保存在某个对象的内存区中。因此,一个类的任何对象访问它时,存取到的都是相同的数值。静态变量可以使用访问权限修饰符。

静态数据成员的初始化可以由用户在定义时进行,也可以由静态初始化块来完成。

4)static 修饰成员方法

用关键字 static 修饰的方法称为类方法或静态方法。类方法体中只能访问类变量,而且类方法既可以通过对象来调用,也可以通过类名来调用。

在声明 static 的方法时,有以下几个方面的限制:

第一,仅能调用其他的 static 方法;

第二,只能访问 static 数据;

第三,不能以任何方式引用 this 或 super(后面章节将会介绍)。

如果需要通过计算来初始化 static 变量,可以声明一个 static 块。static 块仅在该类被加载时执行一次。

3.4.3　任务实施

在 Employee 类中添加计算员工人数属性,因为这个实例属性均与类有关,与具体对象无关,因此声明为 static 属性。

为了完成每声明一个员工对象,员工人数属性加一功能,需在构造函数中添加员工人数属性自加语句。

```
package cqtbi. edu. cn. person;
public class Employee {
    private String name;
    private String ID;
    private String position;
    private double salary;
    private int year;
    private int month;
    private int day;
    public static int total =0;//类成员变量表示当前员工总数,也可在静态初始化块中赋初始值
    public Employee( String name, String ID, String position, double salary, int year, int month, int day) {
        this. name = name;
        this. ID = ID;
        this. position = position;
        this. salary = salary;
        this. year = year;
        this. month = month;
        this. day = day;
        total ++ ;//在构造函数中自加
    }
    …
}
```

任务 3.5　修改入职时间属性

3.5.1　任务要求

员工类(Employee)中表示入职时间的属性是:year、month 和 day,在使用起来非常不方便,比如计算员工的工龄等。本任务要求入职时间能够使用系统定义的包中的日期类。

3.5.2　知识准备

前面已经介绍了包的概念,并且已经详细描述了自定义包的方法。除了自定义包外,系统也提供了大量自带包,就是平常所说的 Java 类库。Java 类库是系统提供的已实现的标准类的集合,是 Java 编程的 API。

根据功能不同,可将类库划分为若干个不同的包,每个包中有若干个具有特定功能的类和接口。只要在程序中使用 import 语句把包加载到程序中,就可以在程序中使用这些包里的类和接口了。

常用的系统包如表3.2所示。

表3.2　常用包及其功能

包　　名	功　　能
java. lang	包含 Java 语言的核心类库
java. io	包含标准输入/输出类
java. util	提供各种实用工具类
java. awt	提供组件标准 GUI,包含很多图形组件、方法和事件
java. swing	提供图形窗口界面扩展的应用类
java. net	提供 Java 网络通信功能的类库
java. sql	提供与数据库连接的接口和类
java. security	提供安全性方面的有关支持

1)日期相关类

在应用程序中经常要处理日期和时间,但要真正精确地处理日期和时间信息却不简单,这是因为不同语言中的日期格式表示方式不相同,不同国家和地区纪年方式也不相同。Java 语言规定的基准时间为格林威治(GMT)标准时间,即 1970. 1. 1　00 :00:00。当前日期是由基准日期开始所经历的毫秒数转换出来的。

Java 语言提供了以下 3 个日期类:Date 类、Calendar 类和 DateFormat 类,均在 java. util 包中。Date 类主要用于创建日期对象并获取日期,Calendar 类可获取和设置日期,DateFormat 类主要用来对日期格式化,实现各种日期格式串输出。

(1)Date 类

①java. util. Date 类是最基础的日期时间类,返回一个相对日期的毫秒数。该类是通过记录从基准时间开始到当前时刻的时间差,即所经历的毫秒数,实际上记录的是一个 long 型整数,但不支持日期的国际化和分时区显示。

②Date 类常用两个构造函数:

- public Date():无参数的构造函数,创建的 Date 对象表示当前系统时间,精确到毫秒。
- public Date(long time):有参数的构造函数,创建的 Date 对象表示从 GMT(格林尼治标准时间)1970 年,1 月 1 日 00:00:00 这一刻之前(time 为负数)或者是之后(time 为正数)经历的毫秒数的时刻。

③Date 类常用方法：

- public int compareTo(Date anotherDate)：比较当前 Date 对象和 anotherDate 指定的 Date 对象对应的两个日期的先后顺序。如果相等，则返回 0；如果当前 Date 对象在前，则返回一个负数(通常是 -1)，否则返回一个整数(通常是 1)。
- public boolean equals(Object obj)：重写父类方法，比较两个日期的相等性。
- public long getTime()：返回自 GMT(格林尼治标准时间)1970 年 1 月 1 日 00:00:00 GMT 以来此 Date 对象表示的毫秒数。
- public boolean after(Date anotherDate)：测试当前对象日期是否在 anotherDate 指定的 Date 对象之后。
- public boolean before(Date anotherDate)：测试当前对象日期是否在 anotherDate 指定的 Date 对象之前。

（2）Calendar 类

java.util.Calendar 类是 java.util.Date 类的一个增强版，该类提供日期修改功能和不同时区、语言环境差别显示时间的方式，可以将 Calendar 类比喻为墙上挂着的带日历功能的电子时钟(如电子万年历)，显示的是当前时刻，也可以设置其各时间域(年、月、日、时、分、秒)。

Calendar 类是抽象类，可以通过调用其静态方法 getInstance() 来获得该类的实例：

Calendar c = Calendar.getInstance();

以上是基于当前时刻，获得一个当前操作系统默认的时区和语言环境的 Calendar 的一个对象。接下来就可以使用此 Calendar 对象调用方法了。

- public final void set(int field, int value)：在 Calendar 类中定义了多个静态常量来表达不同的时间域，如 Calendar.YEAR、Calendar.MONTH、Calendar.HOUR 等。此方法就是将参数 field 指定的时间域(年、月、日、时、分、秒等)设置为参数 value 指定的值。
- public final void set(int year, int month, int date)：设置当前日历的"年、月、日"3 个时间域的值，其他域的值不变。
- public final void set(int year, int month, int date, int hourOfDay, int minute)：设置当前日历的"年、月、日、时、分"时间域的值，其他域的值不变。
- public final void set(int year, int month, int date, int hourOfDay, int minute, int second)：设置当前日历的"年、月、日、时、分、秒"时间域的值，其他域的值不变。
- public int get(int field)：返回当前日历指定时间域的值。
- public final Date getTime()：返回一个表示此 Calendar 时间值的 Date 对象。

（3）DateFormat 类

java.text.DateFormat 类具有将日期/时间信息进行格式化处理的功能。这样可以使日期/时间以人们习惯的方式显示出来。例如，美国习惯日期表示方法为"月/日/年"，中国人则习惯用"年/月/日"来表示。

- public static final DateFormat getDateInstance()：获取一个具有默认语言环境的默认格式化风格的日期格式化器，实际上返回的是 DateFormat 子类的对象。
- public static final DateFormat getDateInstance(int dateStyle)：获取一个具有默认语言环境的给定日期格式化风格的日期格式化器。

- public static final DateFormat getDateInstance(int dateStyle,Locale aLocale):获取一个具有给定语言环境、给定格式化风格的日期格式化器。
- public static final DateFormat getTimeInstance():获取一个具有默认语言环境的默认格式化风格的时间格式化器。
- public static final DateFormat getTimeInstance(int dateStyle):获取一个具有默认语言环境的给定日期格式化风格的时间格式化器。
- public static final DateFormat getTimeInstance(int dateStyle,Locale aLocale):获取一个具有给定语言环境、给定格式化风格的时间格式化器。
- public static final DateFormat getDateTimeInstance():获取具有默认语言环境、默认格式化风格的日期/时间格式化器。
- public static final DateFormat getDateTimeInstance(int dateStyle,int timeStyle):获取具有默认语言环境、给定日期和时间格式化风格的日期/时间格式化器。
- public static final DateFormat getDateTimeInstance(int dateStyle,int timeStyle,Locale aLocale):获取具有给定语言环境、给定日期和时间格式化风格的日期/时间格式化器。
- public final String format(ate date):将一个 Date 对象格式化为日期/时间字符串。

举例如下：

```java
import java.text.DateFormat;
import java.util. * ;


public class CanlendarTest {
public static void main(String[ ] args) {
    Date today;
    Calendar now;
    DateFormat f1,f2;
    String s1,s2;
    today = new Date(); //获取系统当前日期
    System.out.println("字符串格式:" + today.toString());
    f1 = DateFormat.getInstance();   //以默认格式生成格式化器
    s1 = f1.format(today);        //将日期转换为字符串
    System.out.println("当前系统格式:" + s1);
    f1 = DateFormat.getDateInstance(DateFormat.MEDIUM,Locale.CHINA);
    f2 = DateFormat.getTimeInstance(DateFormat.MEDIUM,Locale.CHINA);
    s1 = f1.format(today);    //将日期转换为日期字符串
    s2 = f2.format(today); //将日期转换为时间字符串
    System.out.println("中国格式:" + s1 + " " + s2);
    now = Calendar.getInstance() ;//获取系统时间
    s1 = now.get(now.HOUR) + "时" + now.get(now.MINUTE) + "分" + now.get(now.
SECOND) + "秒";
    System.out.println("调整前时间:" + s1);
```

```
        now. set(2013,7,15,8,50,0);
        today = now. getTime();
        System. out. println("调整后时间" + today. toString());
        }
}
```

[小贴士]

在 Java 程序中经常要用到数据库。为了与数据库操作的日期类型相一致,java. sql 包中提供了 java. util 包中 Date 类的同名子类 Date 类,使用时请注意区分。

2)数学类

编写程序时,有时需要进行数学运算,java. lang 包中的 Math 类提供了用于几何学、三角学以及几种一般用途方法的浮点函数,可执行很多数学运算。Math 类中的所有变量和方法都具有 static 和 final 属性,所以 Math 类不能派生子类。它提供一组数学函数和常量。

(1)Math 类中定义的两个双精度常量:

double E:常量 E。

double PI:圆周率常数。

使用方法:Math. E,Math. PI。

(2)Math 类包含常用的科学计算方法

如开方、指数运算、对数、三角函数等,这些方法都是静态方法,可以通过类名直接调用。

①求绝对值。

static double abs(double a)

static float abs(float a)

static int abs(int a)

static long abs(long a)

返回一个 double(float、int、long) 型参数 a 的绝对值,返回值类型与参数类型一致。

②求三角函数。

static double sin(double a)

static double cos(double a)

static double tan(double a)

分别返回一个 double 型弧度数 a 的正弦、余弦、正切值。

在 Math 类中并没有提供余切函数,要求余切值需要通过公式进行转换。求反正弦、反余弦、反正切值可以使用 asin、acos、atan 方法,返回值为弧度数。

在 Java 语言中要计算角度数的三角函数,需要将角度转换为弧度数计算。将角度转换为弧度可以使用 toRadians 方法,将弧度转换为角度可以使用 toDegrees 方法。

③产生随机数。

static double random()

随机产生一个大于等于 0 且小于 1 的 double 型数。

④求算术平方根。

static double sqrt(double a)

返回一个 double 型参数 a 的算术平方根。

⑤求最大值。

static double max(double a,double b)

返回两个 double 型参数 a 和 b 中的较大者。

⑥求最小值。

static double min(double a,double b)

返回两个 double 型参数 a 和 b 中的较小者。

max 和 min 函数还可以对 float 型、int 型和 long 型的两个参数求最大值和最小值。

举例:

```
public class MathTest {
    public static void main( String[ ] args) {
        System. out. println( "Math. E = " + Math. E);//           常量 E
        System. out. println( "Math. PI = " + Math. PI);           PI 圆周率常数
        System. out. println( "Math. round( Math. E)        E));//
        System. out. println( "ceil( E) = " + Math.
        System. out. println( "floor( E) = " + Ma
        System. out. println( "sin( pi/5) = " + Math. s         ;//计算 PI/5 的正弦值
        System. out. println( "cos( pi/5) = " + Math. cos( Ma         ));//计算 PI/5 的余弦值
        System. out. println( "tan( pi/5) = " + Math. tan( Math. PI/5));//计算 PI/5 的正切值
        System. out. println( "ctn( pi/5) = " + 1/( Math. tan( Math. PI/5)));//计算 PI/5 的余
切值
        System. out. println( "Math. random( ) = " + Math. random( ));//产生 0 到 1 之间的
double 型随机数
    }
}
```

程序运行结果:

Math. E = 2. 718281828459045

Math. PI = 3. 141592653589793

Math. round(Math. E) = 3

ceil(E) = 3. 0

floor(E) = 2. 0

sin(pi/5) = 0. 5877852522924731

cos(pi/5) = 0. 8090169943749475

tan(pi/5) = 0. 7265425280053609

ctn(pi/5) = 1. 3763819204711736

Math. random( ) = 0. 1075436889771505

[小贴士]

java. lang 包是 Java 语言的核心类库,包含了运行 Java 程序必不可少的系统类,如 System 类,Math 类等常用类。由于几乎每个程序都会用到该包,所以在程序运行时,系统都会自动加载该包,无需用户自己导入。也就是说,使用此包中的类不需要使用 import java. lang. * 语句,系统自动加载此包。

3)字符串类

字符串是绝大多数程序均要处理的内容。字符串是由 $n(n≥0)$ 个字符组成的序列,用一对双引号括起来。如"Chongqing"就是一个长度为9、值为 Chongqing 的字符串,""也是一个字符串,只不过这个字符串的长度为0。

在 Java 中,字符串被定义为一个类,无论是字符串常量还是变量,都必须先生成 String 类的实例对象然后才能使用。Java 中的 java.lang 包中封装了两个字符串类,一类是创建之后不会再修改和变动的字符串常量 String 类,另一类是创建之后允许再更改和变化的字符串变量 StringBuffer 类。这两个类都被声明为 final,因此不能被继承。

Java 中没有内置的字符串类型,字符串常量是作为 String 类的对象存在的。使用字符串的过程可以表述为声明、创建(初始化)、处理三个步骤。其中声明与创建也经常合并在一起进行。

(1)创建 String 类对象

String 类对象表示的是字符串常量,一个字符串常量创建以后就不能够被修改了。所以在创建 String 类对象时,通常需要向构造函数传递参数来指定创建字符串的内容。常用的 String 类构造函数如表3.3所示。

表3.3 String 类构造函数

构造函数	介 绍
public String( )	用于创建一个空的字符串常量
public String(String value)	用于根据一个已经存在的字符串常量来创建一个新的字符串常量,该字符串的内容和已经存在的字符串常量一致
public String(char[ ] value)	用于根据一个已经存在的字符数组来创建一个新的字符串常量
public String (char [ ] value, int offset, int count)	用于根据一个已经存在的字符数组的子区域来创建一个新的字符串常量,参数 offset 指定子区域开始的下标,参数 count 指定所用字符的个数
public String(byte[ ] bytes)	用于根据一个被 byte 数组初始化的字符串来创建一个新的字符串常量
public String (byte [ ] bytes, int offset, int length)	用于根据一个被 byte 数组的子区域初始化的字符串来创建一个新的字符串常量。参数 offset 指定子区域开始的下标,参数 length 指定所用 byte 的长度
public String(StringBuffer buffer)	用于根据一个已经存在的 StringBuffer 对象来创建一个新的字符串常量

(2)String 类对象的常用方法

①字符串的连接。

public String concat(String str)

该方法类似"+"运算,其参数为一个String类对象,作用是将参数中的字符串str连接到当前字符串的后面。

举例如下:

String str = "hello";

str = str. concat("China"); // 与 str + "China" 等价

System. out. println(str); // helloChina

②求字符串的长度。

public int length( )

该方法返回字串的长度,这里的长度指的是字符串中Unicode字符的数目。

举例如下:

String str = "hello";

System. out. println(str. length( )); //输出长度为5

③求字符串中某一位置的字符。

public char charAt(int index)

该方法在一个特定的位置索引一个字符串,以得到字符串中指定位置的字符。值得注意的是,在字符串中第一个字符的索引是0,第二个字符的索引是1,以此类推,最后一个字符的索引是length( ) - 1。

④从字符串中提取子串。

利用String类提供的substring方法可以从一个大的字符串中提取一个子串,该方法有两种常用的形式:

● public String substring(int beginIndex)

该方法从beginIndex位置起,从当前字符串中取出剩余的字符作为一个新的字符串返回。

● public String substring(int beginIndex, int endIndex)

该方法从当前字符串中取出一个子串,该子串从beginIndex位置起至endIndex - 1为结束。子串返回的长度为endIndex-beginIndex。

举例如下:

```
public class TestString{
    public static void main(String[ ] args) {
        String s1 = "中国重庆",s2;
        s2 = s1;
        System. out. println(s1. charAt(1)); //输出:国
        s2 = s1. substring(2);
        System. out. println(s2); //输出:重庆
        s2 = s1. substring(1,4);
        System. out. println(s2); //输出:国重庆
    }
}
```

⑤判断字符串的前缀和后缀。

判断字符串的前缀是否为指定的字符串可利用 String 类提供的下列方法：

● public boolean startsWith(String prefix)

该方法用于判断当前字符串的前缀是否和参数中指定的字符串 prefix 一致。如果是,返回 true,否则返回 false。

● public boolean startsWith(String prefix,int toffset)

该方法用于判断当前字符串从 toffset 位置开始的子串的前缀是否和参数中指定的字符串 prefix 一致。如果是,返回 true,否则返回 false。

举例如下：

```java
public class Testzf {
    public static void main(String[] args) {
        String s1 = "电子信息工程学院软件技术专业";
        if(s1. startsWith("电子信息工程学院"))
            System. out. println("此学生归电子信息工程学院管理");
        if(s1. startsWith("软件技术专业",8))
            System. out. println("此学生是软件技术专业");
    }
}
```

程序运行结果：

此学生归电子信息工程学院管理

此学生是软件技术专业

● public boolean endsWith(String suffix)

该方法用于判断当前字符串的后缀是否和参数中指定的字符串 suffix 一致。如果是,返回 true,否则返回 false。

⑥比较字符串的方法。

比较字符串可以利用 String 类提供的下列方法：

● public boolean equals(Object aObject) 和 public boolean equalsIgnoreCase(String str)

equals 方法比较当前字符串和参数字符串,这两个字符串相等的时候返回 true,否则返回 false。equalsIgnoreCase 方法和 equals 方法相似,但 equalsIgnoreCase 方法将忽略字母大小写的区别。

● public int compareTo(String anotherString) 和 public int compareTo(String anotherString)

此方法是按字典顺序比较两个字符串,这种比较基于字符串中各个字符的 Unicode 值。首先比较两个字符串第一个字符,如果当前字符串的第一个字符比参数字符串的第一个字符的 Unicode 值小,则返回一个小于 0 的整数;如果当前字符串的第一个字符比参数字符串的第一个字符的 Unicode 值大,则返回一个大于 0 的整数;如果相等,则继续比较第二个字符,以此类推,如果均相等则返回 0。

compareToIgnoreCase 方法将忽略字母大小写的区别。

举例如下：

```java
public class Testzf {
    public static void main(String[] args) {
```

```
        String s1 = "ABCDE", s2 = "AB", s3 = "ab";
        System. out. println(s1. equals(s2));    // false
        System. out. println(s2. equals(s3));    // false
        System. out. println(s2. equalsIgnoreCase(s3));    // true
        System. out. println("A". compareTo("B"));    // -1 "A"比"B"小
        System. out. println("B". compareTo("A"));    // 1 "B"比"A"大
        System. out. println("ABC". compareTo("abc"));    // -32 是负数,"ABC"比"
abc"小
        System. out. println("ABC". compareToIgnoreCase("abc"));    //0 相同
    }
}
```

注意:运算符"=="比较两个对象是否引用同一个实例,而 equals( )则比较两个字符串中对应的每个字符值是否相同。

⑦字符串中单个字符的查找。

- public int indexOf(int ch)

该方法用于查找当前字符串中某一个特定字符 ch 出现的位置。该方法从头向后查找,如果在字符串中找到字符 ch,则返回字符 ch 在字符串中第一次出现的位置;如果在整个字符串中没有找到字符 ch,则返回 -1。

- public int indexOf(int ch, int fromIndex)

该方法和上一方法类似,不同之处在于,该方法从 fromIndex 位置向后查找,返回的仍然是字符 ch 在字符串第一次出现的位置。

- public int lastIndexOf(int ch)

该方法从字符串的末尾位置向前查找,

返回的仍然是字符 ch 在字符串第一次出现的位置。

- public int lastIndexOf(int ch, int fromIndex)

该方法和第二种方法类似,不同的地方在于,该方法从 fromIndex 位置向前查找,返回的仍然是字符 ch 在字符串第一次出现的位置。

⑧字符串中子串的查找。

字符串中子串的查找与字符串中单个字符的查找十分相似,可以利用 String 类提供的下列方法:

- public int indexOf(String str)
- public int indexOf(String str, int fromIndex)
- public int lastIndexOf(String str)
- public int lastIndexOf(String str, int fromIndex)

⑨返回字符串

- public strim( )

此方法将返回此字符串里除了前导和尾部空白的字符串,如果没有前导和尾部空白字符串,则返回此字符串。

⑩字符串中字符大小写的转换。

字符串中字符大小写的转换,可以利用 String 类提供的下列方法:

- public String toLowerCase( )

该方法将字符串中所有字符转换成小写,并返回转换后的新串。

- public String toUpperCase( )

该方法将字符串中所有字符转换成大写,并返回转换后的新串。

⑪字符串中字符的替换。

- public String replace(char oldChar,char newChar)

该方法用字符 newChar 替换当前字符串中所有的字符 oldChar,并返回一个新的字符串。

- public String replaceFirst(String reg,String replacement)

该方法用字符串 replacement 的内容替换当前字符串中遇到的第一个和字符串 reg 相一致的子串,并将产生的新字符串返回。

- public String replaceAll(String reg,String replacement)

该方法用字符串 replacement 的内容替换当前字符串中遇到的所有和字符串 reg 相一致的子串,并将产生的新字符串返回。

(3)字符串变量与 StringBuffer 类

String 类型的字符串一旦创建之后,其长度和内容就不再改变,这也是称其为字符串常量的原因。相反,与之对等的 StringBuffer 类表示可以扩充、可以修改的字符串,或称为字符串变量。

①StringBuffer 类的构造函数。

StringBuffer 类对象表示的是字符串变量,每一个 StringBuffer 类对象都是可以扩充和修改的字符串变量。常用的 StringBuffer 类构造函数如表 3.4 所示。

表 3.4　StringBuffer 类的构造函数

构造函数	介　绍
public StringBuffer( )	默认构造函数,创建一个不包含字符且初始容量为 16 个字符的 StringBuffer 对象
public StringBuffer(int length)	创建一个不包含字符且初始容量由参数 length 指定的 StringBuffer 对象
public StringBuffer(String str)	创建一个 StringBuffer 对象,该对象包含参数 str 所指定的字符串,且初始容量等于参数 str 所指定的字符串的长度再加上 16

举例:

```
public class test {
    public static void main( String args[ ] ){
    //调用默认构造函数创建 StringBuffer 对象 buffer1
    StringBuffer buffer1 = new StringBuffer( );
    //调用指定初始容量的构造函数创建 StringBuffer 对象 buffer2
    StringBuffer buffer2 = new StringBuffer( 10 );
    //调用指定初始字符串的构造函数创建 StringBuffer 对象 buffer3
```

```
StringBuffer buffer3 = new StringBuffer("hello");
String output = "buffer1 = \"" + buffer1.toString() + "\"" +
    "\nbuffer2 = \"" + buffer2.toString() + "\"" +
    "\nbuffer3 = \"" + buffer3.toString() + "\"";
System.out.println(output);
    }
}
```

程序运行结果如图 3.11 所示。

②StringBuffer 类的常用方法。

a. 分配/获取字符串的长度。

• public void setLength(int newLength)

该方法设置当前字符串的长度为 newLength。

• public int length()

该方法返回当前 StringBuffer 类对象包含的字符个数。

b. 分配/获取字符串的容量。

• public void ensureCapacity(int minCapacity)

该方法分配字符串的容量为 minCapacity。

• public int capacity()

该方法返回当前 StringBuffer 类对象分配的字符空间的数量。

c. StringBuffer 类对象的修改。

• public void setCharAt(int index, char ch)

该方法将当前 StringBuffer 对象中的 index 位置的字符替换为指定的字符 ch。

d. StringBuffer 类对象的扩充。

• public StringBuffer append(Object obj)

append 方法用于扩充 StringBuffer 对象所包含的字符,该方法将指定的参数对象转化为字符串后,将其附加在原来的 StringBuffer 对象之后,并返回新的 StringBuffer 对象。附加的参数对象可以是各种数据类型的,如 int、char、String、double 等。

• public StringBuffer insert(int offset, 参数对象类型 参数对象名)

该方法将指定的参数对象转化为字符串后,将其插入到 StringBuffer 对象中 offset 指定的位置,并返回新的 StringBuffer 对象。方法中参数对象类型是基本数据类型,String 类或者是字符数组(char[])。

举例:

```
public class test {
    public static void main(String args[]){
        StringBuffer s = new StringBuffer("Java 面向对象程序设计基础");
        s.setCharAt(0, 'j');
        s.delete(12, 14);
        s.append("语言");
        System.out.println(s);
```

```
〈已终止〉test [Java 应用程序]
buffer1 = ""
buffer2 = ""
buffer3 = "hello"
```

图 3.11　程序运行结果图

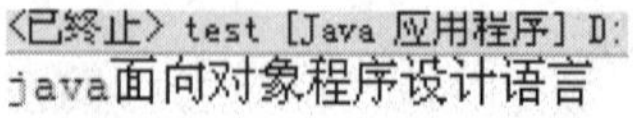

〈已终止〉test [Java 应用程序] D:

java面向对象程序设计语言

图 3.12　程序运行结果图

程序运行结果如图 3.12 所示。

4)封装类

Java 语言中的数据分为基本数据类型和引用数据类型。其中,基本数据类型只能保存值,而没有方法可以调用。为了弥补基本数据类型在面向对象方面的欠缺,在 java. lang 包中又提供了各种数据类型相对应的封装类,基本数据类型与相对应的封装类,如表 3.5 所示。封装类均为 final 类,因此不能被继承。

表 3.5　基本数据类型与封装类对应表

基本数据类型	封装类
byte	Byte
short	Short
int	Integer
float	Float
double	Double
boolean	Boolean
char	Character
long	Long

下面以 Integer 为例,介绍封装类主要属性和方法。每个 Integer 类的对象可以封装一个 int 型的整数值,而且 Integer 类还提供了多个用于处理 int 型数据的方法,下面详细介绍一些常用的属性和方法。

(1)构造方法

• Integer(int value)

该方法构造一个新分配的 Integer 对象,它表示指定的 int 值。

• Integer(String s)

该方法构造一个新分配的 Integer 对象,它表示 String 参数所指示的 int 值。其中,s 除第一个字符可以是符号(-)外,其余字符必须由 0 ~ 9 的数字组成(例如 539),否则将会出现数据格式异常(NumberFormatException)。

(2)属性

• static int MAX_VALUE:返回 int 型的最大值。

• static int MIN_VALUE：返回 int 型的最小值。

(3)常用方法

• public int intValue( ):返回当前 Integer 对象封装的 int 型值。

• public String toString( ):将当前对象所封装的 int 型数值(有符号的十进制形式)以字符串的形式返回。

• public static String toString(int i)：将参数 i 所封装的 int 型数值(有符号的十进制形式)

以字符串的形式返回。

- public static int parseInt(String s) throws NumberFormatException:将字符串参数 s 指定的字符串解析为有符号的十进制整数,并返回解析所得的整数值。参数 s 除第一个字符可以是符号(-)外,其余字符必须是十进制数字。
- public static String toBinaryString(int i):将参数 i 指定的十进制整数转换为相对应的二进制无符号整数并以字符串的形式返回。
- public static String toOctalString(int i):将参数 i 指定的十进制整数转换为相对应的八进制无符号整数并以字符串的形式返回。
- public static String toHexString(int i):将参数 i 指定的十进制整数转换为相对应的十六进制无符号整数并以字符串的形式返回。

[小贴士]

构造函数 Integer(String s)和方法 parseInt(String s)都要对字符串进行解析,此时如果参数中含有非法字符,或者值为 null,或空字符串则会解析错误抛出数据格式异常(Number-FormatException)。

举例:

```
public static void main(String[ ] args) {
        Integer i1 = new Integer( -23);//int 型数据转换成 Integer 对象
        int n = i1. intValue( );//Integer 对象转换成 int 型数据
        String s1 = i1. toString( );//Integer 对象转换成 String 对象
        Integer i2 = new Integer("498");//String 对象转换成 Integer 对象
        int n2 = Integer. parseInt("983");//String 对象转换成 int 型数据
        String s2 = Integer. toString(567);/ * int 型数据转换成 String 对象 */
    }
```

5)System 类

由于 Java 语言中不支持全局变量和全局方法,因此将一些与系统有关的重要方法和变量放到 System 类中。System 类是一个功能强大且非常特殊的系统类,它提供了用户进行标准输入输出以及获取运行时系统信息的功能。System 类的构造方法的访问权限是 private,所以此类不能被实例化。System 类的所有属性和方法都是静态的,系统属性及含义如表 3.6 所示,因此可以通过类名. 属性名和类名. 方法名的方式调用。System 类是 final 类,不能被继承。

System 类常用方法:

- public static void exit(int status);

该方法中止当前运行的 Java 虚拟机,参数表示状态码,非 0 的整数表示异常终止。

- public static long currentTimeMillis( );

该方法获得一个从 1970 年 1 月 1 日 0 时起至今的毫秒数,可以用此方法获得程序的执行时间。

举例:求程序运行时间。

```
public static void main(String[ ] args) {
    long n1 = System. currentTimeMillis( );
    int m = Integer. parseInt(JOptionPane. showInputDialog(" 请输入你要求的阶乘:"));
```

//m表示求 m 的阶乘

```
    long j = 1;
    for( int n = 1; n <= m; n ++ ) {
      j = j * n;
    }
    System. out. println( m + "的阶乘的值为:" + j);
    long n2 = System. currentTimeMillis( );
    System. out. println("当前程序执行了" + (n2 - n1) + "毫秒");
    System. exit(0);//程序正常中止
  }
```

● public static String getProperty(String key);

public static String getProperty(String key, String default);

第一种格式是用来获取属性 key 对应的属性值,若该属性没有设置则返回 null。第二种格式是用来获取属性 key 对应的属性值,若该属性没有设置或不存在指定的属性时,default 指定的值。

表 3.6　系统属性及含义

系统属性名	含　义
os. name	操作系统名称
java. class. path	Java 类库的路径
user. name	用户名
user. dir	用户当前的工作目录
file. separator	文件分隔符
path. separator	路径分隔符

举例:

```
public static void main( String[ ] args) {
    // TODO Auto-generated method stubSystem.
    String s1 = System. getProperty( "os. name", "Windows XP");
    String s2 = System. getProperty( "java. class. path");
    String s3 = System. getProperty( "user. name", "cq");
    String s4 = System. getProperty( "file. separator");
    String s5 = System. getProperty( "path. separator");
    System. out. println("操作系统名称:" + s1);
    System. out. println("Java 类库的路径名称:" + s3);
    System. out. println("文件分隔符:" + s4);
    System. out. println("路径分隔符:" + s5);
  }
```

程序运行结果如图 3.13 所示。

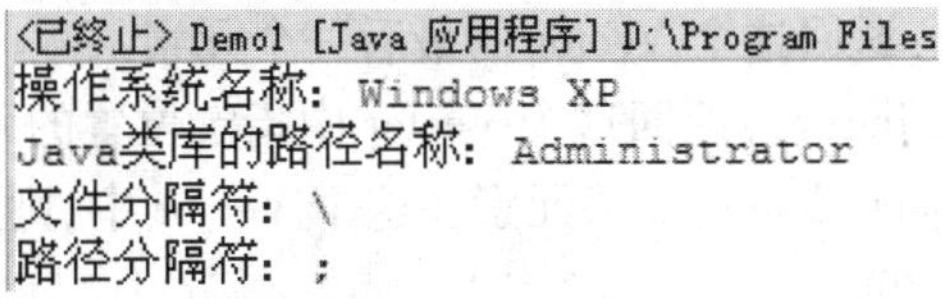

```
<已终止> Demo1 [Java 应用程序] D:\Program Files
操作系统名称: Windows XP
Java类库的路径名称: Administrator
文件分隔符: \
路径分隔符: ;
```

图3.13　程序运行结果图

6) Vector 类

Java 的数组具有很强的功能,但它并不总是能满足用户的要求。数组一旦被创建,它的长度就固定了。但是,有时用户在创建数组时并不确切地知道有多少项需要加进去。解决这一问题的办法是创建一个尽可能大的数组,以满足要求,但会造成空间的浪费。Java 中 java.util 包中的 Vector 类提供了一种与动态数组相似的功能。如果不能确定要保存的对象的数目或是方便获得某个对象的存放位置时,可以选择 Vector 类。

简单地说,Vector 是一个动态数组,它可以根据需要动态伸缩。另外,Vector 类还提供了一些有用的方法,如增加和删除元素的方法。

(1)属性

- int capacityIncrement:当 Vector 的大小超过容量时,Vector 容量的增长量。
- int elementCount:Vector 对象中的元素数。
- Object[ ] elementData:存储 Vector 的元素的数组缓冲区。

(2)构造方法

- Vector( ):构造一个空的 Vector 对象。
- Vector(int initialCapacity):构造一个具有给定初始容量的空的 Vector 对象。
- Vector(int initialCapacity,int capacityIncrement):构造一个具有给定初始容量和容量增量的空的 Vector 对象。

(3)常用的方法

①向 Vector 中添加元素。

向一个 Vector 中添加新元素有两种情况,可以用 Vector 提供的两种不同方法来实现。

- void addElement(Object obj):在 Vector 的最后增加一个元素。
- void insertElementAt(Object obj,int index):在 Vector 的指定位置插入一个元素。

[小贴士]

注意插入的应是对象而不是数值,所以插入数值时要将数值转换成相应的对象。

②从 Vector 中删除元素。

从 Vector 中删除元素有 3 种情况,可以用 Vector 提供的 3 种不同方法来实现。

- void removeAllElement( ):删除 Vector 中的所有元素。
- void removeElement(Object obj):删除 Vector 中指定的元素(仅删除第一次出现的元素)。
- void removeElement(int index):删除 Vector 中一个指定位置的元素。

③搜索 Vector 中的元素。

有时我们需要得到 Vector 中特殊位置上的元素或判断 Vector 中是否包含某个元素,可以使用如下的方法:

- Object firstElement( ):返回这个 Vector 的第一个元素。

101

- Object lastElement( ):返回这个 Vector 的最后一个元素。
- Object ElementAt(int index):返回这个 Vector 中指定位置的元素。
- Boolean contains(Object elem):如果元素在这个 Vector 中,则返回 true。

④获取 Vector 的基本信息。

- int capacity( ):返回这个 Vector 的当前容量。
- int size( ):返回这个 Vector 的元素个数。

举例:Vector 类的使用。

```java
import java. util. Date;
import java. util. Vector;

public class VectorTest{
    public static void main( String[ ] args) {
        Vector v = new Vector(4);
        System. out. println("this v capacity is " + v. capacity());
        v. addElement( new Integer(1));
        v. addElement( "hello");
        v. addElement( new Float(2.45));
        System. out. println("this v capacity is " + v. capacity() + ",the size is " + v. size());
        v. addElement( new Date());
        System. out. println("the first Element is " + (Integer)v. firstElement());
        System. out. println("the last Element is " + ((Date)v. lastElement()). toString());
        if ( v. contains( new Float(2.45)))
            System. out. println("this Vector v contains 2.45");
    }
}
```

运行结果如图 3.14 所示

```
<已终止> VectorTest [Java 应用程序] C:\Program Files\Java
this v capacity is 4
this v capacity is 4,the size is 3
the first Element is 1
the last Element is Thu Jul 17 20:05:07 CST 2014
this Vector v contains 2.45
```

图 3.14 程序运行结果图

3.5.3 任务实施

通过以上学习可知 Employee 类中表示员工入职时间可用日期类表示。添加一获得该员工工龄的方法 getServiceLength。

```java
package cqtbi. edu. cn. person;
import java. util. * ;//引入 Calendar 类所在包
public class Employee {
```

```
        private String name;
        private String ID;
        private String position;
        private double salary;
        private Calendar EmploymentDate;
        public static int total = 0;
        public Employee(String name, String ID, String position, double salary, Calendar Employ-
mentDate) {
            this. name = name;
            this. ID = ID;
            this. position = position;
            this. salary = salary;
            this. EmploymentDate = EmploymentDate;
            total ++ ;//类成员变量表示当前员工总数,也可在静态初始化块中赋初始值
        }
        public String getName() {
            return name;
        }
        public String getID() {
            return ID;
        }
        public String getPosition() {
            return position;
        }
        public void setPosition(String position) {
            this. position = position;
        }
        public double getSalary() {
            return salary;
        }
        public Calendar getEmploymentDate() {
            return EmploymentDate;
        }
        public void setEmploymentDate(Calendar employmentDate) {
            EmploymentDate = employmentDate;
        }
        public int getServiceLength() {
            Calendar xz = Calendar. getInstance();
            return(xz. get(Calendar. YEAR)-EmploymentDate. get(Calendar. YEAR));
```

```
        }
    }
```

任务 3.6　创建 Employee 的子类

3.6.1　任务要求

掌握类的继承的概念,能够使用继承定义新类,掌握关键字 super 的使用。根据项目描述,总经理、部门主管和员工除具有 Employee 类中姓名、工号、职位、工资、入职时间 5 个属性外,每个角色还具有自己额外的属性,比如总经理还有分红属性,部门主管有部门、奖金属性;员工有部门、奖金、加班天数 3 个属性。因此均使用 Employee 类,或者在 Employee 类中把增加的属性均添加到 Employee 类中都不合适。计算工资总额的方法也不一样,因此均使用 Employee 类 getSalary()方法的话,显然不能满足要求。此时要创建 Employee 类的子类。

3.6.2　知识准备

1)继承

继承(inheritance)是面向对象程序设计的又一重要特性,是面向对象编程技术的一块基石,因为它允许创建分等级层次的类。采用继承的机制可以有效地组织程序的结构,设计系统中的类,明确类间关系,充分利用已有的类来完成更复杂、深入的开发,大大提高程序开发的效率,降低维护的工作量。Java 的继承具有单继承的特点,即每个子类只能有一个父类。

(1)继承的概念

继承是一种由已有类创建新类的机制。在 Java 语言中,被继承的类称为基类或者父类,由继承形成的类称为派生类或者子类。因此,子类继承了父类定义的变量和方法,同时也可以修改父类的属性或重写父类的方法,并且添加了自己特有的变量和方法。

Java 中规定,一个父类可以同时拥有多个子类,但一个子类只能有一个父类,即单重继承。Java 允许多层继承,即子类还可以有它自己的子类,在下一层的继承关系中原先的子类就变成了父类。这样的继承关系就形成了继承树。几个父类和子类的例子如表 3.7 所示。

表 3.7　举例父类和子类

父　类	子　类
学生	小学生、中学生、本科生、研究生
形状	三角形、圆形、矩形、梯形
动物	鸟类、哺乳动物、鱼类

(2)类继承的实现

类的继承是通过关键字 extends 来实现的,其格式为:

[访问权限] class 子类名 extends 父类名

其中,extends 是继承关键字,后面跟着父类的类名。如果没有 extends 子句,则这个类直接继承 Object。需要注意的是,父类名所指定的类必须是在当前编译单元中可以访问的类,否则会产生编译错误。

举例如下:

```
public Manager extends Employee{
…
}
```

(3)继承成员变量和方法

如果一个类是另一类的子类,则子类就会拥有父类中的部分成员变量和方法。子类拥有父类的成员变量和方法有以下几种情况。

①子类利父类在同一个包中:子类可继承父类中的 public、protected 和 default 类型的成员变量和方法,不能继承 private 型的成员变量和方法。

②子类和父类不在同一个包:子类可继承父类的 public、protected 的成员变量和方法,不能继承 default 和 private 型的成员变量和方法。

③子类不能继承父类的构造方法。

子类继承父类的成员变量和方法的具体情况如图 3.15 所示。

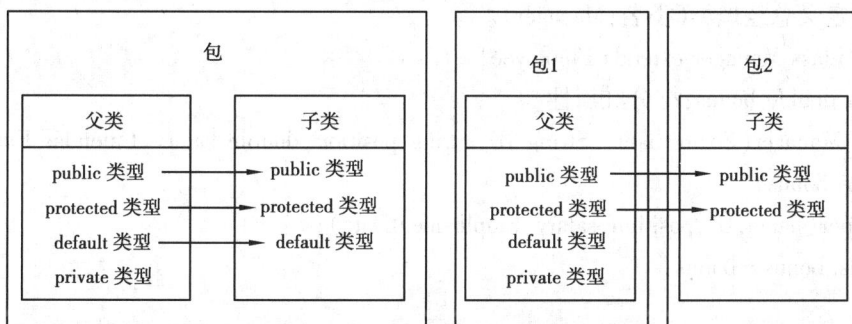

图 3.15　子类继承父类的成员变量和方法

因此,若父类不允许其子类访问它的某些成员,那么这些成员变量和成员方法必须以 private 方式声明该成员;若父类只允许其子类访问和同一包中其他类访问的成员变量和成员方法,那么这些成员必须以 protected 修饰符修饰。这正好是类封装的信息隐蔽原则的充分体现。继承后的成员变量和成员方法的访问权限保持不变。

在 Employee 类的子类 Manager 类中添加分红属性(double bonus)和获取每月总收入方法 double getMonthlySalary( )。

```
public double getMonthlySalary( ){
    return getSalary( ) + bonus;//调用继承自父类 Employee 类中 public 方法 getSalary( )
}
```

[小贴士]

子类不仅继承父类的有访问权限的方法和属性,还根据子类的行为和状态添加子类的成员方法和成员变量。在子类的成员方法里可以直接调用从父类继承的有访问权限的方法和属性。

（4）子类的构造方法

子类不能继承父类的构造方法，当用子类的构造方法创建一个子类对象时，子类的构造方法总是先调用父类的某个构造方法。

在重载中一个构造方法调用另一个构造方法使用 this 关键字来调用，在子类构造方法中调用父类构造方法，使用 super 调用来实现。

调用父类的构造方法可以显式地在子类构造方法的第一条语句使用 super 关键字调用父类的构造方法，也可以隐式地调用父类的构造方法，主要有以下几种情况：

①若父类中没有定义构造方法，系统自动为父类添加一个无参的方法体为空的构造方法，那么对父类对象的初始化将采用系统默认的构造函数。也就是说，一般基本类型的实例变量值为 0，boolean 类型的变量值为 false，对象为 null。此时，子类可以不显式地调用父类构造方法，则系统创建子类对象时自动调用父类无参构造方法。

②若父类定义了无参构造方法，那么子类构造方法中不显式地调用父类无参构造方法，则系统创建子类对象时自动调用系统为父类添加的无参构造方法。

③若父类中定义的构造方法都是带有参数的，那么子类构造方法中第一条语句必须使用 super 语句调用父类有参构造方法。

举例：定义总经理类（类名：Manager）。

public class Manager extends Employee{

private double bonus;//分红属性

public Manager(String name, String ID, String position, double salary, Calendar EmploymentDate, double bonus){

    super(name, ID, position, salary, EmploymentDate);

    this. bonus = bonus;

}

[小贴士]

super 调用和 this 调用非常相似，不同之处在于 super 调用的是父类的构造方法，this 调用的是同一类中重载的构造方法。super 调用必须出现在子类构造方法体的第一行，所以 super 调用和 this 调用不会同时出现在一个方法体里。

（5）覆盖

子类除了可以继承父类中的成员变量和成员方法，还可以增加自己的成员变量和成员方法，也可以根据需要重写父类的方法。当一个父类成员不适合该子类时，子类会以恰当的方式重新定义它，此时父类中被重写的成员变量和成员方法在子类终究被隐藏了。

覆盖是指子类拥有父类相同成员，包括以下两种情况：

①成员变量的覆盖：子类中定义的成品变量和父类中的成员变量同名，不管其类型是否相同，父类中同名成员变量都要被隐藏，子类就无法继承该变量了。

②成员方法的覆盖：子类中定义的成员方法和父类中的成员方法在方法名、返回类型、参数个数及类型方面都相同。

覆盖虽然可以实现方法功能的扩展，但覆盖方法要遵循一定的规则：

①覆盖方法的返回类型必须与它所覆盖的方法相同。

②覆盖方法的参数类型和参数个数与它所覆盖的方法相同。

③覆盖方法不能比其所覆盖的方法访问权限小。

④覆盖方法不能比它所覆盖的方法抛出更多的异常(后面会介绍异常方面的知识)。

子类如果想使用父类中被隐藏的成员变量和被隐藏的成员方法,必须使用关键字 super,格式为:

super . 数据成员

super . 成员方法(参数)

举例:在父类 Employee 中添加了输出各个属性值的 toString( )方法。

```java
public String toString( ) {
        return "Employee 类属性:ID = " + ID
            + ", name = " + name + ", position = " + position + ", salary = "
            + salary + ",EmploymentDate = " + EmploymentDate ;
}
```

在子类(Manager 类)中对该方法进行重写。

```java
public class Manager extends Employee{
private double bonus ;
public Manager( String name, String ID, String position, double salary, int year, int month, int day, double bonus) {
    super( name, ID, position, salary, year, month, day) ;//调用父类有参构造方法
    this. bonus = bonus ;
}
public double getBonus( ) {
    return bonus ;
}
public void setBonus( double bonus) {
    this. bonus = bonus ;
}
public String toString( ) {
;/ * 调用父类被覆盖的同名方法 */
    return "Manager 类属性:bonus = " + bonus + "继承自父类" + super. toString( ) + " ]";
}
}
```

[小贴士]

与类 this 关键字相似,Java 语言使用关键字 super 表示的是当前对象的直接父类对象,是当前对象的直接父类对象的引用。若子类的数据成员或成员方法名与父类的数据成员或成员方法名相同时,当要调用父类的同名方法或使用父类的同名数据成员,则可使用关键字 super 来指明父类的数据成员和方法。

super 的使用有两种情况:

①访问被子类隐藏的超类的成员变量和成员方法,格式为:

super . 数据成员

super . 成员方法(参数)

②虽然构造方法不能够继承,但利用 super 关键字,子类构造方法中也可以调用父类的构造方法。调用父类的构造函数格式为:

super(<参数列表>)

2)关键字 final

final 关键字可用于修饰类、变量和方法。用 final 修饰类时,表示此类是最终类,不能派生子类。用 final 修饰变量,表示该变量一旦获得了初始值,程序中的其他部分可以访问,但不能够修改。用 final 修饰成员方法,则该方法不能再被子类所重写,即该方法为最终方法。

(1)final 关键字修饰变量

final 关键字既可以修饰成员变量(包括类变量和实例变量),也可以修饰局部变量、形参。

①final 修饰成员变量。

final 修饰成员变量时,一旦有了初始值就不能再被重新赋值,因此不可以在普通方法中对成员变量重新赋值。

final 修饰实例属性时,要么在定义该属性时指定初始值,要么在构造方法中为该属性指定初始值。

final 修饰类属性时,在定义该属性时指定初始值。

②final 修饰局部变量。

使用 final 修饰局部变量时,既可以在定义时指定默认值,也可以不指定默认值。如果final 修饰的局部变量在定义时没有指定默认值,则可以在后面代码中对该 final 变量赋初始值,只能赋一次,不能重复赋值;如果被 final 修饰的局部变量在定义时已经指定默认值,则后面就不能再对其赋值。

举例如下:

```
public class finalTest {
    public static void main(String[ ] args) {
        final String s = "ChongQing";//定义 final 局部变量时指定其默认值,不能再对其重新赋值
        s = "beijing";//s 已被定义为 final 局部变量,并为其指定默认值,不能对其重新赋值,此语句不合法
        final int a;//a 被定义为 final 局部变量时没有指定其默认值,对其可被赋值一次
        a = 5;//第一次赋值合法
        a = 6;//第二次赋值不合法
    }
}
```

③final 修饰基本数据类型和引用类型的区别。

final 修饰基本数据类型变量时,不能对其重新赋值。但 final 修饰引用类型的变量保存的是一个对象的引用,是该对象的内存地址。只要保证这个引用所指定的对象地址不改变,就一直引用同一对象,但对象本身的内容却完全可以发生改变。

举例如下:

class student{

```
    private String id = "";
    private String name = "";
    private String sex = "";
    private int age = 0;
    public student(String id, String name) {
    this.id = id;
    this.name = name;
    }
    public student(String id, String name, String sex, int age) {
    this.id = id;
    this.name = name;
    this.sex = sex;
    this.age = age;
    }
    String getId() {
        return id;
    }
    void setId(String id) {
        this.id = id;
    }
    String getName() {
        return name;
    }
    void setName(String name) {
        this.name = name;
    }
    public String toString() {
    return("此学生信息为:学号:" + id + ",姓名:" + name + ",性别:" + sex + ",:年龄" +
age);
    }
    }
    public class studentTest {
        public static void main(String[] args) {
            final student s = new student("01", "Jack", "male", 18);//final 修饰 student 的一个
对象 s,s 是一个引用变量
            System.out.println(s.toString());
            s.setId("02");//可以修改对象 s 的属性
            s.setName("Bill");//可以修改对象 s 的属性
            System.out.println(s.toString());
```

```
        s = new student("02","Rose","female",17);//对 s 重新引用一个对象,不合法
    }
}
```

从以上程序中可知,使用 final 修饰的引用类型变量不能被重新赋值,但是引用变量所引用对象的属性可以改变。

(2)final 关键字修饰方法

final 关键字修饰的方法不能被重写,在使用继承编写类的时候,如果不希望子类重写父类的某个方法,可以使用 final 关键字修饰该方法。

(3)final 关键字修饰类

用 final 关键字修饰一个类,意味着该类成为不能被继承的最终类。出于安全性的原因,有时候需要防止一个类被继承,例如 Math 类。声明一个类为 final 类,使它不能被继承,这就保证了类的唯一性。同时,如果认为一个类的定义已经很完美,不需要再生成它的子类,这时也应把它修饰为 final 类。定义一个 final 类的格式如下:

```
final class 类名{
    …
}
```

声明为 final 的类隐含地声明了该类的所有方法为 final 方法。

需要注意的是:

①所有被 private 声明为私有方法,以及包含在这个类中的方法,都被默认为是最终的。

②用 static 和 final1 两个关键字修饰变量时,若不给定初始值,则按照默认规则对变量初始化。若只用 fiml 修饰而不用 static,就必须且只能对该变量赋值一次,不能默认。

3)子类和父类对象的转换

和基本数据类型之间的强制类型转换一样,存在继承关系的父类对象和子类对象也可以在一定条件下相互转换。但是必须要遵守以下原则:

①子类对象可以当作父类的一个对象。

②父类对象不能当作其某一子类的对象。

③如果一个方法的形参定义的是父类对象,调用这个方法时,可以使用子类对象作为方法的实参。

④如果父类对象与引用指向的实际是一个子类对象,这个父类对象的引用可以用强制类型转换成子类对象的引用。格式为:

(子类名)父类名

举例:说明父类对象和子类对象的转换。

```
public class EmployeeTest {
    public static void main(String[] args) {
        Employee e1 = new Employee();
        System.out.println("Employee 对象 e1 的变量 e1. name:" + e1. name);
        System.out.println("Employee 对象 e1 的方法:toPrint():");
        e1. toPrint();
        Employee e2 = new Worker();
```

```
        System. out. println("Employee 对象 e2 的变量 e2. name:" + e2. name);
        System. out. println("Employee 对象 e2 的方法:toPrint():");
        e2. toPrint();
        Worker w1 = new Worker();
        System. out. println("Worker 对象 w1 的变量 w1. name:" + w1. name);
        System. out. println("Worker 对象 w1 的方法:toPrint():");
        w1. toPrint();
    }
}
```

程序运行结果如图 3.16 所示。

```
Employee对象e1的变量e1.name:Employee
Employee对象e1的方法: toPrint():
父类Employee的toPrint（）方法，对象是: Employee@1fb8ee3
Employee对象e2的变量e2.name:Employee
Employee对象e2的方法: toPrint():
子类Worker的toPrint（）方法，对象是: Worker@61de33
Worker对象w1的变量w1.name:Worker
Worker对象w1的方法: toPrint():
子类Worker的toPrint（）方法，对象是: Worker@14318bb
```

图 3.16　程序运行结果图

　　程序中,当 Employee 的对象引用 e2 指向 Worker 类的对象时,因为子类隐藏了父类的成员变量 name,所以把子类对象转换为父类对象时,访问的是父类被隐藏的成员变量。但是由于子类重写了父类的方法,从父类继承的方法已经不存在了,所以对象调用的是子类重写后的方法。

3.6.3　任务实施

```
package cqtbi. edu. cn. person;
import java. util. Calendar;
public class Employee {
    private String name;
    private String ID;
    private String position;
    private double salary;
    private Calendar EmploymentDate;
    public static int total = 0;
    public Employee(String name, String ID, String position, double salary, Calendar Employ-
mentDate) {
        this. name = name;
        this. ID = ID;
        this. position = position;
        this. salary = salary;
```

```java
            this. EmploymentDate = EmploymentDate;
            total ++ ;
        }
        public String getName( ) {
            return name;
        }
        public String getID( ) {
            return ID;
        }
        public String getPosition( ) {
            return position;
        }
        public void setPosition( String position) {
            this. position = position;
        }
        public double getSalary( ) {
            return salary;
        }
        public Calendar getEmploymentDate( ) {
            return EmploymentDate;
        }
        public void setEmploymentDate( Calendar employmentDate) {
            EmploymentDate = employmentDate;
        }
        public int getServiceLength( ) {
            Calendar xz = Calendar. getInstance( );
            return( xz. get( Calendar. YEAR) -EmploymentDate. get( Calendar. YEAR) );
        }
        public String toString( ) {
            return "Employee 类属性:ID = "  + ID
                    + ", name = " + name + ", position = " + position + ", salary = "
                    + salary + ",EmploymentDate = " + EmploymentDate ;
        }
    }

package cqtbi. edu. cn. person;
import java. util. Calendar;
public class Manager extends Employee{
private double bonus;
public Manager( String name, String ID, String position, double salary, Calendar Employ-
```

```
mentDate,double bonus){
        super(name,ID,position,salary,EmploymentDate);
        this. bonus = bonus;
    }
    public double getBonus() {
      return bonus;
    }
    public void setBonus(double bonus) {
      this. bonus = bonus;
    }
    public double getMonthlySalary(){
      return getSalary() + bonus;
    }
    public String toString() {
      return "Manager 类属性:bonus = " + bonus + "继承自父类" + super. toString() + "]";
    }
}
```

/ ** DepartmentManager 类中增加 bonus 属性表示奖金,构造函数中 turnover 属性表示营业额,percent 属性表示提层,奖金 = 营业额 × 提成 */

```
    package cqtbi. edu. cn. person;
    import java. util. Calendar;
    public class DepartmentManager extends Employee{
        private String department;
        private double bonus;// 奖金 = 营业额 × 提成
    public DepartmentManager(String name,String ID,String position,double salary,Calendar
EmploymentDate,String department,double turnover,double percent){
        super(name,ID,position,salary,EmploymentDate);
        this. department = department;
        bonus = turnover * percent;
    }
    public double getMonthlySalary(){
      return getSalary() + bonus;
    }
    public String toString() {
      return " DepartmentManager 类属性:department = " + department + ",bonus = " +
bonus +"继承自父类" + super. toString() + "]";
    }
}
    package cqtbi. edu. cn. person;
```

```
        import java. util. Calendar;
        public class Worker extends Employee{
            private String department;
            private int extDay;
            public Worker(String name, String ID, String position, double salary, Calendar Employ-
mentDate, String department, int extDay){
                    super(name, ID, position, salary, EmploymentDate);
                    this. department = department;
                    this. extDay = extDay;
            }
            public double getMonthlySalary(){
                    return getSalary() + extDay * 50;
            }
        public String toString() {
            return "Worker 类属性:department = "  + department + ", extDay = " + extDay + "继承
自父类" + super. toString()  + " ]";
        }
    }
```

任务 3.7　创建抽象类

3.7.1　任务要求

掌握抽象类的概念,能定义抽象类,会使用抽象类与抽象方法。系统中 Employee 类只用来继承并不创建实体,因此需要在程序中限制创建 Employee 类的对象。

Employee 类派生的子类均包含 getMonthlySalary()方法,且每个类中该方法的实现方式不同,因此需要在程序中规定由 Employee 类派生的子类均要实现 getMonthlySalary()方法。

3.7.2　知识准备

1)抽象类

在定义一个类的时候,经常会碰到这样的情况:一些方法对于所有的对象都是合适的,但有些方法只对某个特定类型的对象才有意义。这些方法在这个类中是不能实现的,把这种类定义为抽象类。

某些类在现实世界中不能直接找到对应的实例。如动物类,不可能为它找到一个对应的事物,因为现实世界中只有猫、鸟、青蛙等具体动物,而它们都是动物的子类,这样的类称为抽象类。

抽象类一般没有足够的信息来描述一个具体的对象。抽象类只用于继承,不能用于创建对象。一个抽象类一般包括一个或多个抽象方法(只有方法说明,没有方法体)。

抽象类的子类必须实现其父类定义的每一个抽象方法,若没有实现父类的所有抽象方法,则该子类也应该定义为抽象类。

(1)抽象类的实现

抽象类由 abstract 修饰,其格式是:

abstract class 类名

{

　　类成员定义

}

抽象类也可以包含非抽象的方法。抽象类具有以下特性:

①抽象类中不是所有的方法都是抽象方法,可以在抽象类中声明并实现方法。

②抽象类的子类必须实现父类的所有抽象方法后才能实例化,否则这个子类也会成为一个抽象类。

③抽象类不能实例化。

④可以定义不包含抽象方法的抽象类,此时该类不能被实例化。

项目中 Employee 类没有对应的实体,因此可以定义 Employee 类为抽象类。

(2)抽象方法(abstract method)

在 Java 中,只声明而没有实现的方法称为抽象方法,其语法规则如下:

abstract 返回值类型　抽象方法名([<形式参数列表>]);

[小贴士]

● 构造方法不能定义为抽象方法。

● 最终方法不能说明为抽象方法。

● static 和 private 修饰符不能用于抽象方法。

● 含有抽象方法的类必须被声明为抽象类,抽象类不能被实例化。

举例:

①定义抽象类 Bird,Bird 类中有一个属性名称(String 类型)、构造函数和一个抽象方法 void Eat()。

```
abstract class Bird{
    String name;
    public Bird(String name){
        this. name = name;
    }
    abstract void Eat();
}
```

②定义继承于 Bird 类的 Ostrich(鸵鸟)类。

```
class Ostrich extends Bird{
    private String color;
    public Ostrich(String color){
    super("鸵鸟");
    this. color = color;
```

```
    System. out. println("我的名字是" + super. name + "我的颜色为" + color);
    }
    void Eat() {
      System. out. println("鸵鸟杂食性,主食草、叶、种子、嫩枝、多汁的植物、树根、带茎的
花及果实等,此外还有蜥、蛇、幼鸟、小哺乳动物和一些昆虫等");
    }
}
```

2)接口

Java 只支持单继承机制,不支持多重继承,即一个类只能有一个父类。单继承性使得 Java 结构简单,层次清楚,易于管理,更加安全可靠,从而避免了因多重继承而引起难以预料的冲突。但在实际应用中也需要使用多重继承的功能。

(1)接口的概念

接口就是方法定义和常量值的集合。接口在语法上和类很相似,它也有属性和方法,接口间也可以形成继承关系。但接口和类有着很大的区别,它的属性都是常量,方法都是抽象方法,没有方法体。

接口的使用方法是:首先定义一个接口,可以先把它理解成一个特殊的类,然后在某个类中要使用这个接口时,就在这个类的定义时声明要实现某个接口。

(2)接口的定义

接口的定义包括接口声明和接口体两部分,格式如下:

［修饰符］ < interface > <接口名> ［extends 父接口列表]{

　［public］［static］［final］变量名 = 初始值;//静态常量

　［public］［abstract］返回值 方法名([参数列表]) throws[异常列表]//方法声明

}

接口的修饰符可以是 public 或者包访问权限修饰符。当被 punlic 修饰时,即指明任意类均可以使用这个接口;当被包访问权限修饰符修饰时,即指明接口只能被与它处在同一包中的成员访问。extends 子句与类声明中的 extends 子句基本相同,不同的是一个接口可以有多个父接口,中间用逗号隔开,而一个类只能有一个父类。子接口继承父接口中所有的常量和抽象方法。

接口中的成员变量都是公有的、静态的、最终的常量,接口中定义的方法都是抽象、公有的,所以修饰符可以省略。在接口中的方法只有定义没有实现,即接口中的方法都是抽象方法,所以实际上接口就是一种特殊的抽象类。

举例:定义名为 BirdAction 的接口,其中有一个常量 swing,以及两个抽象方法 flying() 和 moving()。

```
public interface BirdAction{//定义一个接口
    public static final int swing = 2;
    public abstract void flying();
    public abstract void moving();
}
```

接口有如下特点:

①接口用关键字 interface 来定义,而不是 class。

②接口中定义的变量全部是静态变量,而且是最终的静态变量。接口还可以用来实现不同类之间的常量共享。

③接口中没有自身的构造方法,而且定义的方法都是抽象方法,即只提供方法的定义,而不提供具体的实现。

④接口采用多重继承机制,而不是采用类的单重继承机制。

[小贴士]

一个 Java 源文件中最多只能有一个 public 类或接口,当存在 public 类或接口时,Java 源文件名必须与这个类或接口同名。

(3)接口的继承

接口的继承和类的继承不一样。接口支持多继承,即一个接口可以有多个直接父接口。子接口扩展某个父接口,将会继承父接口里定义的所有抽象方法、常量属性等。

一个接口继承多个父接口时,只要把多个父接口排在 extends 关键字之后,并用逗号隔开即可。

举例:

public interface A extends B,C{//B,C 均为接口

//接口中的语句

}

(4)接口的实现

在类中,接口实现的格式如下:

类修饰符 class 类名 [extends 父类名][implements 接口名列表]{

//类中重写接口的抽象方法

}

一个类要实现某个或某几个接口时,有如下 4 个步骤和注意事项:

①在类的声明中使用 implements 关键字来实现接口。一个类可以同时实现多个接口,各接口间用","隔开。

②如果实现某接口的类不是抽象类,则在类的定义部分必须实现指定接口的所有抽象方法,即为所有抽象方法定义方法体,而且方法头部分应该与接口中的定义完全一致,即有完全相同的返回值和参数列表。

③如果实现某接口的类是 abstract 的抽象类,则它可以不实现该接口所有的方法。

④接口的抽象方法,其访问限制符都已指定是 public,所以类在实现方法时,必须显式地使用 public 修饰符。

举例:Ostrich(鸵鸟)类实现 BirdAction 接口后,创建一个 Ostrich 类对象,并调用该类方法。

```
public class Ostrich extends Bird implements BirdAction{
    private String color;
    public Ostrich(String color){
    super("鸵鸟");
    this. color = color;
    System. out. println("我的名字是" + super. name + "我的颜色为" + color);
```

```
        }
    void Eat( ) {
        System. out. println("鸵鸟杂食性,主食草、叶、种子、嫩枝、多汁的植物、树根、带茎的
花及果实等,此外还吃幼鸟、小哺乳动物和一些昆虫等");
        }
    public void flying( ) {
        System. out. println("鸵鸟有翅膀:" + swing + " 只,鸵鸟不会飞,只会跑,跑得快");
//调用接口 BirdAction 中声明的静态常量 swing

        }
    public void moving( ) {
        System. out. println("鸵鸟在地上走");

        }
    public static void main( String[ ] args) {
        Ostrich b = new Ostrich("灰黑");
        b. Eat( );
        b. moving( );
        b. flying( );
        }
    }
```

程序运行结果:

我的名字是鸵鸟我的颜色为灰黑

鸵鸟杂食性,主食草、叶、种子、嫩枝、多汁的植物、树根、带茎的花及果实等,此外还吃幼鸟、小哺乳动物和一些昆虫等

鸵鸟在地上走

鸵鸟有翅膀:2 只,鸵鸟不会飞,只会跑,跑得快

[小贴士]

接口与抽象类的主要区别:

- 接口中的所有方法都是抽象的,而抽象类可以定义带有方法体的不同方法。
- 一个类可以实现多个接口,但只能继承一个抽象父类。
- 接口与实现它的类不构成类的继承体系,即接口不是类体系的一部分。因此,不相关的类也可以实现相同的接口。而抽象类是属于一个类的继承体系,并且一般位于类体系的顶层。

3.7.3 任务实施

为解决本任务中提出的限制创建 Employee 类的对象,并在 Employee 类的子类均要实现 getMonthlySalary( )方法,可以使用两种方法。

第一种方法是使用抽象,在 Employee 类中添加 getMonthlySalary( )抽象方法,同时使用

abstract修饰 Employee 类。

　　第二种方法是创建一个包含 getMonthlySalary( )抽象方法的接口。Employee 类实现此接口,但不实现接口中定义的抽象方法,因此 Employee 类为抽象类不能创建对象。

　　以使用第一种方法为例,则 Employee 类编写为:

```
package cqtbi. edu. cn. person;
import java. util. Calendar;
public abstract class Employee {
    private String name;
    private String ID;
    private String position;
    private double salary;
    private Calendar EmploymentDate;
    public static int total = 0;
    public Employee(String name, String ID, String position, double salary, Calendar Employ-
mentDate) {
        this. name = name;
        this. ID = ID;
        this. position = position;
        this. salary = salary;
        this. EmploymentDate = EmploymentDate;
        total + + ;
    }
    public String getName( ) {
        return name;
    }
    public String getID( ) {
        return ID;
    }
    public String getPosition( ) {
        return position;
    }
    public void setPosition(String position) {
        this. position = position;
    }
    public double getSalary( ) {
        return salary;
    }
    public Calendar getEmploymentDate( ) {
        return EmploymentDate;
```

```
        }
        public void setEmploymentDate( Calendar employmentDate) {
            EmploymentDate = employmentDate;
        }
        public int getServiceLength( ) {
            Calendar xz = Calendar. getInstance( );
            return( xz. get( Calendar. YEAR )-EmploymentDate. get( Calendar. YEAR ) );
        }
        public String toString( ) {
            return "Employee 类属性:ID = "  + ID
                    + ", name = " + name + ", position = "  + position  + ", salary = "
                    + salary + ",EmploymentDate = "  + EmploymentDate;
        }
        public abstract double getMonthlySalary( );//添加的抽象方法
}
```

其余子类不变(参考任务 3.6),则输出该根据项目要求计算该公司员工平均工资,最高工资和最低工资程序如下:

```
import java. util. Calendar;
import cqtbi. edu. cn. person. * ;

public class EmployeeTest {
    public static void main( String[ ] args) {
        double[ ] sal = new double[8];//定义数组保存员工的月工资
        Calendar mc1 = Calendar. getInstance( );
        mc1. set(2007,4,1);
        Manager m1 = new Manager("王强","001","总经理", 20000, mc1, 5000);
        sal[0] = m1. getMonthlySalary( );

        Calendar dc1 = Calendar. getInstance( );
        dc1. set(2007,7,1);
        DepartmentManager dm1 = new DepartmentManager ("李丽","011","部门经理",
10000,dc1,"软件开发部",200000,0.03);
        sal[1] = dm1. getMonthlySalary( );

        Calendar dc2 = Calendar . getInstance( );
        dc2. set(2008,12,1);
        DepartmentManager dm2 = new DepartmentManager ("张宏","021","部门经理",
10000,dc2,"销售部",180000,0.03);
        sal[2] = dm2. getMonthlySalary( );
```

```
Calendar wc1 = Calendar . getInstance( );
wc1. set(2009, 1, 4);
Worker w1 = new Worker("肖红","012","软件程序员",3000,wc1,"软件开发部",5);
sal[3] = w1. getMonthlySalary( );

Calendar wc2 = Calendar . getInstance( );
wc2. set(2010, 3, 24);
Worker w2 = new Worker("王勤","013","软件程序员",3000,wc2,"软件开发部",4);
sal[4] = w2. getMonthlySalary( );

Calendar wc3 = Calendar . getInstance( );
wc3. set(2011, 4, 6);
Worker w3 = new Worker("王珊珊","014","文员",3000,wc3,"软件开发部",3);
sal[5] = w3. getMonthlySalary( );

Calendar wc4 = Calendar . getInstance( );
wc4. set(2008, 1, 4);
Worker w4 = new Worker("李艳","022","销售员",3000,wc4,"销售部",6);
sal[6] = w4. getMonthlySalary( );

Calendar wc5 = Calendar . getInstance( );
wc5. set(2008, 1, 4);
Worker w5 = new Worker("杨帅","023","销售员",3000,wc5,"销售部",6);
sal[7] = w5. getMonthlySalary( );
double ave,max,min;
ave = max = min = sal[0];
for( int i = 1;i < sal. length;i ++ ){
    ave = ave + sal[i];
    if( sal[i] > max)//求公司最大工资
        max = sal[i];
    if( sal[i] < min) //求公司最小工资
        min = sal[i];
}
ave = ave/sal. length;//求公司平均工资
System. out. println("公司平均月工资为" + ave + ",最高工资为" + max + ",最低工
资为" + min);
    }
}
```

习　题

一、填空题

1. 类是变量和_____的集合体。

2. 用户不能直接调用构造方法,只能通过_____关键字自动调用。

3. _____是类中的一种特殊方法,是为对象初始化操作编写的方法。

4. 类的访问权限修饰符有_____和_____。

5. 类中方法的访问权限修饰符有_____、_____、_____和_____。

6. 在 Java 程序中,把关键字_____加到方法名称的前面,来实现子类调用父类的方法。

7. 在 Java 程序里,同一类中重载的多个方法具有相同的方法名和_____的参数列表。重载的方法可以有不同的返回值类型。

8. Java 语言通过接口支持_____继承,使类继承具有更灵活的扩展性。

9. Java 语言中,调用方法时,参数传递是_____调用,而不是地址调用。

10. 接口是一种只含有抽象方法或_____的一种特殊抽象类。

11. abstract 方法_____(不能或能)与 final 并列修饰同一个类。

二、判断题

1. 不需要定义类,就能创建对象。　　　　　　　　　　　　　　　　　　(　　)

2. 构造方法用于给类的 private 实例变量赋值。　　　　　　　　　　　　(　　)

3. 对象一经声明就可以立即使用。　　　　　　　　　　　　　　　　　　(　　)

4. Java 程序中的参数传递都是把参数值传递给方法定义中的参数。　　　(　　)

5. new 操作符动态地为对象按其指定的类型分配内存,并返回该类型的一个引用。(　　)

6. 类的方法通常设为 public,而类的实例变量一般也设为 public。　　　　(　　)

7. 构造方法在创建对象时被调用。　　　　　　　　　　　　　　　　　　(　　)

8. 通过点运算符与类对象的引用相连,可以访问此类的成员。　　　　　　(　　)

9. 声明为 protected 的类成员只能被此类中的方法访问。　　　　　　　　(　　)

10. 同一个类的对象使用不同的内存段,但静态成员共享相同的内存空间。　(　　)

11. 类的成员变量可以放在类体的任意位置。　　　　　　　　　　　　　　(　　)

12. 没有返回值的方法可以用 void 来表示,也可以不加。　　　　　　　　(　　)

13. Java 中的类和接口都只支持单重继承。　　　　　　　　　　　　　　　(　　)

14. 由于 Java 中类只支持单重继承,所以一个类只能继承一个抽象类和实现一个接口。
　　　　　　　　　　　　　　　　　　　　　　　　　　　　　　　　　(　　)

15. 一个类可以实现抽象类的所有方法,也可以只实现部分方法。若只实现部分方法,则类仍然是一个抽象类。　　　　　　　　　　　　　　　　　　　　　　　(　　)

16. 在实现接口的时候,要实现接口中定义的所有抽象方法。　　　　　　　(　　)

17. 接口其实是一个特殊的 abstract class。　　　　　　　　　　　　　　　(　　)

18.一个接口不可以继承其他接口。　　　　　　　　　　　　　　　　　　　（　　　）

三、选择题

1.关于构造函数的说法中,正确的是(　　　)。

A.一个类只能有一个构造函数

B.一个类可以有多个不同名的构造函数

C.构造函数与类同名

D.构造函数必须自己定义,不能使用父类的所有构造函数

2.构造方法(　　　)被调用。

A.类定义时　　　　　　　　　　　　　　B.使用对象的变量时

C.调用对象方法时　　　　　　　　　　　D.创建对象时

3.下列叙述中,错误的是(　　　)。

A.Java 中,方法的重载是指多个方法可以共享同一个名字

B.Java 中,用 abstract 修饰的类称为抽象类,不能实例化

C.Java 中,接口是不包含成员变量和方法实现的抽象类

D.Java 中,构造方法可以有返回值

4.接口中,除了抽象方法之外,还可以含有(　　　)。

A.变量　　　　　　B.常量　　　　　　C.成员方法　　　　　　D 构造方法

5.在 Java 中,若要使用一个包中的类时,首先要求对该包进行引入,其关键字是(　　　)。

A.import　　　　　B.package　　　　　C.include　　　　　　D.packet

6.构造方法名必须与(　　　)相同,它没有返回值,用户不能直接调用它,只能通过 new 调用。

A.类名　　　　　　B.对象名　　　　　C.包名　　　　　　　D.变量名

7.下面有关接口的说法中,正确的是(　　　)。

A.接口与抽象类是相同的概念

B.一个类不可实现多个接口

C.接口之间不能有继承关系

D.实现一个接口必须实现接口的所有方法

8.在使用 interface 声明一个接口时,可以使用(　　　)修饰符修饰该接口。

A.private　　　　　B.protected　　　　C.private or protected　　D.public

9.不属于接口用途的是(　　　)。

A.通过接口可以实现不相关类的相同行为

B.通过接口可以指明多个类需要实现的方法

C.通过接口可以了解对象的交互界面

D.通过接口可以了解对象所对应的类

四、编程题

1.设计一个一元二次方程类 Equation,其中一元二次方程 3 个系数作为类的成员变量(double a,double b,double c),添加求解 String getSolution( )和显示一元二次方程 void toPrint( )两个成

员方法。编写一个 Java 应用程序创建一个 Equation 类对象并进行显示和求解操作。

2. 构造一个类来描述屏幕上的一个点,该类的构成包括点的 x 和 y 两个坐标,以及一些对点进行的操作,包括获得点的坐标值,对点的坐标进行赋值,编写应用程序生成该类的对象并对其进行操作。

3. 编程创建一个 Box 类,在其中定义三个变量表示一个立方体的长、宽、高,再定义一个方法 setDemo 来对这 3 个变量进行初始化,然后定义一个方法来求立方体的体积。创建一个对象,求给定尺寸的立方体的体积。

4. 定义接口 A,接口内有两个方法:method1(int x) 和 method2(int x,int y),它们的返回值类型均为 int。请编写一个类,并使其实现接口 A:令方法 method1(int x) 的功能是求 5 的 x 次方,方法 method2(int x,int y) 的功能是求两参数的最大值。再编写 main 方法调用这两个方法,显示 method1(2) 和 method2(2,8) 的结果。

5. 定义名为 VolumeArea 的抽象类,在其中定义圆周率的值为 3.141 59,并定义两个抽象方法 volume(double r) 和 area(double r),它们的返回值类型均为 float。再定义以类 VolumeArea 为父类的子类 VolumeAndArea,在该子类中实现父类中的抽象方法:方法 volume(double r) 的功能是求半径为 r 的球的体积;方法 area(double r) 的功能是求半径为 r 的圆的面积。请编写一个 Application,在其主类中定义一个 VolumeAndArea 类的对象 x,通过对象 x 求半径为 r(r 的值由命令行给定) 的球的体积及该球最大切面的圆的面积,并输出计算结果。

6. 定义一个图形的抽象类,具有求面积和画图形的方法,再定义点、线、圆的类,继承这个抽象类实现其方法。

项目 **4**
我的文件去哪了

【项目描述】

在使用 Java 语言进行编程的过程中,难免要对文件进行操作。用户在使用 Java 语言编写图形用户界面对文本文件进行读写操作时,可能在打开或保存某文件时突然出现异常。现编写程序对这种情况进行处理。

【学习目标】

1. 了解 Java 图形用户界面;
2. 掌握常用 AWT 组件的使用;
3. 掌握 GUI 的事件处理机制;
4. 异常的定义和异常的类型;
5. 了解 Java 语言中的异常类层次结构;
6. 掌握异常处理机制;
7. 了解自定义异常类的定义和使用;
8. 了解 Java 的输入和输出基本概念;
9. 掌握标准输入/输出、字节流类、字符流类的应用;
10. 能应用 Java 输入/输出类实现文件管理及读写操作。

【能力目标】

1. 能使用 Java 语言编写简单的 GUI;
2. 对程序中可能出现的异常进行处理;
3. 会创建用户自定义异常;
4. 会进行 Java 输入与输出;
5. 能对程序中的文件进行管理。

任务 4.1　编写图形用户界面

4.1.1　任务要求

通过了解 Java 图形用户界面,掌握常用 AWT 组件的使用方法和 GUI 的事件处理机制,使用 Java 语言 AWT 编写如图 4.1 所示图形用户界面。

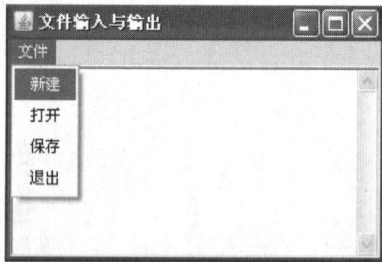

图 4.1　项目界面

4.1.2　知识准备

GUI(图形用户界面)即使用图形的方式,借助编辑框、按钮、菜单等标准界面元素和鼠标操作,帮助用户方便地向计算机系统发出指令、传送数据,并将系统运行结果以图形方式显示给用户。在图形用户界面出现之前,用户需要输入命令,然后计算机再进行计算并输出结果。这种人机交流方式需要用户记住大量的命令,且操作复杂、繁琐。使用图形用户界面则只需用户在界面组件上借助鼠标和键盘就可以轻松操作计算机完成所有的任务。

在 Java 语言中,设计和实现图形用户界面的操作主要有以下 3 个方面:

- 创建组件(Component):创建组成图形用户界面的各种元素。例如:文本框、标签、按钮、单选按钮、复选框、菜单等。
- 制定布局(Layout):设置各个组件在图形用户界面中的相应位置。
- 响应事件(Event):定义当用户进行某些操作时程序的执行情况,从而实现图形用户界面的人机交互功能。例如定义用户单击按钮时,或者在文本框中输入字符串时程序的反应。

1)AWT 概述

到目前为止,Java 中有两套实现图形界面的机制,即早期版本中的 AWT(Abstract Window ToolKit,抽象窗口工具集)和现在常用的 Swing。

AWT 是早期 Java 语言为了使程序开发人员能够方便地进行 GUI 设计而提供的专门类库,用来生成各种标准 GUI 元素和处理 GUI 上的各种事件。本任务使用 AWT 编写图形用户界面。其特点是利用它编写的程序能够运行在所有的平台上。AWT 包含了大量用于创建图形用户界面和绘制图形、图像的类和接口。通过 AWT 里的类,程序员只需进行一次代码开发,就可以将其移植到许多平台。要使用 AWT,必须导入 java.awt 包。AWT 中包含很多子包,其中常用的有两个:

- java.awt 包:提供基本的 GUI 组件、视觉控制和绘图工具等 API。

● java. awt. event 包：提供 JavaGUI 事件处理 API。

（1）AWT 组件分类

组件是图形用户界面的基本组成元素，凡是能够以图形化方式显示在屏幕上并能够与用户进行交互的对象均是组件。如图 4.2 所示，菜单、按钮、标签等都是组件。能够包含其他组件的组件称为容器。容器中可以包含组件，也可以包含其他容器。所有容器都包含布局管理器（Container类除外），布局管理器用来指定容器中组件的位置。图形类则提供在组件中显示文本和图形的方法。

图 4.2　Java 图形用户界面

AWT 中 4 个主要的类：组件类（Component）、容器类（Container）、图形类（Graphics）和布局管理器类（LayoutManager）。

● Component 类：菜单、按钮、列表等组件的抽象基本类。

● Container 类：扩展 Component 的抽象类。由 Container 类派生的类有 Panel、Dialog 和 Frame 类等。容器中可以包含多个组件。

● Graphics 类：定义组件内图形操作的基本类。

● LayoutManager 类：定义容器中组件的位置和尺寸。Java 中定义了几种默认的布局管理器。

（2）基本容器

AWT 中存在两种主要的容器类：

● java. awt. Window：Window 类继承 Container 类，描述的是一个没有边框和菜单栏、可自由停靠的顶层容器（顶层容器是指不允许将其包含于其他容器中的容器），一般不直接使用该类，而是使用其子类 Frame。

● java. awt. Panel：最简单且常用的容器，可作为容器包含其他组件，但不能独立存在，必须被添加到其他容器中。

①Frame 类。Frame 类继承于 Window 类，是顶级窗口，具有边框属性，可以显示标题，重置大小，并拥有窗口图标、窗口标题以及最小化、最大化按钮和关闭按钮。Frame 默认大小为刚好容纳下标题条和最小化、最大化按钮以及关闭按钮，可以使用 setVisible(true) 方法使之可见，也可以使用 setVisible(false) 方法将其隐藏起来，还可以使用 setSize( ) 方法设置其大小。

在默认情况下，Frame 窗口的最大化、最小化两个按钮可起作用，关闭按钮并不会执行关闭动作。这是为应用程序预留的接口，允许开发者在关闭窗口时执行一定的动作。

127

Frame 类的构造函数包括:

- public Frame(String title):创建带有标题是 titile 的顶层窗口。框架的缺省布局是 Border-Layout。

Frame 类的常用方法包括:

- public void setSize(int width,int height):设置框架的宽和高。
- public void setVisible(boolean v):设置框架是否可见。
- public void setResizable(boolean v):设置框架是否可调大小。
- public void setIconImage(Image m):设置窗口图标。
- public void pack():以紧凑方式显示。
- public void setMenuBar(MenuBar m):设置菜单。

可在程序运行的控制台窗口中按 Ctrl + C 键终止当前运行的 Java 程序。

②Panel 容器。

Panel 面板是一个无边框的容器,可以包容其他组件或另一个面板。使用面板的目的是为了分层次、分区域管理各种组件,它实际上是一个必须放在大容器(如 Frame)中的小容器。

③对话框。

对话框(Dialog 类)主要用于接收用户的简单输入,起到"确认"操作或"警告、提示"作用。Dialog 类也是 Window 类的子类,外观与 Frame 相似,右上角没有最小化和最大化按钮,仅有一个关闭按钮。

Dialog 组件的默认布局管理器是 BorderLayout,其默认初始化为不可见,需要使用 setVisible(true)方法使之显示出来。对话框虽然是顶级窗口,但是必须依赖一个其他的窗口而不能单独存在,这个窗口称为对话框的所有者,通常是 Frame 或其他的 Dialog。

对话框分为模式对话框和非模式对话框模式。模式对话框用户无法激活上层窗口,用户必须在对话框中作出相应的动作后,才能激活上层窗口。如文件的打开和保存就属于模式对话框。非模式对话框可以不作出响应也可以继续操作,如平时使用电脑和手机时,弹出一个对话框,询问是否要升级某软件,此时可以不用理会它,将其最小化后,继续其他的操作。

Dialog 类的构造函数包括:

- public Dialog(Frame f,String s):构造一个具有标题的初始不可见的对话框。其中,f 是对话框的所有者,s 是对话框的标题文本。
- public Dialog(Frame f,String s,boolean b):构造一个具有标题的初始不可见的对话框。其中,f 是对话框的所有者,s 是对话框的标题文本,b 决定对话框为有模式还是无模式(AWT 中的 Dialog 默认为无模式的)。

Dialog 类的常用方法包括:

- public String getTitle():获取对话框的标题文本。
- public void setTitle():设置对话框的标题文本。
- public void setModal(boolean model):设置对话框的模式。
- public void setSize(int width,int height):设置对话框的尺寸大小。
- public void setVisible(boolean b):显示或隐藏对话框。

④文件对话框(FileDialog)。

FileDialog 是 Dialog 类的子类,但属于有模式对话框,用于在打开和保存文件时指定文件的路径和文件名。文件对话框有两种模式:打开对话框模式和保存对话框模式,默认为打开对话框模式,可以在构造函数中指定工作方式。

FileDialog 类的构造函数包括:

- public FileDialog(Frame f,String s,int mode):创建文件对话框。f 是对话框的所有者,s 是对话框的标题文本,mode 用于指定对话框是有模式对话框还是无模式对话框,取值为 FileDialog. LOAD 或者 FileDialog. SAVE。

FileDialog 类的常用方法包括:

- public String getDirectory():返回文件对话框中选定文件的所属目录。
- public String getFile():返回文件对话框中选定的文件名,如果文件不存在则返回 null 值。

(3)布局管理器

在 Java 语言中,每个容器类组件对象在生成以后都有默认的布局管理器,负责管理容器内所有组件的布局,如:组件的排列顺序、大小、位置,当窗口移动或调整尺寸后组件如何变化等。Java 提供了 5 种布局,如 FlowLayout(流式布局)、BorderLayout(边界布局)、CardLayout(卡片布局)、GridLayout(网格布局)等。

每一个容器都有默认的布局管理器,创建一个容器对象时,同时会创建一个相应的默认布局管理器对象,也可以使用容器的 setLayout()方法设置新的布局管理器,使用 getLayout()方法获取布局管理器。

①流式布局 FlowLayout。

流式布局由 java. awt. FlowLayout 布局类实现,是 Panel 及其子类容器的默认布局管理器。流式布局将组件按照其加入容器中的先后顺序从左向右排列,一行排满之后就转到下一行继续从左到右排列,每一行中的组件按照布局指定的对齐方式和垂直间隙排列。这种布局方式使用简单、易掌握,但如果容器中的组件多时,就显得高低参差不齐。构造函数包括:

- public FlowLayout():建立一个新的 FlowLayout 布局,默认居中对齐,组件间有 5 个像素的水平和垂直间距。
- public FlowLayout(int align):按 align 指定的对齐方式建立一个新的 FlowLayout 布局,其中 align 可取值 FlowLayout. LEFT,FlowLayout. CENTER,FlowLayout. RIGHT,分别表示靠左对齐、居中对齐、靠右对齐。组件间有 5 个像素的水平和垂直间距。
- public FlowLayout(int align,int h,int v):按 align 指定的对齐方式建立一个新的 FlowLayout 布局,并显示设定组件水平间距和垂直间距。

[小贴士]

对于一个原本不使用 FlowLayout 布局编辑器的容器,若需要将其布局策略改为 FlowLayout,可以使用 setLayout(new FlowLayout())方法,用于为容器设定布局编辑器。

②边界布局 BorderLayout。

边界布局是 Window 及其子类容器的默认布局管理器,对应的是 java. awt. BorderLayout 类。边界布局中容器被划分为东、西、南、北、中 5 个区域,容器中加入一个组件就应该指明把这个组件加在哪个区域中,其方位依据上北、下南、左西、右东的规则确定。如果不指明区域,则默认加入到中间区域。区域由 BorderLayout 类中的静态常量 CENTER,NORTH,SOUTH,WEST,EAST 表示。因此使用这种布局的窗口最多只能添加 5 个组件,另外如果布局中某区域已经有组件存在,那么后加入组件就会替换掉原组件。

　　与 FlowLayout 不同,在使用 BorderLayout 布局的容器中,组件的尺寸也被布局管理器强行控制,与其所在区域的尺寸大小相同。当使用 BorderLayout 布局的容器尺寸发生变化时,各组件相对位置不变,尺寸随所在区域进行调整,南北两个区域只能在水平方向缩放,高度不变。东西两个区域只能在垂直方向缩放,宽度不变。中间可在水平和垂直两个方向上缩放。

　　构造函数包括:

- public BorderLayout():建立一个组件间没有间距的 BorderLayout 布局管理器。
- public BorderLayout(int h,int v):建立一个组件间有间距的 BorderLayout,h 为水平间距,v 为垂直间距。

［小贴士］

　　BorderLayout 只指定 5 个区域位置。如果容器中需要加入超过 5 个组件,就必须使用容器的嵌套或改用其他的布局策略。

　　举例:使用 BorderLayout 布局策略在 5 个位置分别加入了 4 个按钮和 1 个标签。当点击按钮时,标签的文本就是按钮的标签文本。

```
import java. awt. * ;
import java. awt. event. * ;
public class testBorderLayout extends Frame implements ActionListener {
    Button bt1 = new Button("北部"), bt2 = new Button("西部"),bt3 = new Button("东部"), bt4 = new Button("南部");
    Label lb1 = new Label("中部");
    Panel cp = new Panel();
    public static void main(String args[ ]){
        testBorderLayout t1 = new testBorderLayout ();
    }
    public testBorderLayout (){ // 设置 BorderLayout 布局,组件间隔为 10
        setSize(150,200);
        cp. setLayout(new BorderLayout(10, 10));
        cp. add("North", bt1); // 将 bt1 放置北部
        bt1. addActionListener(this);
        cp. add("West", bt2); // 将 bt2 放置西部
        bt2. addActionListener(this);
        cp. add("East", bt3); // 将 bt3 放置东部
        bt3. addActionListener(this);
        cp. add("South", bt4); // 将 bt4 放置南部
        bt4. addActionListener(this);
        cp. add("Center", lb1); // 将 bt5 放置中部
        add(cp);
        setVisible(true);
    }
    public void actionPerformed(ActionEvent e) {
```

```
        if（e. getSource（）==bt1）
            lb1. setText（"按钮 1"）;
        else if（e. getSource（）==bt2）
            lb1. setText（"按钮 2"）;
        else if（e. getSource（）==bt3）
            lb1. setText（"按钮 3"）;
        else
            lb1. setText（"按钮 4"）;
    }
}
```

程序运行结果如图4.3所示。

③卡片布局 CardLayout。

卡片布局由 java. awt. CardLayout 类实现。在卡片布局中可以容纳多个组件,但是实际上同一时刻容器只能从这些组件中选出一个来显示,就像一叠"扑克牌"每次只能显示最上面一张一样,这个被显示的组件将占据全部的容器空间,依次排序。使用这种布局时,首先利用 Card-Layout 布局类的无参构造方法创建布局类对象,之后利用容器类 setLay-out 方法设置容器为该种布局,然后在将组件加入容器,最后通过该布局类的方法 show 在容器中显示该组件。

构造函数包括:

图4.3　程序运行结果图

- public CardLayout（）:建立组件间没有水平与垂直间距的 CardLayout 布局管理器。
- public CardLayout（int h,int v）:建立组件间水平间距为 h 像素、垂直间距为 v 像素的 Card-Layout 布局管理器。

常用方法包括:

- void first（Container parent）:显示容器 parent 中的第一张卡片。
- void last（Container parent）:显示容器 parent 中的最后一张卡片。
- void next（Container parent）:显示容器 parent 中的下一张卡片。
- void show（Container parent,String name）:显示容器 parent 中的 name 卡片。

举例:使用 CardLayout 的布局在容器中放入3个按钮,首先显示第一个按钮,Thread. sleep（2000）是让当前线程休眠2 000 ms,以实现窗体中的卡片以2 s 间隔交替显示。

```
import java. awt. * ;
public class testCardLayout extends Frame {
    Button bt1 = new Button（"按钮 A"）;
    Button bt2 = new Button（"按钮 B"）;
    Button bt3 = new Button（"按钮 C"）;
    Panel cp = new Panel（）;
    CardLayout card = new CardLayout（5, 5）;
    public testCardLayout（）{
        setSize（150,200）;
```

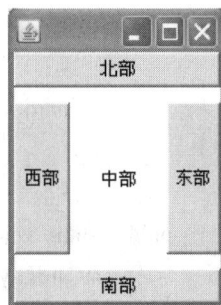

```
        cp. setLayout(card);
        cp. add("a", bt1);
        cp. add("b", bt2);
        cp. add("c", bt3);
        card. show(cp,"a"); // 显示按钮 B
        add(cp);
        setVisible(true);
        while(true){
            try {
                Thread. sleep(2 000);
            } catch (InterruptedException e) {
                e. printStackTrace();
            }
            card. next(cp);
        }
    }
    public static void main(String args[]){
        testCardLayout t = new testCardLayout ();
    }
}
```

运行结果如图 4.4 所示。

④网格布局 GridLayout。

网格布局形似一个无框线的表格,每个单元格中放一个组件,其配置方式是按组件加入的顺序依次从左向右、由上到下地摆放。放置的组件大小都是一样的。

构造函数包括:

• public GridLayout():建立一个默认是 1 行 1 列的 GridLayout 布局管理器。

• public GridLayout(int r,int c):建立一个 r 行 c 列的 GridLayout 布局管理器。

图 4.4　程序运行结果图

• public GridLayout(int r,int c,int h,int v):建立一个 r 行 c 列的水平间距是 h 像素、垂直间距是 v 像素的 GridLayout 布局管理器。

举例:在框架中创建 2 行 2 列的 GridLayout 布局管理器,加入 4 个按钮。

```
import java. awt. * ;
public class testGridLayout{
    public static void main(String args[]){
        Frame f = new Frame("网络布局");
        f. setSize(200,200);
        f. setLayout(new GridLayout(2, 2));
```

```
f. add( new Button( "按钮 A" ) );
f. add( new Button( "按钮 B" ) );
f. add( new Button( "按钮 C" ) );
f. add( new Button( "按钮 D" ) );
f. pack( );
f. setVisible( true );
    }
}
```

运行结果如图 4.5 所示。

[小贴士]

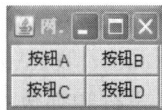

上例中使用了 pack( )方法。此方法是 Window 类中定义的,功能是调整此窗口的大小,使之紧凑化以适合其中所包含组件的原始尺寸和布局。

图 4.5　程序运行结果图

(4)常用的 AWT 组件

①标签。标签通常用于显示一行文本提示信息,它不响应鼠标事件。

构造方法:

- public Label( ):建立一个新的标签。
- public Label(String text):创建一个带有文本 text 的标签。
- public Label(String text,int alignment):以文本 text 和指定的布局建立一个新的标签。参数 alignment 有 3 种,分别用 Label 类的 3 个常量 LEFT(0)(默认)、CENTER(1) 和 RIGHT(2)来表示左对齐、居中对齐和右对齐。

常用方法包括:

- public int getAlignment( ):返回当前的对齐方式
- public String getText( ):返回当前显示的字符串
- public void setAlignment(int alignment):设置对齐方式
- public void setText(String label):设置显示的字符串

②按钮。按钮使用 java. awt. Button 类来实现,是 GUI 设计中常用的一种组件,通常用于接收用户的单击操作并触发相应的处理逻辑。其构造方法包括:

- public Button( ):创建没有标题文本的按钮。
- public Button(String label):创建带有标题文本的按钮。

③文本框 TextField。文本框主要用来显示和编辑一行文本信息。其构造方法包括:

- public TextField( ):创建一个默认长度的文本框。
- public TextField(int columns):创建一个列数是 columns 的文本框(即宽度)。
- public TextField(String text):创建一个带有初始文本内容的文本框。
- public TextField(String text,int columns):创建一个带有初始文本内容并具有指定列数的文本框。

常用方法包括:

- public void setEchoChar(char c):设定用户输入字符的回显字符。
- public void setText(String t):设定文本框的文本内容。

- public String getText( ):返回文本框中的文本内容。
- public void setEditable(boolean b):设定文本框是否只读属性,false 为只读。
- public int getColumns( ):返回文本框的列数。
- public void setColumns( ):设置文本框的列数。

④文本区 TextArea。文本区 java. awt. TextArea 组件用来显示和编辑多行、多列文本信息。当文本框中的显示文本超出了文本区的大小时,会自动出现水平和垂直滚动条。文本区的构造方法包括:

- public TextArea( ):创建一个默认大小的文本区。
- public TextArea(int rows,int columns):创建一个指定行和列数的文本区。
- public TextArea(String text):创建一个带有初始文本内容的文本区。
- public TextArea(String text,int rows,int columns):创建一个带有初始文本内容并具有指定行和列数的文本区。
- public TextArea(String text,int rows,int columns,int scrollbars):创建一个带有初始文本内容并具有指定行和列数的文本区,并添加滚动条,scrollbars 取值:1(SCROLLBARS_VERTICAL_ONLY)(仅有垂直滚动条),2(SCROLLBARS_HORIZONTAL_ONLY)(仅有水平滚动条),3(SCROLLBARS_NONE)(无滚动条),4(SCROLLBARS_BOTH)(均有水平、垂直滚动条)(scrollbars 的取值除 1,2,3 数字以外均都有水平垂直滚动条)。

文本区的常用方法包括:

- public void append(Sting str):在文本区尾部添加文本。
- public void insert(String str,int pos):在文本区指定位置插入文本。
- public void setText(String t):设定文本区内容。
- public int getRows( ):返回文本区的行数。
- public void setRows(int rows):设定文本区的行数。
- public int getColumns( ):返回文本区的列数。
- public void setColumns(int Columns):设定文本区的列数。
- public void setEditable(boolean b):设定文本区是否只读属性。
- public void replaceRange(String str,int start,int end):从 start 到 end 的文本替换为 str 的内容。

⑤菜单。菜单是最常用的 GUI 组件,是可视化程序设计不可缺少的表现形式,用于在程序窗口中系统地反映和调用程序功能。菜单组件(MenuComponent) 主要包括菜单项(MenuItem)、菜单条(MenuBar)、复选菜单项(CheckboxMenuItem)、菜单(Menu)和弹出式菜单(PopupMenu)。Java. awt. MenuComponent 类是各个菜单组件类的直接父类。各组件类的继承层次关系如图 4.6 所示。

Java 中的菜单分为两大类:菜单条式菜单和弹出式菜单(也称右键菜单)。

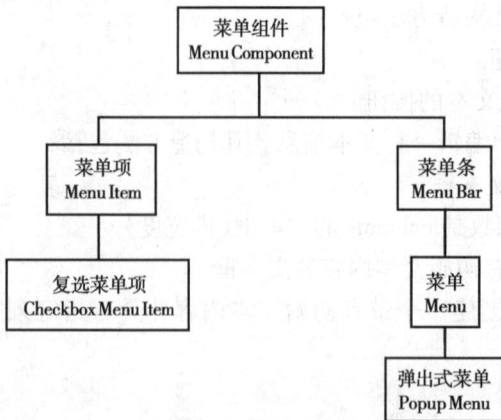

图 4.6　AWT 菜单组件类的层次结构

　　菜单条式菜单由若干个菜单组成,每个菜单又可以再包含若干个子菜单项。最底层的菜单项可以对用户的单击操作进行响应。图4.7 显示了一个包含主要菜单类型的条式菜单体系。

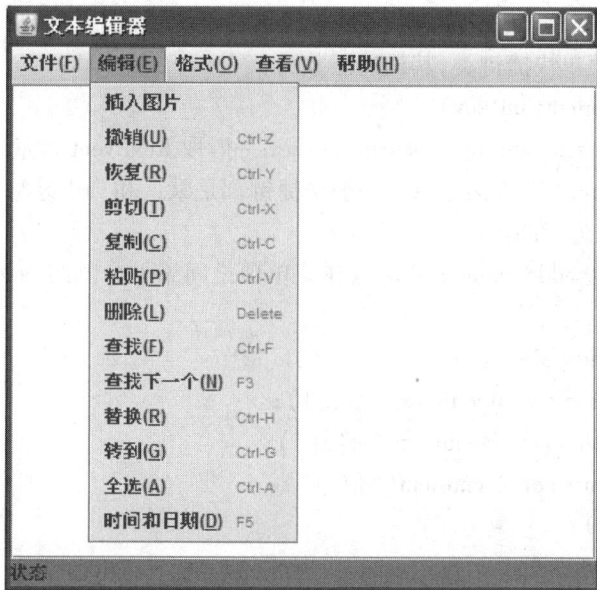

图4.7　条式菜单体系图

菜单条式菜单的开发需要使用 3 个类:MenuBar、Menu 和 MenuItem。

a. 菜单条 MenuBar。

菜单无法被添加到容器的某一位置,也无法使用布局管理器对其加以控制,其只能被添加到菜单容器菜单条 MenuBar 中。MenuBar 会被添加到 Frame 容器中,作为整个菜单树的根基。菜单条 MenuBar 的构造函数包括:

- public MenuBar( ):创建一个菜单条,调用容器类如 Frame 类的方法 setMenuBar(Menu-Bar mb)就可以将菜单条放到容器中。如:

Frame f = new Frame("文件操作");

MenuBar mb = new MenuBar( );

f. setMenuBar(mb);

b. 菜单 Menu。

菜单实际就是在菜单条中显示的各项。用两个构造函数可创建菜单 Menu:

- public Menu( ):用一空标签创建一新菜单。
- public Menu(String label) :用制定标签创建一新菜单。

用菜单条的 add 方法将菜单加入到菜单条中,例如:

Menu fileMenu = new Menu("File");

mb. add(fileMenu);

c. 菜单项 MenuItem。

菜单项就是菜单中的条目,用于实现各种命令。其构造函数包括:

- public MenuItem( ):用一空标签且无相应快捷键创建一个新的 MenuItem 对象。
- public MenuItem(String label):用参数指定的标签创建一个新的 MenuItem 对象。如果

参数 label 取值为"－"，则表示生成菜单项间的分隔线。除分隔线外的所有菜单项都缺省设置为可选择的。

- public MenuItem(String label,MenuShortcut s)：用相关快捷键创建一菜单项。

MenuShortcut 是菜单快捷键类，其构造函数为：

- public MenuShortcut(int key)
- public MenuShortcut(int key,boolean b)：key 一般取 KeyEvent 常量，例如KeyEvent. VK_0 表示 0，KeyEvent. VK_A 表示 A。一般快捷键都是默认和 Ctrl 键配合。参数 b 表示是否需要 Shift 键作为辅助键。

菜单 Menu 的方法 addSeparator()可以在菜单项之间添加分割线，add 方法则将菜单项加入菜单。

```
Menu fileMenu = new Menu("File");
MenuItem newItem = new MenuItem("新建");
MenuItem openItem = new MenuItem("打开");
MenuItem saveItem = new MenuItem("保存");
mb. add(fileMenu);
fileMenu. add(newItem);
fileMenu. add(openItem);
fileMenu. add(saveItem);
```

d. 创建二级菜单和复选菜单项 CheckboxMenuItem。

二级菜单的创建实际就是将一个创建好的菜单当作菜单项添加到一级菜单中即可。复选菜单项 CheckboxMenuItem 有两种状态，选中后前面有一个"√"。

e. 弹出式菜单 PopupMenu。

和普通菜单一样，要先使用 add 方法把弹出式菜单添加到需要的组件上(如文本区等)，当在加入了弹出式菜单的组件上单击鼠标右键时就会弹出弹出式菜单。

2)事件处理

如果用户在用户界面层执行了一个动作(鼠标单击或按键)，这将导致一个事件的发生。事件是描述发生了什么的对象。Java 中存在各种不同类型的事件类用来描述各种类型的用户交互。事件源是一个事件的产生者。

(1)事件处理模型

Java 采用"委托事件模型"来处理事件。委托事件模型的特点是将事件的处理委托给独立的对象，而不是组件本身，从而将用户界面与程序逻辑分开。

要能够让图形界面接收用户的操作，就必须给各个组件加上事件处理机制。在事件处理的过程中，主要涉及产生事件的对象(事件源)、事件对象本身及事件监听者对象。

- 事件源(Event Source)：事件发生的场所，通常就是各个组件，例如按钮。
- 事件(Event)：当用户在组件上进行操作时会触发一个事件，对应的事件类对象会产生。事件类对象用于描述发生了什么事情。
- 事件处理方法(Event Handler)：能够接收、解析和处理事件类对象，实现与用户交互功能的方法。
- 事件监听器(Event Listener)：是接收事件并对其进行处理的对象。

　　事先定义多种事件类用于描述 GUI 程序中可能发生的各种事件,如鼠标单击、文字输入等。当在事件源中产生事件时,会在事件产生时将与该事件相关的信息封装在一个称之为"事件"的对象中,并将该对象传递给事件监听器对象。事件监听器对象根据该事件内的信息决定适当的处理方式,即事件处理方法。

　　比如在 TextField 对象上既可能发生鼠标事件,也可能发生键盘事件。该 TextField 对象就可以把鼠标事件委托给事件监听器 A 来处理,同时把键盘事件委托给事件监听器 B 来处理。事件监听器一旦发现该事件类型与自己所负责处理的事件类型一致,就马上进行处理。委托事件模型把事件的处理委托给外部的处理实体进行,实现了将事件源和监听分离的机制。事件监听器通常是一个类,该类如果要能够处理某种类型的事件,就必须实现与该事件类型相对应的接口。

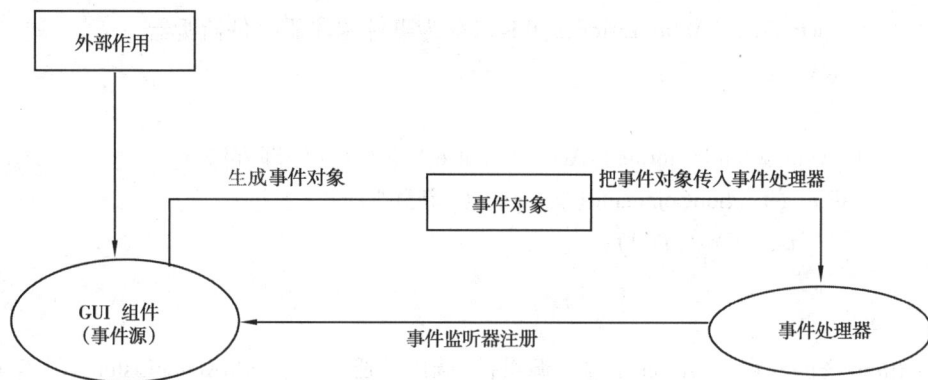

图 4.8　委托事件模型

给"新建"菜单项添加事件处理,程序如下:

```java
import java.awt. * ;
import java.awt.event. * ;
import java.io. * ;
public class MenuFrame extends Frame implements ActionListener{
    private static final int WIDTH = 300;
    private static final int HEIGHT = 200;
    private MenuBar mb;
    private Menu fileMenu;
    private MenuItem newItem,openItem,saveItem;
    private TextArea ta;
    private FileDialog fd_load,fd_save;
    private String file;
    public MenuFrame(String s){
        setTitle(s);
        setSize(WIDTH,HEIGHT);
        mb = new MenuBar( );
        fileMenu = new Menu("File");
```

```
        newItem = new MenuItem("新建");//事件源
        openItem = new MenuItem("打开");//事件源
        saveItem = new MenuItem("保存");//事件源
        mb.add(fileMenu);
        fileMenu.add(newItem);
        fileMenu.add(openItem);
        fileMenu.add(saveItem);
        ta = new TextArea();
        setMenuBar(mb);
        add(ta);
        newItem.addActionListener(this);//为事件源注册事件监听器
        setVisible(true);
    }
    public void actionPerformed(ActionEvent e) {//事件处理方法
        if(e.getActionCommand().equals("新建"))
            ta.setText(null);
    }
}
```

MenuItem 类的对象 newItem 是事件源组件,调用其成员方法 addActionListener()与监听器对象建立了监听和被监听的关系,这一过程为注册监听器。当用户使用鼠标在菜单项 newItem 上进行单击操作时,菜单项自动触发了 ActionEvent 事件,创建一个 ActionEvent 类的对象并将其提交给运行时的系统。运行时,系统再将其转发给曾在 newItem 上注册过的监听器对象本身"this",并以该事件对象作为实参自动调用事件处理方法 actionPerformed()。

(2)事件类

在实际应用和各种组件所产生的事件,在 AWT 工具集中均有相对应的事件处理类进行处理。事件类包含于 java.awt.event 包中,这些类的结构如图 4.9 所示。

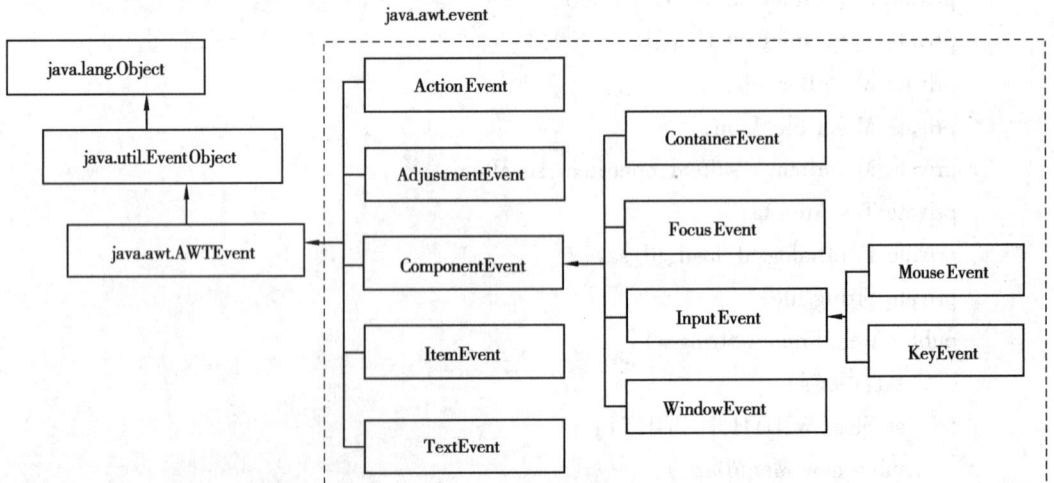

图 4.9　AWT 事件类层次结构

java. util. EventObject 类是所有事件类的基础父类,所有事件都是由其派生出来的。AWT 的相关事件类继承自 java. awt. AWTEvent 类,这些类分为低级事件和高级事件。

①低级事件。低级事件是指基于组件和容器的事件,当在一个组件上发生事件,如鼠标的进入、单击、拖放等,或组件的窗口开关时,就触发了组件事件。低级事件主要包括:

- ComponentEvent:组件事件——当组件尺寸变化、移动时触发的事件。
- ContainerEvent:容器事件——当组件增加、移动时触发的事件。
- WindowEvent:窗口事件——当关闭窗口、窗口最小化时触发的事件。
- FocusEvent:焦点事件——当组件上的焦点获得和丢失时触发的事件。
- KeyEvent:键盘事件——当键被按下、释放时触发的事件。
- MouseEvent:鼠标事件——当鼠标被单击、移动时触发的事件。

②高级事件。高级事件是基于语义的事件,它可以不和特定的动作相关联,而依赖于触发此事件的类。比如,鼠标单击按钮会触发 ActionEvent 事件,当文本对象发生改变后会触发 TextEvent 事件。

- ActionEvent:动作事件,按钮被按下、在文本框中按 Enter 键。
- AdjustmentEvent:调整事件,在滚动条上移动滑块。
- ItemEvent:项目事件,选择某项目后。
- TextEvent:文本时间,文本对象发生改变。

(3)事件监听器

在委托事件模型中把对事件的处理委托给事件监听器。一个事件源可以注册多个事件监听器,事件处理由事件监听器来完成。

事件监听器通常是一个类,如果想处理某种类型的事件,就必须实现与该事件类型相对的 AWT 工具集中的事件监听器接口。每个事件类都有一个与之对应的事件处理者作为接口,每个事件处理者又根据具体动作来定义了一个或多个事件处理方法,当发生特定的事件时就会调用相应的方法。在 Java 的事件处理机制中,按照不同的事件类型定义了 11 个监听器接口,每类事件都有对应的事件监听器接口,接口中定义了事件发生时可调用的方法,如表 4.1 所示。一个类可以实现监听器的一个或多个接口,这就需要把所实现接口中定义的全部方法实现,并且要求实现的方法的声明部分和接口中的声明完全相同。当其中某些方法不使用时,可以将方法体用一对大括号表示而不给出具体的实现语句。

表 4.1　Java 事件类、对应接口及接口中的方法

事件类型	相应监听器接口	接口的方法及产生事件的用户操作
ActionEvent 单击事件类	ActionListener	actionPerformed(ActionEvent e)单击按钮、文本行中单击鼠标、双击列表框选项
ComponentEvent 组件事件类	ComponentListener	componentMoved(ComponentEvent e)移动组件时 componentHidden(ComponentEvent e)隐藏组件时 componentResized(ComponentEvent e)改变组件大小时 componentShown(ComponentEvent e)显示组件时
ContainerEvent 容器事件类	ContainerListener	componentAdded(ContainerEvent e)添加组件时 componentRemoved(ContainerEvent e)添加组件时

续表

事件类型	相应监听器接口	接口的方法及产生事件的用户操作
FocusEvent 焦点事件类	FocusListener	focusGained(FocusEvent e)获得焦点时 focusLost(FocusEvent e)失去焦点时
ItemEvent 选择事件类	ItemListener	itemStateChanged(ItemEvent e)选择复选框、选项框、单击 列表框、选中带复选框的菜单项
KeyEvent 键盘击键事件类	KeyListener	keyPressed(KeyEvent e)按下键盘时 keyReleased(KeyEvent e)释放键盘时
MouseEvent 鼠标事件类	MouseListener	mouseClicked(MouseEvent e)单击鼠标时 mouseEntered(MouseEvent e)鼠标进入时 mouseExited(MouseEvent e)鼠标离开时 mousePressed(MouseEvent e)按下鼠标时 mouseReleased(MouseEvent e)放开鼠标时
MouseEvent 鼠标事件类	MouseMotionListener	mouseDragged(MouseEvent e)拖拽鼠标时 mouseMoved(MouseEvent e)鼠标移动时
TextEvent 文本事件类	TextListener	textValueChanged(TextEvent e) 文本行、文本区中修改内容时
WindowEvent 窗口事件类	WindowListener	windowsOpened(WindowEvent e)打开窗口时 windowsClosed(WindowEvent e)关闭窗口后 windowsClosing(WindowEvent e)关闭窗口时 windowsActivated(WindowEvent e)激活窗口时 windowsDeactivated(WindowEvent e)窗口失去焦点时 windowsIconified(WindowEvent e)窗口缩小为图标时 windowsDeiconified(WindowEvent e)窗口复原时

进行事件处理的实现原理主要有以下几步:

①组件作为事件源,用于产生事件,不同类型的组件会产生特定类型的事件。

②对于某种类型的事件 XXXEvent,事件源要想接收并处理该类型的事件,必须定义和注册该类型的事件监听器类。事件源通过调用 addXXListener(XXXListener lis)方法向组件注册事件监听器,方法的参数 lis 为实现某类型监听器接口的类的实例对象。

③事件源通过实例化事件类型以便激发并产生事件,事件产生后,事件将传送给事件发生时已注册的一个或多个监听器,以便进行事件处理。

④事件监听器负责实现相应的事件处理方法。

一个 GUI 组件可能产生多种不同类型的事件,因而可以注册多种不同的监听器。如 TextArea还会产生 ComponentEvent、FocusEvent 事件等,按钮组件还会产生 FocusEvent、MouseEvent 事件等。各种常用组件及其可注册的监听器类型如表4.2 所示。

表 4.2　AWT 组件及其可注册的监听器类型

	Act	Adj	Cmp	Cnt	Foc	Itm	Key	Mou	MM	Text	Win
Button	√		√		√		√	√	√		
Checkbox			√		√	√	√	√	√		
CheckboxMenuItem						√					
Choice			√		√	√	√	√	√		
Component			√		√		√	√	√		
Container			√	√	√		√	√	√		
Dialog			√	√	√		√	√	√		√
Frame			√	√	√		√	√	√		√
Label			√		√		√	√	√		
List	√		√		√	√	√	√	√		
MenuItem	√										
Panel			√	√	√		√	√	√		
Scrollbar		√	√		√		√	√	√		
ScrollPane			√	√	√		√	√	√		
TextArea			√		√		√	√	√	√	
TextField	√		√		√		√	√	√	√	
Window			√	√	√		√	√	√		√

表 4.2 中使用的监听器接口类型使用的是缩写,其含义如下:

Act:ActionListener

Adj:AdjustmentListener

Cmp:ComponentListener

Cnt:ContainerListener

Foc:FocusListener

Itm:ItemListener

Key:KeyListener

Mou:MouseListener

MM:MouseMotionListener

Text:TextListener

Win:WindowListener

(4)事件适配器

在创建事件监听器类时,需要实现相应的监听接口,即在监听器类中必须重写监听接口中的每一个抽象方法,即使所实现的方法对当前程序无关紧要,也必须要给出实现,只是实现时不用添加语句而已。显然,这样使用比较繁杂。为了简化事件处理程序的编写过程,Java 语言为一些监听接口提供了适配器(Adapeter)类,如表4.3所示。在适配器中,实现了相应监听器接口的所有方法,但不作任何处理,只是添加了一个空的方法体。程序员在定义监听器类时就可以不再直接实现监听器接口,而是继承事件适配器类(间接地实现了监听器接口),并只重写所需要的方法。以下是 MouseListener 监听器接口对应的适配器 MouseAdapter 的定义。

```
package java.awt.event;
public abstract class MouseAdapter implements MouseListener{
    public void mouseClicked(MouseEvent e){}
    public void mouseEntered(MouseEvent e){}
    public void mouseExited(MouseEvent e){}
    public void mousePressed(MouseEvent e){}
    public void mouseReleased(MouseEvent e){}
}
```

适配器被定义成抽象类是为了避免它被实例化当作监听器类使用,因为其中重写的方法无任何实际意义。Java 中并没有为所有的监听器接口都提供相应的适配器类,如 ActionListener 类等,因为这些接口中只包含一个事件处理方法,无须再定义适配器。

表4.3 事件适配器类

监听器接口	对应适配器	说 明
MouseListener	MouseAdapter	鼠标事件适配器
MouseMotionListener	MouseMotionAdapter	鼠标运动事件适配器
WindowListener	WindowAdapter	窗口事件适配器
FocusListener	FocusAdapter	焦点事件适配器
KeyListener	KeyAdapter	键盘事件适配器
ComponentListener	ComponentAdapter	组件事件适配器
ContainerListener	ContainerAdapter	容器事件适配器

注意:

针对同一个事件源组件的同一种事件也可以注册多个监听器。

针对同一个事件源组件的多种事件也可以注册同一个监听器对象进行处置。

同一个监听器对象可以被同时注册到多个不同的事件源上,这样在处理时间时要区分产生事件的事件源,然后再分别进行事件处理。

4.1.3 任务实施

使用 AWT 编写图4.1 图形用户界面,程序如下:

```
import java.awt. * ;
import java.awt.event. * ;
import java.io. * ;
public class MenuFrame extends Frame implements ActionListener{
```

```java
private static final int WIDTH = 300;
private static final int HEIGHT = 200;
private MenuBar mb;
private Menu fileMenu;
private MenuItem newItem, openItem, saveItem, exitItem;
private TextArea ta;
private FileDialog fd_load, fd_save;
private String file;
public MenuFrame(String s) {
    setTitle(s);
    setSize(WIDTH, HEIGHT);
    mb = new MenuBar();
    fileMenu = new Menu("文件");
    newItem = new MenuItem("新建");
    openItem = new MenuItem("打开");
    saveItem = new MenuItem("保存");
    exitItem = new MenuItem("退出");
    mb.add(fileMenu);
    fileMenu.add(newItem);
    fileMenu.add(openItem);
    fileMenu.add(saveItem);
    fileMenu.add(exitItem);
    ta = new TextArea();
    setMenuBar(mb);
    add(ta);
    newItem.addActionListener(this);
    openItem.addActionListener(this);
    saveItem.addActionListener(this);
    exitItem.addActionListener(this);
    addWindowListener(new WindowAdapter() {
        public void windowClosing(WindowEvent arg0) {
            System.exit(0);
        }
    });
    fd_load = new FileDialog(this, "打开文件", FileDialog.LOAD);
    fd_save = new FileDialog(this, "保存文件", FileDialog.SAVE);
    setVisible(true);
}
public void actionPerformed(ActionEvent e) {
```

```
        if( e. getActionCommand( ). equals( "新建" ) )
            System. out. println( "您点击了新建菜单项" );
        else if( e. getActionCommand( ). equals( "打开" ) )
            System. out. println( "您点击了打开菜单项" );
        else if( e. getActionCommand( ). equals( "保存" ) )
            System. out. println( "您点击了保存菜单项" );
        else if( e. getActionCommand( ). equals( "退出" ) ) {
            System. out. println( "您点击了退出菜单项" );
        }
    }
    public static void main( String[ ] args) {
        MenuFrame f = new MenuFrame( "文件输入与输出" );
    }
}
```

任务 4.2 读写文件

4.2.1 任务要求

掌握 Java 输入与输出和文件的处理,从文本文件中读数据到程序中,并把文件内容显示在图形用户界面,把图形用户界面的数据写入到文件中。

4.2.2 知识准备

所有的程序都离不开数据的输入和输出(Input/Output,I/O),如读写文件信息、文件的发送与接收等。所谓输入输出,就是内存与外设之间数据传输的过程。输入输出都是相对于计算机内存来说的,将数据从外设传递给内存称为输入,数据由内存传递到外设称为输出。在Java 中把内存和外设的数据传输都抽象为"流",这里的流是指连续的单向的数据传输的一串字节,而其中输入或输出的数据则称为数据流(Data Stream)。数据流分为输入流(InputStream)和输出流(OutputStream)两大类。输入流是只能从中读取字节数据,而不能向其写出数据。输入流通常从键盘、文件或网络中读取数据,程序从输入流中读取数据。输出流只能向其写入字节数据,而不能从中读取数据。程序通常向输出流中输出数据,然后输出流再把数据输出到屏幕、打印机、文件等外设中。Java 中定义了多种类型的接口和类来实现数据的输入和输出功能,称为 I/O 流类型,保存在 java. io 包中。

采用数据流的目的是,使程序的输入/输出操作独立于相关设备,程序员不需要关心设备细节问题,使得一个程序能够用于多种输入/输出设备,增加程序的可移植性。

1)数据流的分类

Java 中按照流所处理的数据类型分为字节流(Binary Stream)和字符流(Character)以及其他的流类,来实现输入/输出处理。

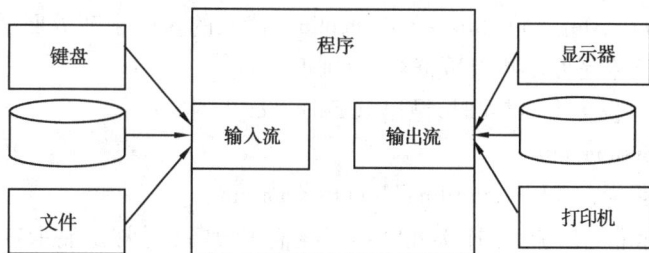

图 4.10　输入/输出流示意图

（1）字节流

从 InputStream 和 OutputStream 派生出的一系列类称为字节流类。这些流以字节（byte）为基本处理单位。字节是计算机的一个存储单位，通常以 8 个二进制位表示一个字节。在 ASCII 码中，每个英文字母或数字在计算机中就是用一个字节来表示的，使用字节来读取文件要求每次只能读取或写入一个字母。

（2）字符流

从 Reader 和 Writer 派生出的一系列类称为字符流类，用于处理以 16 位的 Unicode 字符为单位的数据。

对数据流的操作每次都是以字节为单位进行的，显然，这样的数据传输效率太低。为了提高数据的传输效率，通常使用缓冲流（Buffered Stream），即为一个流配有一个缓冲区（Buffer），一个缓冲区就是专门用来传送数据的一块内存。

当向一个缓冲流写入数据时，系统将数据先发送到缓冲区，而不是设备，缓冲区自动记录数据。当缓冲区满时，系统将数据全部发送到相应的设备。当从一个缓冲流中读取数据时，系统实际是从缓冲区读取数据。当缓冲区空时，系统将会从相应的设备自动读取数据，并读取尽可能多的数据填充缓冲区。因此缓冲流能提高数据的传输效率。

［小贴士］

输入/输出的最底层都是字节形式，字符形式的流为处理字符提供更加方便有效的途径。

2）标准数据流

标准的输入/输出是指在字符方式下程序与系统进行交互的方式。System 类不仅包含许多跟系统有关的重要方法，还管理着标准输入/输出和错误流。主要分为以下 3 种：

- 标准的输入，对象是键盘，对应着 System 类的静态引用数据类型的成员变量：System.in。
- 标准的输出，对象是显示器屏幕，对应着 System 类的静态引用数据类型的成员变量：System.out。
- 标准的错误输出，对象是显示器屏幕，对应着 System 类的静态引用数据类型的成员变量：System.err。

（1）标准输入 System.in

System 类中声明为：public static final InputStream in。

System.in 是标准输入流，是连接程序与标准输入设备（通常是键盘）的一个输入流对象，用以获取键盘输入。但其返回的值是键盘的 ASCII 码值，须经转换才能显示为字符。

其常用方法包括：

- public int read() throws IOException：返回读入的一个字节，如果到达流的末尾，则返回 −1。

● public int read(byte[ ] i) throws IOException：读入的多个字节返回缓冲区 i 中,如果因为已经到达流末尾而不再有数据可用,则返回 −1。

使用 read( )方法发生 IO 错误时,抛出 IOException 异常。

(2)标准输出 System. out

System 类中声明为：public static final InputStream out。

System. out 是标准输出流,是连接程序和标准输出设备(通常是显示器)的一个输出流对象。当执行 System. out. println( )语句时,数据输出到屏幕上。

其常用方法包括：

● public void print(参数)

● public void println(参数)

两者的区别在于 println( )方法在输出完参数后回车,而 print( )方法不回车。

(3)标准的错误输出 System. err

System 类中声明为：public static final InputStream err。

与 System. out 一样,System. err 对应着的也是屏幕。

3)字节流

InputStream 和 OutputStream 是所有面向字节流的基类,是 java. io 包中的抽象类,定义了输入和输出字节的基本操作,包括读取数据、写入数据、标记位置、获取数据量、关闭数据流等。它们派生出了大量的具体功能的类。

(1)InputStream 类

InputStream 类定义如下：

public abstract class InputStream extends Object

InputStream 类是一个抽象类,它定义了基本的字节数据读入方法,子类是对其实现或进一步扩展功能,如顺序输入流、管道输入输出流和过滤输入输出流等。InputStream 类的层次结构如图 4.11 所示。

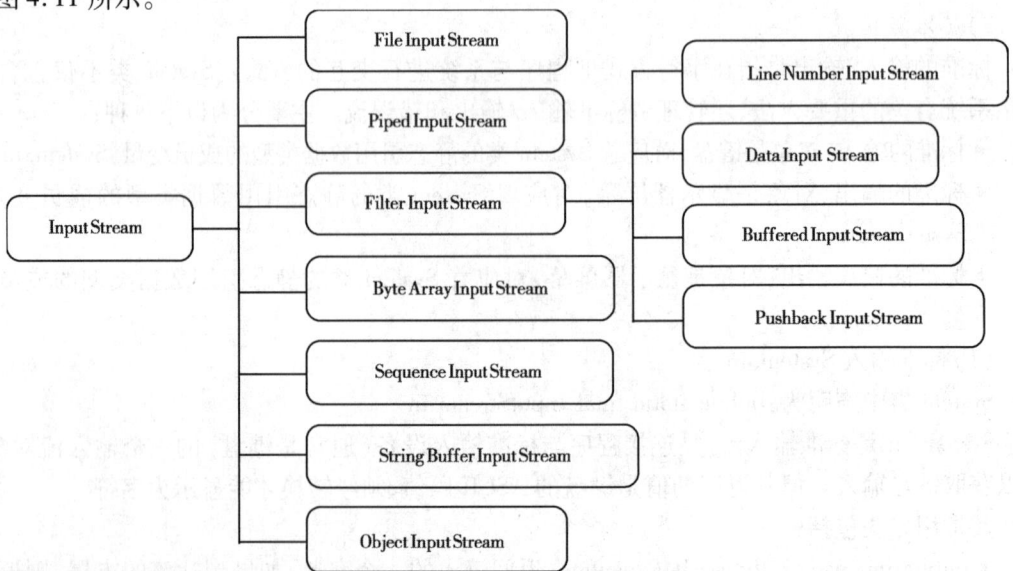

图 4.11　Input Strean 类的层次结构

InputStream 类中声明了用于字节输入的多个方法,是所有基于 Java 的输入操作的基础,为其他输入字节流子类提供了一些基本方法和标准接口。该类提供的方法能被其所有的子类继承。由于 InputStream 类是一个抽象类,所以它本身不能直接用来创建对象。

InputStream 类的常用方法如表4.4 所示。

表4.4 InputStream 类的常用方法

方法名称	方法功能
int available( )	返回输入流中可以读取的字节数,即返回值为流中尚未读取的字节的数量
void close( )	关闭当前流对象
void mark（int readlimit)	在流中作标记
boolean markSupported( )	判断流是否支持标记和复位操作
abstract int read( )	从流中读出一个字节的数据并返回,至流末尾时返回 −1
int read（byte[ ] b)	读取多个字节,放置到字节数组 b 中,通常读取的字节数量为 b 的长度返回值为实际读取的字节的数量
int read(byte[ ] b, int off,int len)	读取 len 个字节,放置到以下标 off 开始字节数组 b 中,返回值为实际读取的字节的数量
void reset( )	返回流中标记过的位置
long skip(long n)	将读指针从当前位置向后跳过 n 个字节不读,返回值为实际跳过的字节数量
void mark(int readlimit)	用标记记录当前读指针所在位置,readlimit 表示读指针读出 readlimit 个字节后/所标记的指针位置才失效
boolean markSupported( )	当前的流是否支持读指针的记录功能

（2）OutputStream 类层次

OutputStream 类定义如下：

public abstract class OutputStream extends Object

OutputStream 类中声明了用于字节输出的多个方法,是所有基于 Java 的输出操作的基础,为其他输出字节流子类提供了一些基本方法和标准接口。该类提供的方法能被其所有的子类继承。由于 OutputStream 类是一个抽象类,所以它本身不能直接用来创建对象。OutputStream 类的层次结构如图4.12 所示。

OutputStream 提供了所有输出流都要用到的方法如表4.5 所示。

表4.5 Output Stream 类的常用方法

方法名称	方法功能
void close( )	关闭当前流对象
void flush( )	强制缓冲区中的所有数据写入到流中
void write（byte[ ] b)	向流中写入一个字节数组
void write（byte[ ] b,int off,int len)	向流中写入数组 b 中从 off 位置开始长度为 len 数据
abstract void write(int b)	向流中写入一个整数

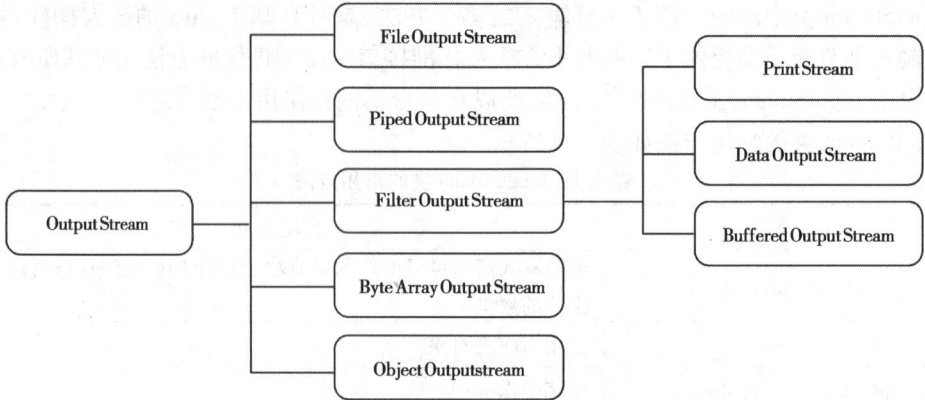

图 4.12　Output Stream 类的层次结构

（3）文件字节输入输出流类 FileInputStream/FileOutputStream

InputStream 和 OutputStream 都是抽象类，因此在实际应用中并不使用这两个类，而是使用 InputStream 和 OutputStream 类的子类。这些子类在继承了父类方法的同时又定义了特有的方法，用于不同的场合。文件字节输入输出流类 FileInputStream/FileOutputStream 是用于进行文件输入/输出处理的字节流类，其数据对象都是文件。

①文件字节输入流类 FileInputStream。

FileInputStream 主要用于文件的输入，可以顺序地从本地机上的文件中读数据。

a. FileInputStream 类的常用构造方法

- public FileInputStream(File fileName) throws FileNotFoundException：创建一个 FileInput-Stream 对象，从指定的对象 fileName 中读取数据。
- public FileInputStream(String name) throws FileNotFoundException：创建一个 FileInput-Stream 对象，从文件名为 name 的文件中读取数据。

举例：

FileInputStream obj = new FileInputStream("Infor. txt") ;

以上语句表示在当前文件夹中，从文件名 Infor. txt 的文件中读取数据流入输入流对象 obj 中。

b. 读取字节的方法。

使用 read( )方法可以访问文件的一个字节、几个字节或整个文件。read 方法有三种格式：

- public int read( ) thows IOException
- public int read(byte[ ] b) throws IOException
- public int read(byte[ ] b, int off, int len) throws IOException

b 是 byte 数组，作为输入缓冲区，off 为 b 的起始位置，len 为读取的最大长度。read 方法最多可以从输入流中读取 len 个字节，存入字节数组 b 中，返回实际输入字节数。如果 b 的长度是 0，则返回 0。如果输入流结束，返回 −1。该方法可能抛出多种异常：

如果 b 是空，则抛出运行时异常 NullPointerException；

如果 off 或 len 为负数或 off + len 大于数组 b 的长度 length，则抛出运行时异常 IndexOutOf-BoundsException；

如果访问的文件不存在,导致无法读取数据,则发生 I/O 错,抛出 IOException 异常 FileNotFoundException,所以使用时一定要捕获该异常。

c. 关闭输入流。

public void close( ) throws IOException

close 方法关闭输入流,并释放相关的系统资源。发生 I/O 错时,抛出 IOException 异常。注意,因为 Java 提供系统垃圾自动回收功能,所以当一个流对象不再使用时,可以由运行系统自动关闭。但为了提高程序的安全性和稳定性,建议使用 close 方法关闭输入流。

[小贴士]

因为 Java 提供系统垃圾自动回收功能,当一个流对象不再使用时,可以由运行系统自动关闭。但为了提高程序的安全性和稳定性,建议使用 close( )方法关闭输入流。

举例:使用 FileInputStream 读取文件。

```java
import java. io. * ;
public class FileInputStreamDemo {
public static void main(String[ ] args) {
    try{
        File f = new File("D:\\note. txt");
        FileInputStream fis = new FileInputStream(f);
        char c;
        for( int i = 0;i < f. length( );i ++ ) {
            c = (char)fis. read( );
            System. out. print(c);
        }
        fis. close( );
    }
    catch( Exception e) {
        System. out. println( e. getMessage( ));
    }
    }
}
```

程序运行结果如图4.13 所示。

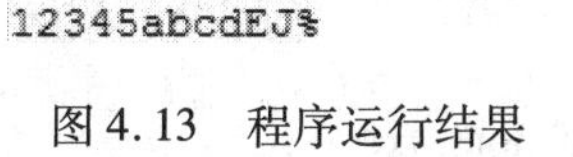

<已终止> FileInputStreamDemo
12345abcdEJ%

图4.13 程序运行结果

程序运行结果是将文件 note. txt 的内容输出。编写程序时注意:表示文件路径时,使用转移的反斜线作为分隔符,即"\\"代替"\",以"\\"开头的路径名表示绝对路径,否则表示相对路径。程序中 read( )方法有可能引发异常,因此要对异常进行处理。

②文件字节输出流类 FileOutputStream。

FileOutputStream 类主要用于文件的输出,它的对象可以顺序地向本地机上的文件中写数据。

a. FileOutputStream 类的常用构造方法。

- FileOutputStream（String name）throws FileNotFoundException：用本地机上的文件 name 构造文件字节输出流。
- FileOutputStream（File fileName）throws FileNotFoundException：用本地机上的文件 filleName 构造文件字节输出流。
- FileOutputStream（String name，Boolean app）throws FileNotFoundException：用本地机上的文件 name 构造写文件方式为 app 的文件字节输出流。其中，app 为 true 表示添加到文件尾部，app 为 false 表示覆盖原来文件。

FileOutputStream 类是 OutputStream 类的子类，它重写了 OutputStream 类中的 write（）方法，也继承了 OutputStream 类中的定义的方法。

b. 写入字节的方法。

使用 write 方法将指定的字节写入文件输出流。

public void write（int b）throws IOException

public void write（byte[ ] b）throws IOException

public void write（byte[ ] b，int off，int len）throws IOException

write 方法可以向文件写入一个字节、一个字节数组或一个字节数组的一部分。当 b 是 int 类型时，b 占用 4 个字节 32 位，通常是把 b 的低 8 位写入输出流，忽略其余高 24 位。

当 b 是字节数组时，可以写入从 off 位置开始的 len 个字符。如果没有 off 和 len 参数，则写入所有字节，相当于 write（b，0，b. length）。

发生 I/O 错误或文件关闭时，抛出 IOException 异常。如果 off 或 len 为负数或 off + len 大于数组 b 的长度 length，则抛出 IndexOutBoundsException 异常；如果 b 是空数组，则抛出 NullPointerException 异常。

用 OutputStream 对象写入时，如果文件不存在，则会创建一个新文件，如果文件已存在，使用重写方式则会覆盖原有数据。

c. 关闭输出流。

public void close（）throws IOException

close 方法关闭输出流，并释放相关的系统资源。发生 I/O 错时，抛出 IOException 异常。

举例：使用 FileInputStream 和 FileOutputStream 在文件中读、写字节型数据。

```java
import java. io. * ;
public class FileOutputStreamDemo {
public static void main( String[ ] args) {
    try {
        File f1 = new File( "D:\\note. txt" );
        File f2 = new File( "D:\\note2. txt" );
        FileInputStream fis = new FileInputStream( f1 );
        FileOutputStream fos = new FileOutputStream( f2 );
        for( int i = 0; i < f1. length( ); i ++ ) {
            fos. write( fis. read( ) );
        }
```

```
            fis. close( );
        }
    catch( Exception e) {
        System. out. println( e. getMessage( ) );
        }
        }
}
```

程序运行结果是在文本文件 note2. txt 中输入了从文本文件 note. txt 中读取的数据。

（4）字节类型外的文件输出类 DataInputStream/DataOutputStream

FileInputStream 和 FileOutputStream 都是对字节型数据进行输入和输出,不方便对字符型数据、整型数据和浮点型数据进行处理。DataInputStream 和 DataOutputStream 可以对整型、字符型、浮点型、布尔型数据进行输入输出。

①DataInputStream 类。

a. DataInputStream 类的构造方法：

public DataInputStream(InputStream in)

该方法创建一个 DataInputStream 对象,需要一个 InputStream 输入流作为参数。由于 InputStream 类是一个抽象类,因此构造函数的参数可以是 InputStream 类的任何子类的对象。

b. DataInputStream 类的常用方法：

- public boolean readBoolean( )
- public byte readByte( )
- public char readChar( )
- public short readShort( )
- public int readInt( )
- public long readLong( )
- public float readFloat( )
- public double readDouble( )
- public String readUTF( )

以上方法用于读取基本数据类型和 utf-8 形式的字符串。

②DataOutputStream 类。

a. DataOutputStream 类的构造方法：

public DataOutputStream(OutputStream out)

该方法创建一个 DataOutputStream 对象,需要一个 OutputStream 输出流作为参数。由于 OutputStream 类是一个抽象类,因此构造函数的参数可以是 OutputStream 类的任何子类的对象。

b. DataOutputStream 类的常用方法：

- public void writeBoolean(boolean b)
- public void writeByte(int n)
- public void writeChar(int n)
- public void writeShort(int n)

- public void writeInt（int n）
- public void writeLong（long n）
- public void writeFloat（float f）
- public void writeDouble（double d）
- public void writeUTF（String str）

以上方法用于写基本数据类型数据和 utf-8 形式的字符串。

举例：使用 DataInputStream 和 DataOutputStream 在文件中读写基本数据类型数据。

```java
import java. io. * ;
public class FileInputStreamDemo {
public static void main(String[ ] args) {
    try{
        File f = new File("D:\\note. txt");
        FileInputStream fis = new FileInputStream(f);
        DataInputStream dis = new DataInputStream(fis);
        FileOutputStream fos = new FileOutputStream(f);
        DataOutputStream dos = new DataOutputStream(fos);
        dos. writeUTF("王宏");
        dos. writeInt(20);
        dos. writeChar("男");
        System. out. println("姓名:" + dis. readUTF( ) + "年龄:" + dis. readInt( ) + "性别:" + dis. readChar( ));
    }
    catch(Exception e){
        System. out. println(e. getMessage( ));
    }
}
}
```

（5）带缓冲区的字节输入输出流类 BufferedInputStream/BufferedOutputStream

BufferedInputStream 类和 BufferedOutputStream 类又称为缓冲流。缓冲流为 I/O 流增加了内存缓冲区。增加内存缓冲区后，程序一次就不只操作一个字节，可以成批地操作数据，从而提高了程序的性能。

当使用缓冲区进行数据输入时，数据首先被放入缓冲区中，随后的读操作是对缓冲区中的内容进行访问。当使用缓冲区进行数据输出时，数据首先被写到缓冲区中，而不直接对数据目的地进行写操作。等缓冲区已满或被清空时，数据才会输出到数据目的地。使用缓冲区必须将该缓冲区与某个输入流或输出流连接。

①BufferedInputStream 类。

BufferedInputStream 类常用的构造方法：

BufferedInputStream（InputStream in）

BufferedInputStream（InputStream in，int size）

第一个构造方法是创建一个缓冲区大小为 8 192 个字节的 BufferedInputStream 对象。第二个构造方法是创建一个指定大小的 BufferedInputStream 对象。

②BufferedOutputStream 类。

BufferedOutputStream 类常用的构造方法：

BufferedOutputStream(OutputStream out)

BufferedOutputStream(OutputStream out, int size)

第一个构造方法是创建一个缓冲区大小为 8 192 个字节的 BufferedOutputStream 对象。第二个构造方法是创建一个指定大小的 BufferedOutputStream 对象。

举例:使用带缓冲区的字节输入输出流类在文件中读、写字节型数据。

```java
import java.io. * ;
public class BufferFile {
public static void main( String[ ] args) {
    File f1 , f2 ;
    FileInputStream fis ;
    BufferedInputStream bi ;
    FileOutputStream fos ;
    BufferedOutputStream bo ;
    try {
        byte[ ] b = new byte[ 1024 ] ;
        f1 = new File( "D:\\note1. txt" ) ;
        f2 = new File( "D:\\note2. txt" ) ;
        fis = new FileInputStream( f1 ) ;
        bi = new BufferedInputStream( fis ) ;
        fos = new FileOutputStream( f2 ) ;
        bo = new BufferedOutputStream( fos ) ;
        while( bi. read( b) ! = -1 ) {
            bo. write( b) ;
        }
        bo. flush( ) ;
        bi. close( ) ;
        fis. close( ) ;
        bo. close( ) ;
        fos. close( ) ;
    }
    catch( Exception e) {
        System. out. println( e. getMessage( ) ) ;
    }
}
}
```

（6）打印输出流 PrintStream

PrintStream 类继承 OutputStream，是一种将字符转换成字节的输出数据流（如把文本框中的字符串写到文件中）。PrintStream 在 OutputStream 基础之上提供了增强功能，即可以方便地输出各种类型的数据（而不仅限于 byte 型）的格式化表示形式。

PrintStream 能在输出时自动完成两项功能：如果输出字符串，则完成字符的编码过程；如果有汉字，能将汉字自动转化为操作系统本身的字符集 GBK；另外，如果其输出路径上接有缓冲流，当调用 println 方法或输出字符串中有换行标志时，则自动调用缓冲流的 flush 方法。PrintStream 的方法从不抛出 IOException。

［小贴士］

关闭流主要是为了释放资源，虽然 java 有自动回收垃圾资源的功能，但是如果不关闭流，可能（只是可能）会影响自动回收的效果，造成内存大量占用。另外，如果不关闭流，可能会被其他的语句访问该数据流，造成数据错误。

通常要按照顺序关闭流，一般情况下是：先打开的后关闭，后打开的先关闭。另一种情况是：看依赖关系，如果流 a 依赖流 b，应该先关闭流 a，再关闭流 b。例如处理流依赖节点流，应该先关闭处理流，再关闭节点流。当然完全可以只关闭处理流，不用关闭节点流。处理流关闭的时候，会调用其处理节点流的关闭方法。如果将节点流关闭以后再关闭处理流，会抛出 IO 异常。

4）文件操作

java. io. File 类是 java. lang. Object 的子类，是专门用来管理磁盘文件和目录的。每个 File 类的对象表示一个磁盘文件或目录，其对象属性中包含了文件或目录的相关信息，如文件或目录的名称、文件的长度、目录中所含文件的个数等。调用 File 类的方法则可以完成对文件或目录的常用管理操作，如创建文件或目录、删除文件或目录、查看文件的有关信息等。

要创建 File 类的对象，可以使用表 4.6 所示三个构造函数中的任意一个。

表 4.6　File 类的常用构造方法

构造函数	功　能
File(String pathname)	通过将给定的路径名字符串转换成一个抽象的路径名来创建 File 类的一个新的实例
File(String parent, String child)	由父路径名和子路径名的字符串创建出 File 类的一个新的实例
File(File parent, String child)	由父 File 类的对象和子路径名创建出 File 类的一个新的实例

这三种方法取决于访问文件的方式。如果应用程序里只有一个文件，则第一种创建文件的结构是最容易的。如果在同一目录里打开多个文件，则需要调用第二种或第三种结构。

创建一个文件对象后，可以用 File 类提供的方法来获得文件相关信息并对文件进行操作，这些常用的方法包括：

（1）访问文件对象

●public String getName( )：获取对象所代表的文件名，不包含路径名。

●public String getPath( )：获取对象所代表文件的相对路径名，包含文件名。

- public String getAbsolutePath( ):获取对象所代表文件的绝对路径名,包含文件名。
- public String getParent( ):获取父文件对象的路径名。
- public File getParentFile( ):获取父文件对象。

(2)获得文件属性

- public long length( ):返回指定文件的字节长度。
- public boolean exists( ):测试指定文件是否存在。
- public long lastModified( ):返回指定文件最后被修改的时间。

(3)文件操作

- public boolean renameTo(File dest):文件重命名。
- public boolean delete( ):删除空目录。

(4)目录操作

- public boolean mkdir( ):创建指定目录,正常建立时返回 true。
- public string[ ] list( ):返回目录中的所有文件名字符串。
- public File[ ] listFiles( ):返回目录中的所有文件对象。

举例:编写程序输出 D 盘根目录下的 note1. txt 文件名、文件路径、文件绝对路径、父文件路径、文件大小信息。

```java
import java. io. File;
public class FileDemo {
    public static void main(String[ ] args) {
        File f1 = new File("D:\\note1. txt");
        //获取文件名
        String filename = f1. getName( );
        //获取文件路径
        String filePath = f1. getPath( );
        //获取文件绝对路径
        String fileAbsolutePath = f1. getAbsolutePath( );
        //获取父亲文件路径
        String parentPath = f1. getParent( );
        //获取文件大小
        long size = f1. length( );
        String filemsg = "文件名:" + filename + "\n 路径:" + filePath + "\n 绝对路径:" +
fileAbsolutePath + "\n 父文件路径:" + parentPath;
        filemsg + = "\n 文件大小" + size;
        System. out. println(filemsg);
    }
}
```

5)字符流

Reader 和 Writer 是所有面向字符流的基类,是 java. io 包中的抽象类。字符流输入/输出的数据是字符码,即 Unicode 字符(将遇到不同编码的字符时,Java 的字符流会自动将其转换成 Unicode 字符)。Reader 类和 Writer 类分别为字符型输入/输出流提供了读/写字符的基本方法。

（1）字符输入流 Reader 类和字符输出流 Writer 类

①字符输入流 Reader 类。

Reader 类称为字符输入流类，为通用的输入字符流提供了一些基本方法和标准接口，是所有面向字符的输入流的超类，声明为抽象类：

public abstract class Reader extends Object

表 4.7 Reader 类的常用方法

方　　法	功　　能
abstract void close( )	关闭输入字符流
abstract int read(char[ ]c,int off,int len)	从输入字符流读起始位为 off,长度为 len 的若干字符到数组 c 中

Reader 类的子类重写了不同功能的两个抽象方法，如表 4.7 所示。由于 Reader 类是一个抽象类，所以它本身不能直接用来创建对象。

Reader 类和 OutputStream 类的诸多方法很相似，主要区别是：OutputStream 类操作的是字节，Reader 类操作的是字符。图 4.14 显示了 Reader 类的层次结构。

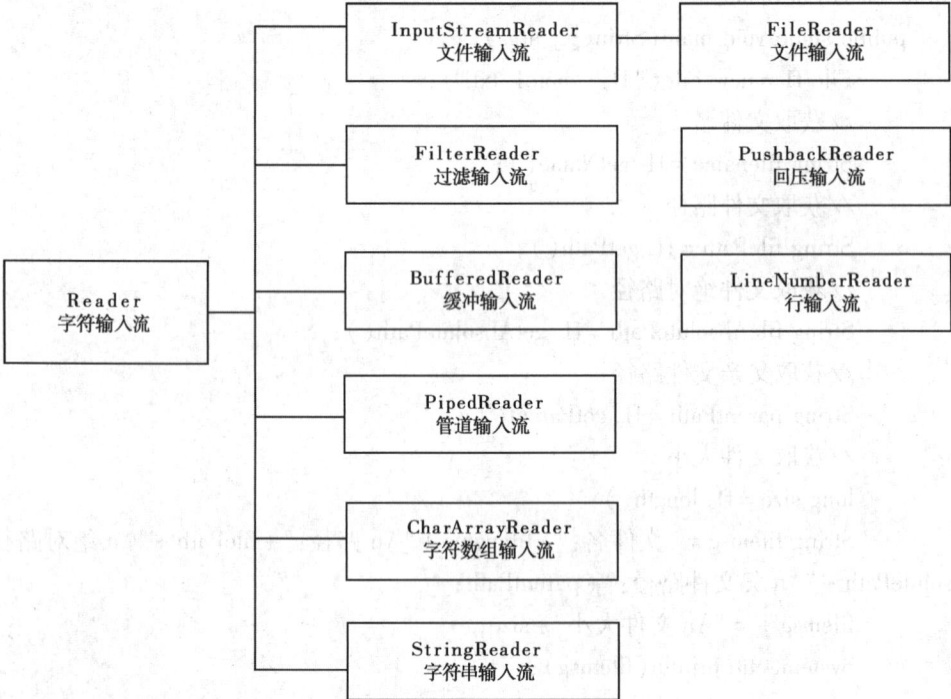

图 4.14 Reader 类的层次结构

②字符输出流 Writer 类。

Writer 类称为字符输出流类，为通用的输出字符流提供了一些基本方法和标准接口，是所有面向字符的输出流的超类，声明为抽象类：

public abstract class Writer extends Object

Writer 类中的方法除与 OutputStream 类中相似方法外,其他方法如表4.8所示。

表4.8   Writer 类的常用方法

方 法	功 能
public void write(String str)throws IOException	将字符串写入输出流
public abstract void flush( )throws IOException	将缓冲区内容写入输出流

Writer 类的层次结构如图4.15所示。

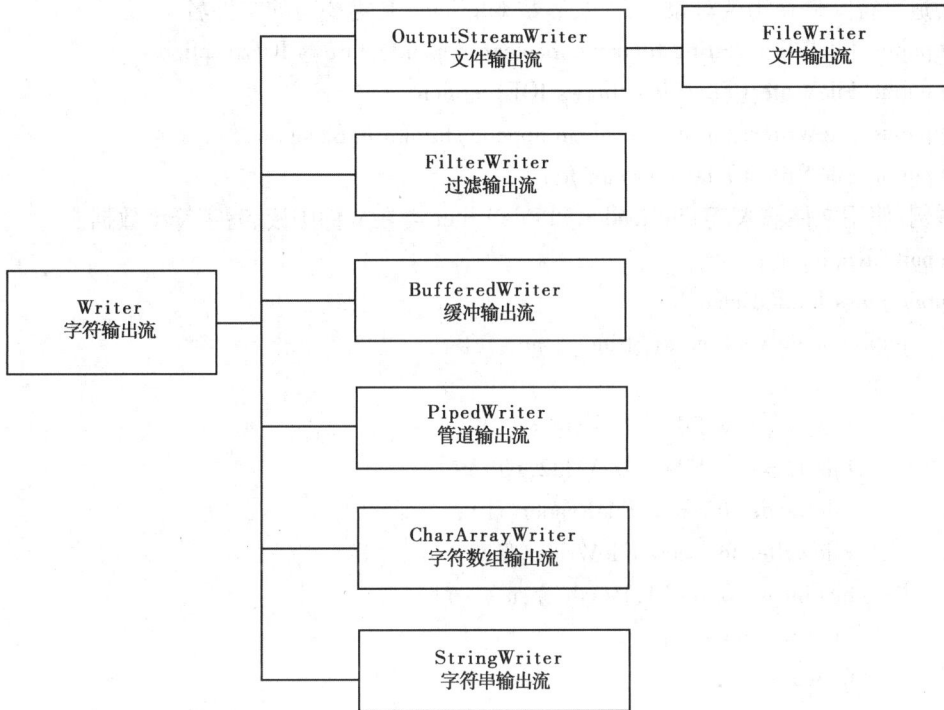

图4.15 Writer 类的层次结构

(2)文件输入流 FileReader 和 FileWriter 类

FileReader 和 FileWriter 类分别是 InputStreamReader 和 OutputStreamWriter 类的子类,它们支持将字符数据直接写入文件,或从文件中直接读取字符数据。

InputStreamReader 类、OutputStreamWriter 类、InputStream 类、OutputStream 类有一定的联系。它们作为字节流向字符流转换的桥梁。InputStreamReader 的构造方法:

public InputStreamReader(InputStream in)

OutputStreamWriter 的构造方法:

public OutputStreamWriter(OutputStream out)

从各自的构造方法中不难发现,它们两个都需要字节流作为人口参数,这说明它们需要建立在字节流之上,以完成字节流向字符流转换的功能。

①FileReader 类。

FileReader 类常用的构造方法：

- public FileReader(String fileName) throws FileNotFoundException：构造字符文件输入类对象。其中，参数 FileName 是需要读的文件名。
- public FileReader(File file) throws FileNotFoundException：构造字符文件输入类对象。其中，参数 File 是需要读的文件对象。
- public FileReader(FileDescriptor fd)

②FileWriter 类。

FileWriter 类常用的构造方法：

public FileWriter(String filename) throws IOException

构造字符文件输出类对象。其中，参数 FileName 是需要写的文件名。

- public FileWriter(String filename,boolean append) throws IOException
- public FileWriter(File file) throws IOException
- public FileWriter(File file,boolean append) throws IOException
- public FileWriter(FileDescriptor fd)

举例：使用文件输入流 FileReader 和 FileWriter 类在文件中读、写字符型数据。

```java
import java.io. * ;
public class FileIODemo {
    public static void main(String[ ] args) {
        try{
        File f1 = new File("D:\\ftt.txt");
        File f2 = new File("D:\\ftt2.txt");
        FileReader fi = new FileReader(f1);
        FileWriter fo = new FileWriter(f2);
        for(int n = 0;n < f1.length();n ++){
        int c = fi.read();
        fo.write(c);
        System.out.print((char)c);
        }
        fi.close();
        fo.close();
        }
        catch(Exception e)
        {
            System.out.println("有异常");
        }
    }
}
```

（3）字符缓冲流 BufferedReader 和 BufferedWriter 类

为了提高输入/输出流的读写效率，通常使用缓冲流，就是将需要读出或者写入的数据暂时先储存到一个缓冲区内,当缓冲区满的时候再一次性地将数据流读到或者写入特定的对象中。这样做的好处是减少了读出和写入数据的次数,可提高效率。利用 Java 提供的 BufferedReader 和 BufferedWriter 类则可以缓冲区方式进行高效输入/输出。BufferedReader 类称为缓冲字符输入流。当一个 BufferedReader 类对象创建时,就产生了一个内部缓冲数组,这样就可以根据需要从连接的输入字符流中一次性读多个字符。因此,BufferedReader 类可以提高字符流的效率。BufferedReader 类常用的方法如表 4.9 所示。

表 4.9 BufferedReader **类常用方法**

方　法	功　能
public BufferedReader(Reader in,int sz)	创建使用指定尺寸输入缓冲区的缓冲字符输入流
public BufferedReader(Reader in)	创建使用缺省尺寸输入缓冲区的缓冲字符输入流
public Read( ) throws IOException	读入一个字符并以整数返回,错误时产生 IOException 例外
public readLine( ) throws IOException	读入一行文本,并以字符串方式返回,错误时产生 IOException 例外
public long skip(long n) throws IOException	跳过 n 个字符,返回跳过字符数,错误时产生 IOException 例外
public boolean ready( ) throws IOException	检验本数据流是否已读入(缓冲区中有数据),是则返回 true,否则返回 false,错误时产生 IOException 例外
public void close( ) throws IOException	关闭数据流,错误时产生 IOException 例外

BufferedWriter 类是 Writer 类的子类,内部有缓冲机制,可以以行为单位进行输入工作。BufferedWriter 类的常用方法如表 4.10 所示。

表 4.10 BufferedWriter **类的常用方法**

方　法	功　能
public BufferedWriter(Writer out)	创建一个使用默认大小输出缓冲区的缓冲字符输出流
public BufferedWriter(Writer out,int sz)	创建一个使用指定大小输出缓冲区的缓冲字符输出流
public void writer(String str)	将字符串写入输出流中
public void flush( )	将缓冲区内的数据强制写入输出流
public void newline( ) throws IOException	向输出流中写入一个行结束标记

举例:使用字符缓冲流 BufferedReader 和 BufferedWriter 类在文件中读、写字符型数据。
public class Demo {

```
public static void main(String[] args) throws IOException {
File f1,f2;
FileReader fr;
BufferedReader br;
FileWriter fw;
BufferedWriter bw;
try{
f1 = new File("D:\\t1.txt");
f2 = new File("D:\\t2.txt");
fr = new FileReader(f1);
br = new BufferedReader(fr);
fw = new FileWriter(f2);
bw = new BufferedWriter(fw);
while(br.ready()){
String s = br.readLine();
bw.write(s);
bw.newLine();
System.out.print(s);
}
bw.flush();
br.close();
fr.close();
bw.close();
fw.close();    }
catch(Exception e){
    System.out.println("异常");
}
    }
}
```

（4）打印输出流 PrintWriter 类

PrintWriter 类是打印输出流类建立在 Writer 基础上的流，可以按 Java 基本数据类型为单位进行文本文件的写入，并提供了自动刷新功能。PrintWriter 有输出方法但无目的地，必须与一个输出流结合使用。

和 PrintStream 的方法一样，PrintWriter 的方法也从不抛出 IOException。这两个类的不同点是 PrintStream 主要操作字节流，而 PrintWriter 用来操作字符流。

①PrintWriter 类的常用构造函数。

- public PrintWriter(writer out,boolean autoflush)：使用指定的 writer 类对象 out 创建一个打印输出流对象。若 autoflush 为真，则自动刷新。
- public PrintWriter(OutputStream out,boolean autoflush)：使用指定的 OutputStream 类对象

out 创建一个打印输出流对象。若 autoflush 为真,则自动刷新。

②PrintWriter 类的常用方法。

- public void flush():强制性地将缓冲区中的数据写至输出流。
- public void print(boolean b):将布尔型数据写至输出流。
- public void print(int i):将整型数据写至输出流。
- public void print(float f):将浮点型数据写至输出流。
- public void print(char c):将字符型数据写至输出流。
- public void print(long l):将长整型数据写至输出流。
- public void print(String str):将字符串数据写至输出流。
- public void println(boolean b):将布尔型数据和换行符写至输出流。
- public void println(int i):将整型数据和换行符写至输出流。
- public void println(float f):将浮点型数据和换行符写至输出流。
- public void println(char c):将字符型数据和换行符写至输出流。
- public void println(long l):将长整型数据和换行符写至输出流。
- public void println(String str):将字符串数据和换行符写至输出流。

举例:

```
import java.io. * ;
public class PrintWriterTest {
    public static void main(String[ ] args) {
        InputStreamReader isr = new InputStreamReader(System. in) ;
        BufferedReader br = new BufferedReader(isr) ;
        PrintWriter pw = new PrintWriter(System. out,true) ;
        pw. println("请输入字符:") ;
        String s ;
        try {
        s = br. readLine() ;
        while( ! (s. equals(" "))) {
            s = br. readLine() ;
            pw. println(s) ;
        }
        br. close() ;
        pw. close() ;
        } catch(Exception e) {
            System. out. println("出现异常") ;
        }
    }
}
```

运行结果:当在键盘上输入一个字符时,按回车键后就会出现刚才输入的字符。

6)字节流与字符流的相互转化

输入的字节流有时需要转化为字符流,输出的字符流有时需要转化为字节流,转化过程也叫流的装配过程。转化的方法是:

(1)输入字节流转化为字符流

输入字节流转化为字符流需要用到 InputStreamReader 的构造方法:

InputStreamReader(InputStream in)

举例:

InputStreamReader ins = new InputStreamReader(new FileInputStream("c:\\text1.txt"));

输入流还可以再进行装配,如缓冲输入字符流的构造方法如下:

BufferedReader(Reader in)

因此 Reader 的子类都可以作为 BufferedReader 的参数,因此可再装配成:

BufferedReader br = new BufferedReader(new InputStreamReader(new FileInputStream("c:\\text1.txt")));

此时,流中的内容是一样的,只是形式发生了变化,ins 是一个一个字符地读,br 是一行一行地读。

(2)输出字符流转为字节流

输出字符流转为字节流要用到 OutputStreamWriter 或 PrintWriter 的构造方法:

OutputStreamWriter(OutputStream out)

PrintWriter(OutputStream out)

其使用方法为:

OutputStreamWriter outs = new OutputStreamWriter (new FileOutputStream ("c:\\text2.txt"));

之后通过 outs 就可以直接输出字符到 text2.txt 文件中。

[小贴士]

● 字节流和字符流的主要区别是什么?

字节流是最基本的,所有的 InputStream 和 OutputStream 的子类都是字节流,主要用于处理二进制数据,并按字节来处理。由于开发中很多的数据是文本,所以提出字符流的概念,它按虚拟机的 encode 来处理,也就是要进行字符集的转化。两者之间通过 InputStreamReader 和 OutputStreamWriter 来关联。从字节流转换为字符流,实际上就是 byte[ ] 转化为 String。字符流转化为字节流,实际上是 String 转化为 byte[ ]。

● 什么是节点流,什么是处理流?

节点流:可以从或向一个特定的地方(节点)读写数据,如 FileReader。

处理流:是对一个已存在的流的连接和封装,通过所封装的流的功能调用实现数据读写,如 BufferedReader。处理流的构造方法总是要带一个其他的流对象作参数。一个流对象经过其他流的多次包装,称为流的链接。

4.2.3 任务实施

打开文件:

private void openFile( ){

```
        ta. setText( null) ;
        this. setTitle( "载入文件:" + file) ;
        BufferedReader br = new BufferedReader( new FileReader( file) ) ;
        String s = br. readLine( ) ;
        while( s! = null) {
            ta. append( s + " \n") ;
            s = br. readLine( ) ;
        }
        br. close( ) ;
}
```

保存文件:

```
private void saveFile( ) {
        fd_save. setVisible( true) ;
        String dir = fd_save. getDirectory( ) ;
        String f = fd_save. getFile( ) ;
        if( ( f! = null) ) {
            file = dir + f;
            String content = ta. getText( ) ;
            PrintWriter pw = new PrintWriter( new FileWriter( file) ) ;
            pw. println( content) ;
            pw. close( ) ;
        }
        else
            System. out. println( "保存出现错误") ;
}
```

任务 4.3 读写文件产生异常

4.3.1 任务要求

任务 4.2 中学习了怎样从文件中读取数据到程序中,当指定的文件不存在时,或者文件在读取过程中出现异常都会使程序中断执行,这种情况是无法避免的。在程序中怎么解决这种情况呢? 通过了解异常的定义、异常的类型和异常类层次结构,掌握异常处理机制对程序中可能出现的异常进行处理。

4.3.2 知识准备

所谓异常,就是不可预测的不正常情况。Java 语言提供的异常处理机制,主要用于处理在程序执行时所产生的各种错误情况,如文件打不开、数组下标越界、除数为 0 等。Java 语言采用了一种面向对象的机制,即把异常看作一种类型。每当发生这种事件时,就创建一个异常对象,并执行相应的代码去处理该事件。这种机制可以简化程序员的负担。

1)异常处理

异常是指程序发生了不正常的事件,促使程序无法正常运行下去。例如,程序在进行数学运算时遇到除数为零的情况,当程序打开某一文件而该文件不存在的情况,以及引用数组元素时数组下标越界等。程序在运行过程中发生异常是难以避免的,问题的关键是故障出现以后如何解决。下面对程序的异常处理进行介绍。

(1)异常概述

异常指程序运行过程中出现的非正常现象,它中断指令的正常流程。这些非正常现象被称为运行错误。错误根据性质分为致命性错误和非致命性错误。

①致命性的错误:如程序进入了死循环,或递归无法结束,或内存溢出,这类现象称为错误。错误只能在编程阶段解决,运行时程序本身无法解决,只能依靠其他程序干预,否则会一直处于非正常状态。

②非致命性的错误:如运算时除数为0,或操作数超出数据范围,或打开一个文件时发现文件并不存在,或欲装入的类文件丢失,或网络连接中断等,这类现象称为异常。在源程序中加入异常处理代码,当程序运行中出现异常时,由异常处理代码调整程序运行方向,使程序仍可继续运行直至正常结束。

(2)异常处理

程序运行中,当异常发生时,会造成程序运行中断等问题。Java 语言可以用特定的语句来处理异常并继续执行程序,而不让其中断。Java 语言提供一个异常处理类 Exception 类来处理程序执行期间发生的异常,每当程序运行过程中发生了一个可识别的异常时,即有一个异常类与之对应,系统就会产生一个相应的该异常类的对象,然后有相应的机制处理此异常对象,从而确保整个程序的继续运行。

Java 语言异常处理机制的优点:

①通过面向对象的方法进行异常处理,把各种不同的异常事件当成对象进行分类,形成了异常类层次,可以把多个具有相同父类的异常统一处理,也可以区分不同异常分别处理,使用灵活。

②处理异常的内容和程序本身内容分开,降低了程序的复杂性,增强了程序的可读性。

(3)异常类

Java 的异常类是处理运行时异常的特殊类。每一种异常类对应一种特定的程序运行异常,所有的异常类都继承自系统类库中的 Exception 类及其子类,异常类层次结构如图 4.16 所示。只有 Exception 类及其子类所产生的对象实体,才可丢给 Java 的虚拟机器处理。这些系统已经定义好的类包含在 Java 类库中,称为系统定义的运行异常。下面是常见的系统定义的运行异常:

- ClassNotFoundException:当应用程序试图载入某类而找不到时,会产生此异常。
- IllegalAccessException:当应用程序试图载入某类而权限不够时,会产生此异常。
- InstantiationException:当应用程序试图建立一个对象实体而无法建立时(如接口或抽象类),会产生此异常。
- FileNotFoundException:当未找到指定的文件或目录,会产生此异常。

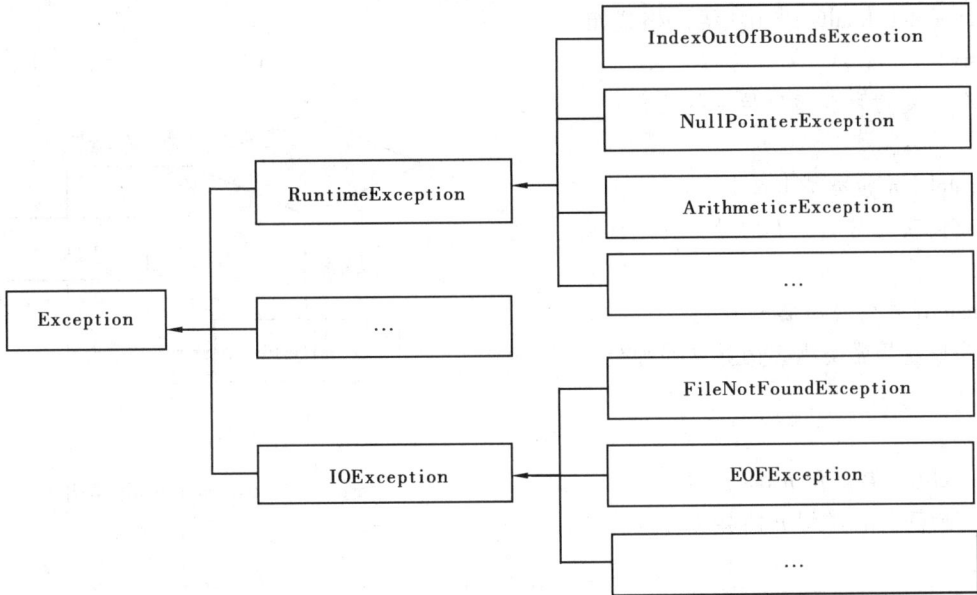

图4.16　异常类层次结构

- InterruptedException：当应用程序使用线程在等待时别的线程要求执行时,会产生此异常。
- NoSuchMethodException：找不到方法时会产生此异常。
- RuntimeException：Java虚拟机器执行正常指令时所产生的异常。
- ArithmeticException：数学错误,例如整数除以0。
- ArrayIndexOutOfBoundsException：数组索引值小于0或大于数组长度时所产生的异常。

系统定义的运行异常主要用来处理系统可以预见的较常见的运行异常。程序员也可在程序中自行创建自定义的异常类,用来处理程序员程序中特定的逻辑运行错误。

2)异常处理机制

Java语言中异常处理机制是首先在程序中抛出异常对象,然后对异常对象进行捕获,捕获后作出相应的处理。

(1)抛出异常

抛出(Throw)异常是指当程序发生异常时,产生一个异常事件,生成一个异常对象,并把它提交给运行时系统,再由运行时系统寻找相应的代码来进行处理。一个异常对象可以由Java虚拟机生成,也可以由运行的程序生成。异常对象中包含了异常事件类型、程序运行状态等必要的信息。异常类通常有两个来源：一是系统定义的运行异常,二是用户通过继承Exception类或者其子类定义的异常。

(2)捕获异常

异常抛出后,运行时系统从生成对象的代码开始,沿方法的调用栈逐层回溯查找,直到找到包含相应处理的方法,并把异常对象交给该方法为止。这个过程称为捕获异常。

3)异常处理方式

(1)try-catch-finally语句捕获和处理异常

在Java语言中,发生了异常可以通过try-catch-finally语句块处理异常。

try-catch-finally 语句块语法格式如下：

```
try{
//此处为可能抛出异常的语句
}
catch(异常类型 1 e){
//捕获异常类型 1 的异常处理代码
}
catch(异常类型 2 e){
//捕获异常类型 2 的异常处理代码
}
…
catch(异常类型 n e){
//捕获异常类型 n 的异常处理代码
}
[finally{
//此处代码不论有无异常均需执行
}]
```

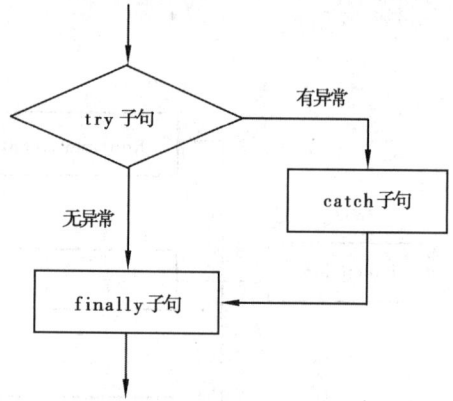

图 4.17　try-catch-finally 结构

语句结构如图 4.17 所示。

①try 语句。

try 语句对后面的大括号中的代码进行检测,这段代码一般是程序员认为比较容易产生异常的代码。try 语句检测后的代码有可能会抛出一个或多个异常。

②catch 语句。

catch 语句必须跟在 try 语句之后,其功能是捕获异常。一个 try 句可以有一个或多个 catch 语句与其相匹配,用于捕捉异常。每一个要捕捉的异常类型对应一个 catch 语句,该语句包含异常处理的代码。

当有多个 catch 语句时,系统将依照先后顺序逐个对其进行检查。由于代表各异常的类之间具有继承关系,所以处理子类异常的 catch 语句必须位于父类异常 catch 语句之前。如果有多个 catch 语句与异常对象相匹配,则仅仅执行第一个匹配的 catch 语句,其余的 catch 语句将不再执行。因此,当有多个 catch 语句时,一定要注意类型之间的层次关系。例如 ArithmeticException 类是 Exception 子类,在 catch 语句排列时,如果要捕捉这两个类的异常对象,ArithmeticException 类对象要放在 Exception 类对象前面。

举例：

```java
import javax. swing. JOptionPane;
public class tryTest2{
public static void main(String[ ] args){
    try{
    int num1 = Integer. parseInt(JOptionPane. showInputDialog("请输入被除数:"));
    int num2 = Integer. parseInt(JOptionPane. showInputDialog("请输入除数:"));
    System. out. println("两数相除的商为"+ num1/num2);
```

```
            }
        catch( ArithmeticException e) {
            System. out. println("处理算术异常");
        }
        catch( Exception e) {
            System. out. println("运行发生异常");
        }
        System. out. println("异常处理结束");
    }
}
```

发生异常时,异常处理机制进行异常类型匹配,需满足以下三个条件之一:
- 异常对象与 catch 子句的参数属于相同的异常类;
- 异常对象属于 catch 子句参数异常类的子类;
- 异常对象实现了 catch 子句参数所定义的接口。

请看如下代码:

```
import javax. swing. JOptionPane;
public class tryTest {
public static void main( String[ ] args) {
    try {
        int num1 = Integer. parseInt( JOptionPane. showInputDialog( "请输入被除数:"));
        int num2 = Integer. parseInt( JOptionPane. showInputDialog( "请输入除数:"));
        System. out. println( "两数相除的商为" + num1/num2);
    }
    catch( ArithmeticException e) {
        System. out. println( "处理算术异常");
    }
    catch( ArrayIndexOutOfBoundsException e) {
        System. out. println( "处理下标越界异常");
    }
    System. out. println( "异常处理结束");
    }
}
```

程序运行结果:

当输入被除数为 8,除数为 0 时产生异常,如图 4.18 所示。

上面代码中两数相除的被除数和除数均由用户输入,除数有可能为零,因此将此段代码用 try 语句进行处理,表明该代码有可能产生异常,后面要进行相应的处理。在代码中,catch 语句的功能是捕获产生的算术异常

图 4.18　程序运行结果图

ArithmeticException,然后输出相应信息。由于产生的是算术异常 ArithmeticException,因此流程转到相应的 catch 语句中,处理结束后转到 try-catch 语句的外部。

注意:catch 语句的作用域仅仅限于其前的 try 语句指定的代码段,若在 catch 语句之前已经产生了异常,那么后面的所有代码,包括 try 和 catch 语句本身将不被执行,而是采用默认的异常处理机制进行处理。所以一定要把可能产生异常的语句包含在 try 语句内部。

③finally 语句。

finally 语句加在 try/catch 之后,可以没有该部分。在使用 try-catch 组合语句处理异常时,由于异常出现后,程序的正常执行顺序被打乱就会导致程序在有些资源被占用还没来得及释放时就结束了,或者有些数据已经被改变但是还没有来得及被写入磁盘就丢失了。为了解决这类问题,Java 提供了 finally 关键字。它可以保证 try-catch 语句结束之后还可以执行清理工作,从而确保所有的资源都被正确释放以及避免出于异常所引起的数据不完全操作。

finally 语句关键字是 Java 异常处理的最后一个语句。如果 try 语句抛出一个异常,那么 try 语句块后面的语句就不再执行,在进行和 catch 语句所实现的捕获处理后转到 finally 语句。finally 关键字中所包含的语句都必须执行,可以对程序的运行状态进行统一的调整和管理,如释放资源、关闭文件等。例如:

```java
public class finallyTest {
    public static void main(String[] args) {
        int a, b = 0;
        for(int i = 1; i < = 2; i ++)
        {
            System.out.println("测试用例:" + i);
            try {
            switch(i) {
            case 1:
                a = 1 + b;
                break;
            case 2:
                a = 5/b;
                break;
            }
        }
        catch(ArithmeticException e) {
            System.out.println("处理算术异常");
        }
        finally {
        System.out.println("在 finally 中。");
        }
    }
}
}
```

程序运行结果如图4.19所示。

```
〈已终止〉Input [Java 应用程序]
测试用例：1
在finally中。
测试用例：2
处理算术异常
在finally中。
```

图4.19　程序运行结果图

从程序的输出结果可以看出，每次执行 catch 语句时，均要执行 finally 指定的语句块。此外 finally 语句还有一个特点：即使 try 语句块要通过 return 语句退出，Java 也会保证执行 finally 代码段。

（2）使用 throw 语句引发明确的异常

Java 程序在运行时如果发生了一个异常，那么就会抛出异常。异常的抛出方式分为两大类：一类是由系统自动抛出，另一类则是通过 Java 提供的抛出语句对异常进行显式抛出。

系统自动抛出的异常，需要通过 try-catch-finally 语句进行处理。但如果想显式地抛出异常，就必须使用 throw 语句，显式抛出异常的一般语法形式如下：

throw 异常类的对象；

其中，异常类的对象可以是任意 Throwable 类及其子类的对象。获得该对象的方法有两种：一种是通过 catch 子句中的参数来获得，另一种是通过 new 运算符创建。无论哪种方法取得异常类的对象，程序一旦执行到 throw 语句，就会立即停止运行，然后将产生的异常类对象交给运行时系统，它会寻找一个适合的异常处理代码继续执行，进而使程序从异常中恢复，继续执行下去。

举例：

```
public class ThrowExceptionTest {
public static void Test( ) {
    throw new ArrayIndexOutOfBoundsException( "hello" );
}
    public static void main( String[ ] args) {
        try {
            Test( );
        }
        catch( ArrayIndexOutOfBoundsException e) {
            System. out. println( "数组下标越界( main)" + e) ;
        }
    }
}
```

程序运行结果如图4.20所示。

```
〈已终止〉ThrowExceptionTest [Java 应用程序] D:\Program Files\Java\jre6\bin\javaw.exe( 2013-8-18
数组下标越界( main) java.lang.ArrayIndexOutOfBoundsException: hello
```

图4.20　程序运行结果图

main( )方法中调用了方法 Test,Test 方法抛出了 ArrayIndexOutOfBoundsException 异常,此时 main( )方法捕获并处理了异常,输出信息:数组下标越界(main)java. lang. ArrayIndexOutOf-BoundsException:hello。程序中还阐述了怎样创建 Java 的标准异常对象,即:throw new Array-IndexOutOfBoundsException("hello")。

所有 Java 内置的运行时异常都有两个构造方法:一个没有参数,如 new ArrayIndexOutOf-BoundsException( );另一个带有一个字符串参数,如 new ArrayIndexOutOfBoundsException ("hello")。字符串参数用来描述异常。如果异常对象用作 print( )或 println( )的参数,则该字符串被显示。

(3)throws 语句

在 Java 程序时,有时一个方法不准备处理它所生成的异常,或者不知道该如何处理这一异常,这时可由调用它的方法来处理这些异常,这时就要使用 throws 语句。throws 语句包含在方法的声明中,以标识它可能产生的异常。包含 throws 语句的方法声明格式如下:

修饰符 返回类型　方法名(参数表)　throws　异常类名列表
{
//方法体
}

对于所有方法来说,只要在方法名后面写上 throws 语句,那么就意味着通知调用该方法的代码有可能会发生异常,而且有可能会发生异常类名列表中所有异常。这时在调用该方法时就必须使用 try-catch-finally 语句进行处理,否则编译将不会通过。

例如以下程序中 ThrowsExceptionTest 方法抛出了一个不能捕获的异常,main 方法中调用了 ThrowsExceptionTest 方法,但是也没有捕获该异常,因此程序在编译时将不会通过。

```java
public class ThrowsExceptionTest {
    static int a[ ] = {0,1,2,3,4};
    static void ThrowsException( ) throws ArrayIndexOutOfBoundsException{
        System. out. println("数组 a[5] = "+ a[5]);
    }
    public static void main(String[ ] args) {
        ThrowsException( );
    }
}
```

此时在 main 方法中添加一个 try-catch-finally 语句进行处理后,程序修改如下:

```java
public class ThrowsExceptionTest {
    static int a[ ] = {0,1,2,3,4};
    static void ThrowsException( ) throws ArrayIndexOutOfBoundsException{
        System. out. println("数组 a[5] = "+ a[5]);
    }
    public static void main(String[ ] args) {
        try{
            ThrowsException( );
```

```
        }
    catch( ArrayIndexOutOfBoundsException e) {
        System. out. println( "caught" + e) ;
        }
    }
}
```

程序运行结果如图4.21所示。

<已终止> ThrowsExceptionTest [Java 应用程序] C:\Program Files\Java\j
caughtjava.lang.ArrayIndexOutOfBoundsException: 5

图4.21　程序运行结果图

(4)自定义异常类

有些情况下,当 Java 提供的系统异常类型不能满足程序设计的要求时,程序设计人员可以定义自己的异常类型。定义异常类分为两步:第一步定义异常类;第二步定义异常对象,并抛出该对象。

①定义异常类

用户定义的异常类一般是 Exception 的直接或间接子类。可以为新的异常类定义属性和方法,也可以重载父类的属性和方法。

定义异常类的方法为:

class 自定义异常类名 extends 父异常类名 {

　语句

}

Exception 类继承于 Throwable 类,继承了 Throwable 类的常用方法(见表4.11)。

表4.11　Throwable 类的常用方法

方　法	描　述
Throwable( )	默认构造方法
Throwable(String mes)	带有错误信息串 mes 的构造方法
void printStackTrace( )	输出对象的跟踪信息到标准错误输出流
String getMessage( )	返回对象的错误信息

以下是用户自定义异常类:

```
public class UserException extends Exception {
    public UserException( ) {
    super( ) ;
    }
    public UserException( String message) {
    super( message) ;
    }
}
```

上面程序声明了一个名为 UserException 的异常类,其父类为 Exception。该类有两个构造方法,第一个构造方法使用"super( )"语句调用父类的无参构造方法,第二个构造方法使用"super(message)"语句直接调用父类参数为字符串的构造方法。也可以编写构造方法的具体内容以便完成更复杂的操作。

②抛出自定义的异常

若要抛出自定义的异常对象,需使用 throw 语句。使用方法如下:

throw new 自定义异常类名( );

程序在执行过程中若满足了某种异常条件,则创建相应的异常对象并被抛出。若想抛出某种异常,则一定要将所调用的方法定义为可抛出异常的方法。如下面的代码:

```
void 方法名( ) throws 自定义异常类名
{
…
if(条件)
throw new 自定义异常类名( );
…
}
```

throw 语句 throws 语句不同,前者是一个独立的语句,而后者总是和方法定义结合起来使用。通常,抛出异常语句声明为满足一定条件时执行,如果方法中 throw 语句不止一个,抛出不止一种异常,则声明方法时 throws 后的异常类名应包含所有可能产生的异常。

举例:输入公司员工工资,check 方法中使用自定义异常类 OutOfBoundException 检查工资是否大于 1 000 且小于 100 000。如果不满足,则抛出一个 OutOfBoundException 异常对象,在main 方法中对该异常对象进行捕获和处理。

```java
import javax. swing. JOptionPane;
class OutOfBoundException extends Exception{
    public double val;
    public static double MAX = 100 000;
    public static double MIN = 1 000;
    public OutOfBoundException( double val) {
        super("越界");
        this. val = val;
    }
    public String getMessage( ) {
        return new String( val + super. getMessage( ) + "MAX:" + MAX + ",MIN:" + MIN);
    }
}
public class TestOutOfBoundException {
    public static void main( String[ ] args) {
        double s = Double. parseDouble( JOptionPane. showInputDialog("请输入工资:"));
        try{
```

```
            check(s);
        }
        catch(OutOfBoundException e){
            System. out. println(e. getMessage( ));
        }
    }
static void check(double i)throws OutOfBoundException{
    if(i > OutOfBoundException. MAX||i < OutOfBoundException. MIN)
        throw new OutOfBoundException(i);
}
}
```

[小贴士]

● 对 Error 类及其子类的对象,程序则不必处理,因为这类异常表示 Java 内部出现错误。

● 对 RuntimeException 类及其子类,程序中可以不必处理,这类异常表示程序有错误,但并不是用户操作或者环境原因引起的异常,所以应该改正程序,消除这类异常。

4.3.3　任务实施

在对文件进行读写时加上异常处理后,程序如下:

```
import java. awt. * ;
import java. awt. event. * ;
import java. io. * ;
public class MenuFrame extends Frame implements ActionListener{
    private static final int WIDTH = 300;
    private static final int HEIGHT = 200;
    private MenuBar mb;
    private Menu fileMenu;
    private MenuItem newItem,openItem,saveItem,exitItem;
    private TextArea ta;
    private FileDialog fd_load,fd_save;
    private String file;
    public MenuFrame(String s){
        setTitle(s);
        setSize(WIDTH,HEIGHT);
        mb = new MenuBar( );
        fileMenu = new Menu("文件");
        newItem = new MenuItem("新建");
        openItem = new MenuItem("打开");
        saveItem = new MenuItem("保存");
        exitItem = new MenuItem("退出");
```

```
            mb. add(fileMenu);
            fileMenu. add(newItem);
            fileMenu. add(openItem);
            fileMenu. add(saveItem);
            fileMenu. add(exitItem);
            ta = new TextArea();
            setMenuBar(mb);
            add(ta);
            newItem. addActionListener(this);
            openItem. addActionListener(this);
            saveItem. addActionListener(this);
            exitItem. addActionListener(this);
            addWindowListener(new WindowAdapter() {
                public void windowClosing(WindowEvent arg0) {
                    System. exit(0);
                }
            });
            fd_load = new FileDialog(this,"打开文件",FileDialog. LOAD);
            fd_save = new FileDialog(this,"保存文件",FileDialog. SAVE);
            setVisible(true);
    }
    public void actionPerformed(ActionEvent e) {
        if(e. getActionCommand(). equals("新建"))
            ta. setText(null);
        else if(e. getActionCommand(). equals("打开")){
            fd_load. setVisible(true);
            String dir = fd_load. getDirectory();
            String f = fd_load. getFile();
            if((dir! = null)&&(f! = null)){
                file = dir + f;
                openFile();
            }
            else
                System. out. println("错误");
        }
        else if(e. getActionCommand(). equals("保存"))
            saveFile();
        else if(e. getActionCommand(). equals("退出")){
            System. exit(0);
```

```
        }
    }
    private void openFile( ) {
        ta. setText( null) ;
        this. setTitle( "载入文件:" + file) ;
        try {
            BufferedReader br = new BufferedReader( new FileReader( file) ) ;
            String s = br. readLine( ) ;
            while( s! = null) {
                ta. append( s + " \n") ;
                s = br. readLine( ) ;
            }
            br. close( ) ;
        } catch( IOException e) {
            e. printStackTrace( ) ;
        }
    }
    private void saveFile( ) {
        fd_save. setVisible( true) ;
        String dir = fd_save. getDirectory( ) ;
        String f = fd_save. getFile( ) ;
        if( ( f! = null) ) {
            file = dir + f;
            String content = ta. getText( ) ;
            try {
                PrintWriter pw = new PrintWriter( new FileWriter( file) ) ;
                pw. println( content) ;
                pw. close( ) ;
            } catch( IOException e) {
                e. printStackTrace( ) ;
            }
        }
        else
            System. out. println( "保存出现错误") ;
    }
    public static void main( String[ ] args) {
        MenuFrame f = new MenuFrame( "文件输入与输出") ;
    }
}
```

习 题

一、判断题

1.程序员必须创建 System . in,System . out 和 System . err 对象。 （ ）

2.如果要在 Java 中进行文件处理,则必须使用 Java . swing 包。 （ ）

3.InputStream 和 OutputStream 都是抽象类。 （ ）

4.如果顺序文件中的文件指针不是指向文件头,那么必须先关闭文件,然后再打开它才能从文件头开始读。 （ ）

二、单选题

1.为了捕获一个异常,代码必须放在( )语句块中。

A. try 块   B. catch 块   C. throws 块   D. finally 块

2.下列常见的系统定义的异常中,有可能是网络原因导致的异常是( )。

A. ClassNotFoundException   B. IOException

C. FileNotFoundException   D. UnknownHostException

3.下面代码的执行结果是( )。

```
Button submit = new Button("提交");
submit. addActionListener( new ActionAdapter( ){
public void actionPerformed( ActionEvent arg0) {
    System. out. println("执行了");
    }
});
```

A.编译出错

B.运行出错

C.运行正常, 按下 submit 时输出 执行了

D.运行正常, 按下 submit 无输出

4.下面代码的执行结果是( )。

```
Frame f = new Frame("HelloAWT");
f. addWindowListener( new WindowListener( ){
public void windowClosing( WindowEvent arg0) {
System. exit(0);
}
});
```

A.编译出错

B.运行出错

C.运行正常,按下关闭按钮时顺利结束进程

D. 运行正常,按下关闭按钮时无反应,窗口不关闭

5. 自定义异常时,可通过下列哪一项进行继承? (　　　)

　　A. Error 类　　　　　B. Applet 类　　　　　C. Exception 类　　　　　D. AssertionError 类

6. 当方法产生该方法无法确定如何处理的异常时,应该如何处理? (　　　　)

　　A. 声明异常　　　　B. 捕获异常　　　　C. 抛出异常　　　　　D. 嵌套异常

7. 在 FilterOutputStream 类中,属于合法的类是(　　　)。

　　A. File　　　　　　　B. InputStream　　　C. OutputStream　　　　D. FileOutputStream

8. 在(　　　)情况下,用户能使用 File 类。

　　A. 改变当前的目录　　　　　　　　B. 返回根目录名

　　C. 删除一个文件　　　　　　　　　D. 查找一个文件是否包含文本或二进制信息

三、填空题

1. 异常类的最上层为_____类,此类又有两个子类:_____和_____。

2. Java 在执行时期的错误处理功能,称为_____。

3. 处理异常分为两种情况:_____和_____。

4. 捕获异常要求在程序的方法中预先声明,在调用方法时用 try-catch-_____语句捕获并处理。

5. 异常按处理的不同可以分为运行异常、捕获异常、声明异常和_____几种。

6. Throwable 类有两个子类:_____类和 Exception 类。

7. 下面程序定义了一个字符串数组,并打印输出,捕获数组超越界限异常。请在横线处填入适当的内容完成程序。

```
public class HelloWorld
{
    int i = 0;
    String greetings[ ] =
        {
            "Hello world!",
            "No,I mean it!",
            "HELLO WORLD!!"
        };
while(i < 4)
    {

        _____

    }
System. out. println( greeting[i] );
    }

_____ ( ArrayIndexOutOfBoundsException e)

    {
System. out. println( "Re-setting Index Value");
```

```
    i = -1;
    finally
    {
        System. out. println("This is always printed");
    }
    i ++ ;
    }
    }
    }
```

四、简答题

1. Java 程序中如何处理多种异常?

2. Java 的输入输出类库是什么? Java 的基本输入输出类是什么? 流式输入输出的特点是什么?

五、编程题

1. 编写字符界面的 Application 程序,接收依次输入的 20 个整数数据,每个数据一行,将这些数据按升序排序后从系统的标准输出设备输出。

2. 通过 File 类来实现列出一个目录下所有的 *. class 文件。

3. 读出指定的文件内容并在显示屏幕上显示输出。

4. 用户输入密码,要求满足条件长度大于 4 且包含数字、字母,否则抛出 NoPassword Exception 自定义异常类对象。

项目 **5**
编写校园一卡通系统

【项目描述】

图腾工作室使用 Java 语言编写校园一卡通系统,方便同学们自助操作。系统要求完成登录、密码修改、余额查询、存款等操作。

具体功能如下:

①用户在客户端登录界面中输入账号和密码后,单击"登录"按钮连接到服务器,服务器通过数据库验证用户名和密码,然后将结果返回给客户端显示出来。

②登录成功后可以查询余额、修改密码、取款。

③允许多个用户同时登录到服务器。

【学习目标】

1. 了解 C/S 和 B/S 编程模式。

2. 掌握 Java 中 Swing 组件。

3. 掌握异常处理机制。

4. 掌握 Java 的输入和输出操作。

5. 掌握网络编程相关知识。

6. 掌握 Socket 网络编程的基本方法和步骤。

7. 了解 JDBC 的概念和基于 JDBC 的程序开发流程。

8. 熟练掌握 JDBC 连接数据库的方法。

9. 能够编写程序完成对数据库的增、删、查、改操作。

10. 掌握多线程的实现和多线程的生命周期及其状态迁移。

【能力目标】

1. 会编写 C/S 模式 Java 程序。

2. 会使用 Swing 组件编写 Java 图形用户界面。

3. 会编写 Java 的输入和输出操作。

4. 能编写基于 Socket 的网络程序。

5. 会使用 ODBC 创建数据源。

6. 会使用 JDBC 进行数据库连接,并在程序中对数据库进行增、删、查、改操作。

7. 实现多线程。

8. 了解多线程的生命周期及其状态迁移。

任务 5.1 了解 C/S 模式和 B/S 模式

5.1.1 任务要求

了解 C/S 模式、B/S 模式及其优缺点,选定校园一卡通系统的编写模式。

5.1.2 知识准备

1)C/S 模式和 B/S 模式

目前较为流行的软件编程模式有 C/S 模式和 B/S 模式。C/S(Client/Server,客户机/服务器)模式又称 C/S 结构,是 20 世纪 80 年代末逐步成长起来的一种模式,是一种软件系统体系结构。C/S 模式由前段的客户机部分(通常是指终端用户)以及后端的服务器部分组成,客户机在需要服务时向服务器提出申请,服务器一般作为守护进程始终运行,监听网络端口。一旦有客户发出请求,服务器就会启动一个服务进程来响应该客户,自己继续监听服务器端口,以便后来的客户也能及时得到服务。其中,提出服务请求的一方称为"客户机",而提供服务的一方称为"服务器"。C/S 模式由于客户端实现与服务器的直接相连,没有中间环节,因此响应速度快,能实现复杂的业务流程。C/S 模式程序操作界面漂亮、形式多样,可以充分满足客户自身的个性化要求。

B/S 模式(Browse/Server,浏览器/服务器)又称 B/S 结构,它是随着 Internet 技术的兴起,对 C/S 结构的一种变化或者改进的结构。在这种结构下,采用浏览器作为客户机。用户工作界面通过 WWW 浏览器来实现,极少部分事务逻辑在前端(Browser)实现,主要事务逻辑在服务器端实现。B/S 最大的优点就是可以在任何地方进行操作而不用安装任何专门的软件,只要有一台能上网的电脑就能使用,客户端零安装、零维护,系统的扩展非常容易。

2)区别

①硬件环境不同。

C/S 模式一般建立在专用的网络上,小范围局域网之间,通过专门服务器提供连接和数据交换服务。

B/S 模式建立在广域网之上,不必是专门的网络硬件环境,有比 C/S 更强的适应范围,一般只要有操作系统和浏览器就行。

②对安全要求不同。

C/S 模式一般面向相对固定的用户群,对信息安全的控制能力很强。

B/S 模式建立在广域网之上,对安全的控制能力相对弱,可能面向不可知的用户。

③软件重用不同。

C/S 模式程序不可避免地要考虑整体性,构件的重用性不高。

B/S 模式对的多重结构,要求构件有相对独立的功能,能够相对较好地重用。

④系统维护不同。

C/S 模式程序必须整体考察,出现问题时处理较复杂,并且系统升级难。

B/S 模式方便个别构件的更换,能实现系统的无缝升级,系统维护开销小,用户从网上自行下载安装就可以实现升级。

5.1.3　任务实施

由于本系统对安全性要求非常高,且运行在局域网的固定机器上,面向固定的用户群,所以综上考虑使用 C/S 模式。

任务5.2　编写登录界面和主界面

5.2.1　任务要求

根据项目描述,掌握 Java 图形用户界面中 Swing 组件和 GUI 的事件处理机制,编写 C/S 模式下的客户端登录界面(如图 5.1 所示)、主界面(如图 5.2 所示)及校园一卡通服务器端主界面(如图 5.3 所示)。

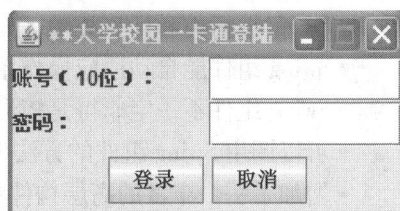

图 5.1　客户端登录界面

客户端主界面中要求:

当单击"查询"按钮时,进行查询当前账户余额操作。

单击"存钱"按钮,"查询"和"修改密码"按钮变灰,在数字键盘中输入相应金额后单击"确定"按钮完成存钱操作,显示区域显示操作结果。

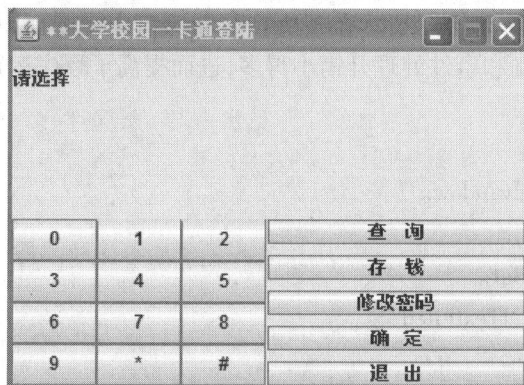

图 5.2　客户端主界面

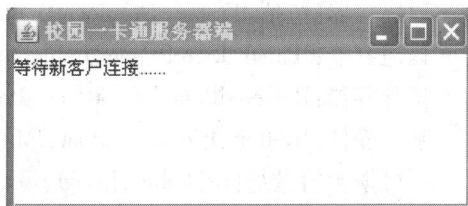

图 5.3　服务器端主界面

单击"修改密码"按钮,"查询"和"存钱"按钮变灰,在数字键盘中输入相应新密码后单击"确定"按钮完成修改密码操作,显示区域显示操作结果。

单击"退出"按钮退出当前系统。

5.2.2 知识准备

1）Swing 组件

Swing 是在 AWT 基础上的 GUI 进行扩充，与 AWT 相比，Swing 具有更好的平台无关性和性能，可以提供较 AWT 更精美和更强大的 GUI 功能。

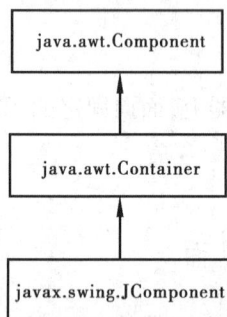

图 5.4 JComponent 组件的继承层次图

Swing 组件是建立在 AWT 基础上的一种"加强型"GUI 组件库，是 javax. swing 包中的一部分。所有的 Swing 组件都是由 javax. awt. JComponent 类继承而来的，而 JComponent 类继承自 java. awt. Component 类如图 5.4 所示，所以 Swing 组件也都是 AWT 组件。但是与 AWT 组件相比，Swing 使用了轻量组件代替 AWT 中的绝大部分重量组件，提供了 AWT 所缺少的一些附加组件和观感控制机制。它们不依赖与底层的操作系统，因此 Swing 创建的组件在所有平台上功能都一致，具有比 AWT 组件更强的功能：

- Swing 按钮类和标签类除了显示文本标题外还可以显示图像标题。
- Swing 组件能自动适应操作系统的外观，而 AWT 组件总是保持相同外观。
- Swing 组件不一定非得是矩形的，可以把按钮设计成圆形。
- 可以调用 Swing 组件的方法设置其外观和行为。
- 增加了一个丰富的高层构件集合，如表格（JTable）、树（JTree）。

重量组件通过委托操作系统对应组件来完成具体工作，包括组件的绘制和事件响应等。AWT 的组件均为重量组件，缺点是开销大、效率低。每一个组件都要调用底层平台功能单独绘制，且有平台相关性，不同平台上显示的效果很难一致。

轻量组件则不存在本地对应组件，是通过 Java 绘图技术在其所在容器窗口中绘图而得，因此不同平台上组件可以表现一致，且组件绘制和事件处理开销小得多，进而提高了程序运行效率。

Swing 组件的分类如下：

- 顶层容器：包括 JFrame、JApplet、JDialog、Jwindow。
- 普通容器：JPanel、JScrollPane、JtablePane。
- 特殊容器：JLayeredPane、JRootPane、JtoolBar。
- 基本控件：JButton、JCombox、JList、JMune、JTextFiled 等。
- 不可编辑信息组件：JLabel、JprogresserBar。
- 可编辑信息组件：JTextFiled、JTree、JFileChooer、JTable。

（1）框架（JFrame）

JFrame 继承了 java. awt. Frame 类，并对 Frame 类进行了扩充。JFrame 实现了 java. swing. WindowConstants 接口，该接口中定义了用于控制窗口关闭操作的整型常量。

DO_NOTHING_ON_CLOSE：默认窗口关闭操作为"无操作"，即单击窗口的"关闭"按钮时不进行任何操作。

HIDE_ON_CLOSE：默认窗口关闭操作为"隐藏窗口"，即单击窗口的"关闭"按钮时隐藏当前窗口。

DISPOSE_ON_CLOSE:默认窗口关闭操作为"销毁操作",即单击窗口的"关闭"按钮时释放由此窗口及其包含的子组件所使用的所有本机屏幕资源。

EXIT_ON_CLOSE:默认窗口关闭操作为"退出程序",即单击窗口的"关闭"按钮时退出当前程序。

[小贴士]

DISPOSE_ON_CLOSE 和 EXIT_ON_CLOSE 的区别在于前者只关闭窗口就可以,后者则是关闭窗口后就退出程序。

举例:

```
import javax. swing. JFrame;
public class SwingJframe {
    public static void main(String[ ] args) {
        int WIDTH = 300;//框架的宽度
        int HEIGHT = 200;//框架的高度
        JFrame jf = new JFrame( );
        jf. setTitle("Jframe 框架");//设置框架的标题
        jf. setSize(WIDTH,HEIGHT);//设置框架的大小
        jf. setDefaultCloseOperation(JFrame. EXIT_ON_CLOSE);
        jf. setVisible(true);//设置框架可见
    }
}
```

运行结果如图 5.5 所示。

注意:JFrame 的内容面板相当于 AWT 中的 Frame,使用 getContentPane( )方法获得。JFrame 的默认布局管理器也是 BorderLayout。

（2）按钮（JButton）

JButton 在 java. awt. Button 的功能基本相同,但可以实现更复杂的显示效果,如可以在按钮上显示图标,包括设置按钮按下和抬起的图标变化,还可以设置快捷键和添加工具提示信息等。

图 5.5　框架 JFrame

①构造方法。

Jbutton( ):构造一个没有标签和图标的按钮。

Jbutton(Icon icon):构造一个带有图标的按钮。

Jbutton(Sting text):构造一个带有标签的按钮。

Jbutton(Sting text,Icon icon):构造一个带有标签和图标的按钮。

②主要成员方法。

public boolean is DefaultButton( ):返回这个按钮是否为 RootPane 的默认按钮。

set Icon(Icon icon):设置按钮图标。

set Disable Icon(Icon icon):设置按钮不激活时显示图标。

set Rollover Icon(Icon icon):设置鼠标移到按钮上的图标。

set Pressed Icon(Icon icon):设置鼠标按下的图标。

（3）标签（JLabel）

Swing 的标签也是用于显示文字的，只是默认时显示效果是透明的，可以调用 JComponent 类中定义的 setOpaque(true)方法设置其不透明。

①构造方法。

JLabel(Icon icon):构造一个带图片的标签。

JLabel(Icon icon,int horizontalAlignment):构造一个带图片且水平对齐的标签。

JLabel(String text):构造一个带文本的标签。

JLabel(String text,int horizontalAlignment):构造一个带文本且水平对齐的标签。

JLabel(String text, Icon icon ,int horizontalAlignment):构造一个带文本图片且水平对齐的标签。

②主要成员方法。

getIcon():获取 JLabel 显示的图像对象。

setIcon(Icon icon):设置需要显示的图像。

getText():返回 Jlabel 标签显示的字符串。

setText(String text):设置需要显示的字符串。

getHorizontalAlignment():返回沿 X 轴的标签内容的对齐方式。

setHorizontalAlignment():设置沿 X 轴的标签内容的对齐方式。

getVerticalAlignment():返回沿 Y 轴的标签内容的对齐方式。

setVerticalAlignment():设置沿 Y 轴的标签内容的对齐方式。

[小贴士]

Swing 中不可以把 Swing 部件直接添加到 JFrame、JApplet、JDialog 等顶级容器中,要将部件添加到容器的内容面板中,通过 getContentPane()可得到容器的内容面板,然后再把组件添加到内容面板中,也可以用 setContentPane(面板对象)方法设置新建的 JPanet 面板为内容面板。内容面板的默认布局 BorderLayout,可对内容面板设置新布局。尽量使用轻量级的 Swing 部件,避免使用重量级的 AWT 构件。JPanel 创建的面板可直接添加部件,其默认布局是 FlowLayout,在面板上绘制内容调用 paintComponent(Graphics g)方法,重写该方法时要先调用 super. paintComponent 方法。

举例:

```
import java. awt. * ;
import javax. swing. * ;
public class SwingJframe {
    public static void main(String[ ] args) {
        int WIDTH = 150;
        int HEIGHT = 50;
        JFrame jf = new JFrame( );
        JLabel labUser = new JLabel("大家好");
        JPanel    p1 = (JPanel)jf. getContentPane( );
```

```
        p1. add(labUser);
        jf. setTitle("欢迎");
        jf. setSize(WIDTH,HEIGHT);
        jf. setDefaultCloseOperation(JFrame. EXIT_ON_CLOSE);
        jf. setVisible(true);
    }
}
```

运行结果如图 5.6 所示。

（4）单行输入框组件（JTextField）

JTextField 用于编辑单行文本的内容,文本框的初始内容可以通过更改组件属性 text 来实现,也可通过对应的 setText 方法来实现。

①构造方法。

图 5.6　标签 JLabel

JTextField( ):创建一个 JTextField 对象。

JTextField(int n):创建一个列宽为 n 的空的 JTextField 对象。

JTextField(String s):创建一个 JTextField 对象,并显示字符串 s。

JTextField(String s,int n):创建一个 JTextField 对象,并以指定的字宽 n 显示字符串 s。

JTextField(Document doc,String s,int n):使用指定的文件存储模式创建一个 JTextField 对象,并以指定的字宽 n 显示字符串 s。

②主要成员方法。

int getColumns( ):获取此对象的列数。

void setColumns(int Columns):设置此对象的列数。

void addActionListener(ActionListenere):添加指定的动作事件监听程序。

void setFont(Font f):设置字体。

void setHorizontalAlignment(int alig):设置文本的水平对齐方式(LEFT、CENTER、RIGHT)。

void setActionCommand(String com):设置动作事件使用的命令字符串。

（5）多行输入框组件（JTextArea）

JTextArea 用于编辑多行文本的内容,操作方法与 JTextField 类似。文本框的初始内容可以通过对应的 setText 方法来实现。换行符可以使用"\n"转义字符来表示,可以通过对应的 getText 方法来获取 JTextArea 组件的文字。默认情况下,JTextArea 的内容是可编辑的,如果内容太多,无法显示完全,也不会自动换行,所以要通过调用相应方法。也可以为其添加水平滚动条和垂直滚动条。

创建一个带滚动条的面板 JScrollPane 方法如下：

JScrollPane(Component view,int vsbPolicy,int hsbPolicy)

将组件 view 添加到带滚动条的面板 JScrollPane 的视口中。参数 vsbPolicy 和 hsbPolicy 指定滚动条何时显示,如果 vsbPolicy 为 scrollPane. VERTICAL_SCROLLBAR_AS_NEEDED,则只有在垂直查看无法完全显示时,垂直滚动条才显示。hsbPolicy 参数为 scrollPane. HORIZON-TAL_SCROLLBAR_AS_NEEDED,则只有在水平查看无法完全显示时,水平滚动条才显示。也可调用 setVerticalScrollBarPolicy(int)和 setHorizontalScrollBarPolicy(int)方法设置滚动条。

［小贴士］

● JScrollPane 不支持重量级组件。

● 将滚动条添加到窗体后(如 JFrame)就不用再在窗体中添加已添加到滚动条视口中的组件,否则将无法显示。

校园一卡通的服务器端如果输出信息过多,可以在服务器主界面显示信息的 JTextArea 组件上添加滚动条,也可在滚动条构造函数中直接添加,滚动条上添加组件的方法如下:

setViewportView(Component view)方法创建一个视口并设置其视图。

①构造方法。

JTextArea():创建一个 JTextArea 对象。

JTextArea(int n,int m):创建一个具有 n 行 m 列的空的 JTextArea 对象。

JTextArea(String s):创建一个 JTextArea 对象,并显示字符串 s。

JTextArea(String s,int n,int m):创建一个 JTextArea 对象,并以指定的行数 n 和列数 m 显示字符串 s。

JTextArea(String s,int n,int m,int k):创建一个 JTextArea 对象,并以指定的行数 n、列数 m 和滚动条的方向显示字符串 s。

JTextArea(Document doc):使用指定的文件存储模式创建一个 JTextField 对象。

TextArea(Document doc,String s,int n):使用指定的文件存储模式创建一个 JTextField 对象,并以指定的字宽 n 显示字符串 s。

②主要成员方法。

void setFont(Font f):设置字体。

void insert(String str,int pos):在指定的位置插入指定的文本。

void append(String str):将指定的文本添加到末尾。

void replaceRange(String str,int start,int end):将指定范围的文本用指定的新文本替换。

public int getRows():返回此对象的行数。

public void setRows(int rows):设置此对象的行数。

public int getColumns():获取此对象的列数。

public void setColumns(int Columns):设置此对象的列数。

校园一卡通服务器端主界面编码如下:

```java
import javax.swing. * ;
public class CardServer extends JFrame{
    private JTextArea ta_info;
    public static void main(String args[ ]) {
        Server frame = new Server();
    }
    public CardServer() {
        setTitle("校园一卡通服务器端");
        setBounds(100, 100, 385, 266);
        ta_info = new JTextArea();
        ta_info. setEditable(false);
```

```
        ta_info. setLineWrap( true) ;
        JScrollPane scrollPane = new JScrollPane( ta_info, JScrollPane. VERTICAL_SCROLL-
BAR_AS_NEEDED, JScrollPane. HORIZONTAL_SCROLLBAR_AS_NEEDED) ;
        getContentPane( ). add( scrollPane, BorderLayout. CENTER) ;
        scrollPane. setViewportView( ta_info) ;
        setVisible( true) ;
        }

}
```

运行结果如图5.7所示。

（6）密码输入框组件（JPasswordField）

JPasswordField 类是 JTextField 的子类，应用方法与 JTextField 基本相同，所不同的是用户在 JPasswordField 对象中输入字符会被其他字符替代而遮住。其遮盖字符设定的属性为 echoChar，对应方法为：JPasswordField 对象名. setechoChar(String 对象)。可以通过 getPassword( )方法返回输入的密码字符，返回值为一个字符数，可以使用如下的语句获得密码字符串：

图5.7　校园一卡通服务器端主界面

String pass = new String(JPasswordField 对象. getPassword( )) ;//pass 返回密码字符串

举例：编写登录界面。

```
import java. awt. * ;
import javax. swing. * ;
public class CardLogin{
    public static void main( String args[ ] ) {
        JFrame jf = new JFrame( ) ;
        JTextField txtUser = new JTextField( ) ;
        JPasswordField txtPass = new JPasswordField( ) ;
        JLabel labUser = new JLabel( "用户名") ;
        JLabel labPass = new JLabel( "密码") ;
        JButton btnLogin = new JButton( "登录") ;
        JButton btnCancel = new JButton( "取消") ;
        JPanel panInput = new JPanel( ) ;
        panInput. setLayout( new GridLayout( 2, 2) ) ;
        panInput. add( labUser) ;
        panInput. add( txtUser) ;
        panInput. add( labPass) ;
        panInput. add( txtPass) ;
        JPanel panButton = new JPanel( ) ;
        panButton. setLayout( new FlowLayout( ) ) ;
        panButton. add( btnLogin) ;
```

```
        panButton. add(btnCancel);
        jf. setLayout(new BorderLayout());
        jf. add(panInput, BorderLayout. CENTER);
        jf. add(panButton, BorderLayout. SOUTH);
        jf. setTitle("登录");
        jf. setSize(250, 125);
        jf. setResizable(false);//设置窗口尺寸不能变化
        jf. setVisible(true);
    }
}
```

运行结果如图 5.8 所示,此时单击按钮没有响应。

图 5.8 登录界面

（7）工具条(JToolBar)

工具条 JToolBar 是用于显示常用组件的条形容器,一般用于添加一系列图表形式的按钮,一般将其放于窗口的上方,如 BorderLayout 布局的北部;也可以将其拖到 BorderLayout 布局的其他未添加组件的边缘区域(如南部、西部)或将其拖出在单独的窗口中显示。

①构造方法。

JToolBar():构造一个工具栏。

JToolBar(int orientation):构造一个指定方向的工具栏。

②主要成员方法。

addSeparator():在 JToolBar 的末尾增加一个分割符。

addSeparator(Dimension size):在 JtoolBar 的末尾增加一个指定宽度分割符。

getComponentAtIndex(int i):返回指定索引的组件。

getComponentAtIndex(Component c):返回指定组件的索引。

getOrientation():返回工具栏的方向。

setOrientation(int o):设置工具栏的方向。

remove(Component comp):从工具栏中删除组件。

（8）菜单组件

Swing 组件的菜单组件也分为菜单条(JMenuBar)、菜单(JMenu)和菜单项(JMenuItem),用法与 AWT 菜单组件相同。

（9）布局管理器

AWT 中介绍的几个布局管理器都可以用到 Swing 组件编写的界面中。

2)事件处理

图形用户界面之所以能为广大用户所喜爱并最终成为事实上的标准,很重要的一点就在于图形用户界面的事件驱动机制,它可以根据产生的事件来决定执行相应的程序段。事件(event)代表了某对象可执行的操作及其状态的变化。例如,在图形用户界面中,用户可以通过移动鼠标对特定图形界面元素单击、双击等来实现输入/输出操作。

（1）委托事件模型

Swing 使用同 AWT 相同的委托事件模型来处理事件。委托事件模型的特点是将事件的处理委托给独立的对象，而不是组件本身，从而将使用者界面与程序逻辑分开。整个"委托事件模型"由产生事件的对象（事件源）、事件对象以及监听者对象之间的关系所组成。

产生事件的对象会在事件产生时，将与该事件相关的信息封装在一个称为"事件对象"的对象中，并将该对象传递给监听者对象。监听者对象根据该事件对象内的信息决定适当的处理方式。监听者对象要收到事件发生的通知，必须在程序代码中向产生事件的对象注册。当事件产生时，产生事件的对象就会主动通知监听者对象，监听者对象就可以根据产生该事件的对象来决定处理事件的方法。监听者对象（listener）就是用来处理事件的对象。监听者对象等候事件的发生，并在事件发生时收到通知。

（2）Swing 组件的事件及监听者

不同事件源上发生的事件种类不同，不同的事件由不同的监听者处理。Swing 并不是用来取代原有的 AWT，使用 Swing 组件时常常还是需要使用 AWT 功能。例如，鼠标和键盘操作、窗口的变化、组件的增加或删除等都是比较低层的事件，这些事件必须使用 AWT 包提供的处理方法来处理。除此之外，处理 Swing 组件增加的事件就会用到 javax. swing. event 包。表 5.1 列出了 Swing 中各种组件可激发的事件及事件监听者之间的对应关系。表 5.2 列出了 Swing 提供的各事件监听者与各事件类成员方法之间的关系。请注意：对应不同事件需要不同的事件监听者，而每个事件监听者都有相应的成员方法，处理事件的程序代码要写在对应的成员方法体中。

表 5.1　Swing 中组件、事件及事件监听者之间的对应关系

组　　件	可激发的事件（Event）	事件监听者（EventListener）
JButton	ActionEvent	ActionListener
	ChangeEvent	ChangeListener
	ItemEvent	ItemListener
JFileChooser	ActionEvent	ActionListener
JTextField PasswordField	ActionEvent	ActionListener
	CaretEvent	CaretListener
	DocumentEvent	DocumentListener
	UndoableEvent	UndoableListener
JTextArea	CaretEvent	CaretListener
	DocumentEvent	DocumentListener
	UndoableEvent	UndoableListener
JTextPane JEditorPane	CaretEvent	CaretListener
	DocumentEvent	DocumentListener
	UndoableEvent	UndoableListener
	HyperlinkEvent	HyperlinkListener
JComboBox	ActionEvent	ActionListener
	ItemEvent	ItemListener
JList	ListSelectionEvent	ListSelectionListener
	ListDataEvent	ListDataListener

续表

组　件	可激发的事件（Event）	事件监听者（EventListener）
JMenuItem	ActionEvent ChangeEvent ItemEvent MenuKeyEvent MenuDragMouseEvent	ActionListener ChangeListener ItemListener MenuKeyListener MenuDragMouseListener
JMenu	MenuEvent	MenuListener
JPopupMenu	PopupMenuEvent	PopupMenuListener
JScrollBar	AdjustmentEvent	AdjustmentListener

表 5.2　Swing 提供的各监听者与各事件类成员方法之间的关系

事件监听者	成员方法
CaretListener	caretUpdate(CaretEvent e)
ChangeListener	stateChanged(ChangeEvent e)
DocumentListener	changedUpdate(DocumentEvent e) insertUpdate(DocumentEvent e) removeUpdate(DocumentEvent e)
HyperlinkListener	hyperlinkUpdate(HyperlinkEvent e)
ListDataListener	contentsChanged(ListDataEvente) intervalAdded(ListDataEvent e) intervalRemoved(ListDataEvent e)
ListSelectionListener	valueChanged(ListSelectionEvent e)
MenuDragMouseListener	menuDragMouseDragged(MenuDragMouseEvente) menuDragMouseEntered(MenuDragMouseEvent e) menuDragMouseExited(MenuDragMouseEvent e) menuDragMouseReleased(MenuDragMouseEvent e)
MenuKeyListener	menuKeyPressed(MenuKeyEvent e) menuKeyReleased(MenuKeyEvent e) menuKeyTyped(MenuKeyEvent e)
MenuListener	menuCanceled(MenuEvent e) menuDeselected(MenuEvent e) menuSelected(MenuEvent e)
PopupMenuListener	popupMenuCanceled(PopupMenuEvent e) popupMenuWillBecomelavisible(PopupMenuEvent e) popupMenuWillB ecomeVisible(PopupMenuEvent e)

举例：把登录界面的按钮添加动作处理。

JButton btnLogin = new JButton("登录");

```
JButton btnCancel = new JButton("取消");
btnListener lis = new btnListener();//创建监听器
btnLogin.addActionListener(lis);//按钮 btnLogin 添加监听
btnCancel.addActionListener(lis); //按钮 btnCancel 添加监听

class btnListener implements ActionListener {//监听处理过程
    public void actionPerformed(ActionEvent event) {
        if(event.getActionCommand().equals("登录"))
            System.out.println("您单击了登录按钮");
        else
            System.out.println("您单击了退出按钮");
    }
}
```

5.2.3　任务实施

校园一卡通客户端登录界面编码如下:

```
import java.awt. * ;
import java.awt.event. * ;
import javax.swing. * ;
public class CardLogin extends JFrame implements ActionListener {
    JTextField txtUser = new JTextField();
    JPasswordField txtPass = new JPasswordField();
    public CardLogin () {
    // 设置窗体属性
    this.setSize(250, 125);
    this.setTitle(" * * 大学校园一卡通登录");
    this.setResizable(false);
    // 布置输入面板
    JPanel panInput = new JPanel();
    panInput.setLayout(new GridLayout(2, 2));
    // 创建组件
    JLabel labUser = new JLabel("账号(10 位):");
    JLabel labPass = new JLabel("密码:");
    JButton btnLogin = new JButton("登录");
    JButton btnCancel = new JButton("取消");
    // 注册事件
    btnLogin.addActionListener(this);
    btnCancel.addActionListener(this);
    panInput.add(labUser);
```

```java
        panInput. add( txtUser) ;
        panInput. add( labPass) ;
        panInput. add( txtPass) ;
        // 布置按钮面板
        JPanel panButton = new JPanel( ) ;
        panButton. setLayout( new FlowLayout( ) ) ;
        panButton. add( btnLogin) ;
        panButton. add( btnCancel) ;
        // 布置窗体
        this. setLayout( new BorderLayout( ) ) ;
        this. add( panInput, BorderLayout. CENTER) ;
        this. add( panButton, BorderLayout. SOUTH) ;
    }
    public static void main( String args[ ] ) {
        CardLogin w = new CardLogin( ) ;
        w. setVisible( true) ;
    }
    public void actionPerformed( ActionEvent e) {
        if ( e. getActionCommand( ). equals( "登录" ) ) {
            String u = txtUser. getText( ) ;
            String p = txtPass. getText( ) ;
            System. out. println( "发送到服务器端验证用户名:" + u + ",密码:" + p) ;
        }
        else if( e. getActionCommand( ). equals( "取消" ) ) {
            txtUser. setText( "" ) ;
            txtPass. setText( "" ) ;
        }
    }
}
```

校园一卡通客户端主界面编码如下:

```java
import java. awt. * ;
import java. awt. event. ActionEvent;
import java. awt. event. ActionListener;
import javax. swing. * ;
public class CardClient extends JFrame implements ActionListener{
    JLabel tslabel1 , tslabel2;
    JButton bselect , bget , bpass , bok , bexit;
    JButton b[ ] ;
    Panel p1 , p2 , p3 , p4;
    String flag;
```

```
public CardClient ( ) {
    this. setSize(350, 250);
    this. setTitle(" * * 大学校园一卡通登录");
    tslabel1 = new JLabel("请选择");
    tslabel2 = new JLabel( );
    bselect = new JButton("查询");
    bget = new JButton("存钱");
    bpass = new JButton("修改密码");
    bok = new JButton("确定");
    bexit = new JButton("退出");
    bselect. addActionListener( this);
    bget. addActionListener( this);
    bpass. addActionListener( this);
    bok. addActionListener( this);
    bexit. addActionListener( this);
    b = new JButton[12];
    for( int i = 0; i < b. length; i ++ )
    {
        b[i] = new JButton("+ i");
        b[i]. addActionListener( new NOButton( ));
    }
    b[10] = new JButton(" * ");
    b[10]. addActionListener( this);
    b[11] = new JButton("#");
    b[11]. addActionListener( this);
    p1 = new Panel( );
    p2 = new Panel( );
    p3 = new Panel( );
    p4 = new Panel( );
    p1. setLayout( new GridLayout(3,1));
    p1. add( tslabel1);
    p1. add( tslabel2);
    p3. setLayout( new GridLayout(4,3));
    for( int i = 0; i < b. length; i ++ ) {
    p3. add( b[i]);
    }
    p4. setLayout( new GridLayout(5,1,7,7));
    p4. add( bselect);
    p4. add( bget);
    p4. add( bpass);
```

```java
            p4. add( bok);
            p4. add( bexit);
            p2. setLayout( new GridLayout( 1,2));
            p2. add( p3);
            p2. add( p4);
            setLayout( new GridLayout( 2,1));
            add( p1);
            add( p2);
            setVisible( true);
        }
    public void actionPerformed( ActionEvent e)  {
        if( e. getSource( ) = = bselect) {
            System. out. println( "单击了查询按钮");
        }
        else if( e. getSource( ) == bget) {
            tslabel1. setText( "请输入您的存款数额");
            tslabel2. setText( "");
            bselect. setEnabled( false);
            bpass. setEnabled( false);
            System. out. println( "单击了取钱按钮");
        }
        else if( e. getSource( ) == bpass) {
            tslabel1. setText( "请输入您的六位新密码:");
            tslabel2. setText( "");
            bselect. setEnabled( false);
            bget. setEnabled( false);
            System. out. println( "单击了密码修改按钮");
        }
        else if( e. getSource( ) == bok) {
            if( bpass. isEnabled( ) == false&&bget. isEnabled( ) == true) {//存钱后的确定{
                System. out. println( "存钱后的确定");
            }
            else if( bpass. isEnabled( ) == true&&bget. isEnabled( ) == false) {
                System. out. println( "单击修改密码后的确定");
                bselect. setEnabled( true);
                bget. setEnabled( true);
            }
        }
        else if( e. getSource( ) == bexit) {
            System. exit( 0);
```

```
                }
        }
class NOButton implements ActionListener{
        public void actionPerformed(ActionEvent e)
        {
                tslabel2. setText((tslabel2. getText() + e. getActionCommand()). trim());
        }
        }
}
```

校园一卡通服务器端主界面的代码在多行输入框组件(JTextArea)时已介绍。

任务 5.3 连接数据库

5.3.1 任务要求

校园一卡通系统的界面已经做好了,但是按钮大多数功能都还未实现,其中大多数需要与数据库进行交互。按照 C/S 模式软件结构,客户端向服务器发出服务申请,服务器响应该申请进行数据库操作,再把处理结果返回给客户端。因此,本次任务需要完成服务器端的数据库操作,掌握数据库基本概念、JDBC 的概念和基于 JDBC 的程序开发流程,掌握 JDBC 连接数据库的方法,完成对数据库的增、删、查、改操作。本项目涉及的数据库操作有查询(用户名和密码的验证,账户余额的查询)、修改(修改密码、存款)等。

5.3.2 知识准备

1)Java 数据库编程

数据库是目前最为有效的数据存储和信息管理的工具,其中,关系型数据库是目前使用最为广泛的数据库系统。Java 语言作为一门优秀的语言,提供了丰富的用于数据处理的组件类,以完成对关系型数据库的数据处理。

①数据库的概念。

数据库(Database,简称 DB)是长期储存在计算机内、有组织的、可共享的大量数据的集合。这里的数据包括数字、文字、影音、图像等形式。

②关系型数据库。

目前大多数数据库管理系统都是基于关系模型的数据库。关系型数据库是根据表、记录和字段之间的关系进行数据组织和访问的一种数据库,它通过若干表来存储数据,并通过关系将这些表联系在一起。

一个关系数据库由若干个数据表组成,一个数据表又由若干个记录组成,而每一个记录又是由若干个以字段属件加以分类的数据项组成如图 5.9 所示。

关系数据库主要涉及以下概念:

● 数据表:一个关系对应一个数据表,由一组相关的数据记录组成,每行有一个记录号,用以标识记录。
- 记录:表中的每一行称为一个记录,它们由若干个字段组成。
- 字段:表中的每一列称为一个字段,其反映的是研究对象某一方面的特性。
- 主键:在表中能唯一地标识某一个记录的字段。

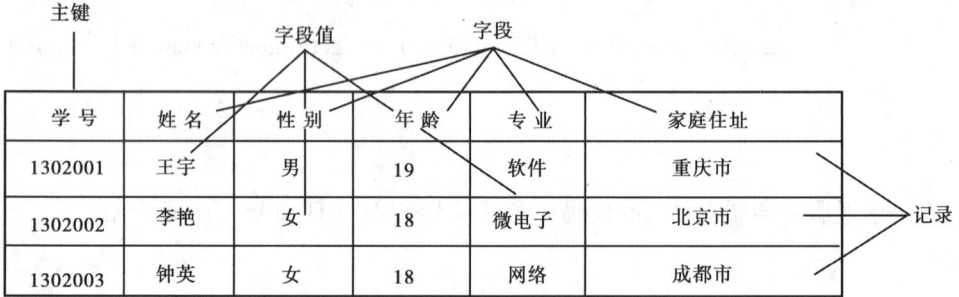

图 5.9　学生信息关系

③数据库管理系统。

数据库管理系统(DBMS)是一个软件系统。它负责将收集并抽取的大量数据进行科学的组织,并将其存储在数据库中和高效地进行处理。它是数据库管理系统的核心,是为数据库建立、使用和维护而专门编写的软件。它建立在操作系统的基础上,是位于操作系统和用户之间的数据管理软件,负责对数据库进行统一的管理和控制。目前常用的数据库管理系统有 AC-CESS、SQL Server、Oracle、MySQL、FoxPro 和 Sybase 等。

④数据库应用程序。

数据库应用程序是指用 Java 语言、C/C++语言、VB 等开发工具设计的、用于实现某种特定功能的应用程序。

2)SQL 语言

SQL(Structured Query Language)是结构化查询语言的缩写。SQL 语言是一种标准的关系数据库语言,其功能强大、简单易学、使用方便,已经成为数据库操作的基础,几乎所有的关系型数据库均支持 SQL 语言。

Java 中利用 SQL 语言主要实现数据的查询、插入记录、删除记录、更新记录等操作,表 5.3列出了常用的 SQL 语句。

表 5.3　常用的 SQL 语句

命　令	功　能
Select	查询数据,即向数据库中返回记录集
Insert	向数据库的表中插入一条记录
Update	修改数据库中表的记录
Delete	删除数据库中表的记录
Create	创建一个新的数据库
Drop	删除一个数据库

（1）查询

数据查询是数据库中最常见的操作，使用 Select 完成，既可完成简单的单表查询，也可完成复杂的多表查询。

Select 语句的基本格式：

select 字段名列表 from 数据表名［where 筛选条件］［order by 字段名］［asc|desc］

举例：检查表 Account 中全部学生的信息。

select * from Account

［小贴士］

- Select 语句由 select 子句、from 子句和 where 子句构成，其中字段名列表中如果要查询多个字段，中间用逗号隔开。
- * 表示查询所有字段。
- ［order by 字段名］［asc|desc］是指返回的记录集按 order by 后的字段名对记录集进行升序（asc）或降序（desc）排列。

（2）插入

使用 Insert 子句向表中插入一条记录，该语句的语法格式：

insert into 表名（字段名） values（字段值）

举例：向学生信息表 Account 中插入一条记录，记录的信息如下：Username：0213000011；Password：111111；Money：800。

对应的 Insert 语句为：

insert into Account（Username，Password，Money） values（'0213000011'，'111111'，800）

［小贴士］

- insert 子句中字段名和字段值要一一对应。
- 字段值中如果有字符串数据类型要使用单引号括起来。

（3）修改

在 SQL 语句中，可以通过 update 语句来修改表中满足条件的记录，该语句的语法格式：

update ［表名］ set ＜列名1＞＝＜值1＞［，＜列名2＞＝＜值2＞］...［where ＜条件＞］

修改指定表中满足 where 子句条件的记录。其中 set 子句给出了取代原来字段值的新的表达式的值。若省略 where 子句，则表示要修改所有的记录。

举例：将 Account 表中所有学生的金额均加 100。

update Account set Money = Money + 100

举例：将 Account 表中用户名 Username 为"0213000011"的密码 Password 改为"000000"。

update Account set Password = '000000'where Username = '0213000011'

（4）删除

删除使用 delete 语句完成。格式如下：

delete from 数据表名［where 条件］

举例：删除 Account 表中用户名为 0213000011 的记录。

delete from Account where Username = '0213000011'

［小贴士］

- 若省略 where 语句表示删除表中的全部记录，但表的定义仍然存在。

3）JDBC 介绍

JDBC(Java DataBase Connectivity)是 Java 程序连接数据库的应用程序接口(API)。JDBC由一组类和接口组成,放在 java.sql 包中,通过调用这些类和接口所提供的成员方法,可以连接各种不同的数据库,进而使用标准的 SQL 命令对数据库进行查询、插入、删除、更新等操作。

另外,JDBC API 与平台无关。也就是说,JDBC 本身不存在任何对数据库进行具体操作的方法,而是提供一种能够建立与数据库连接并执行相应 SQL 语句的方法,来完成对数据库数据的操作。换句话说,JDBC 只是扮演了调用的角色,它负责完成对相应 SQL 语句的调用,并把相应的 SQL 语句发送给数据库。通过数据库对 SQL 语句的执行,完成所需要的操作。JDBC 工作原理如图 5.10 所示。其中,JDBC 驱动程序管理器是 JDBC 体系结构的核心,其作用是根据目标数据库种类的不同,选择相应的 JDBC 驱动程序供当前 Java 应用程序调用。JDBC对任何类型的关系型数据库的数据操作方法完全相同,不论使用哪种数据库管理系统,只需写一遍程序,就可让该程序在任何数据库平台上运行。

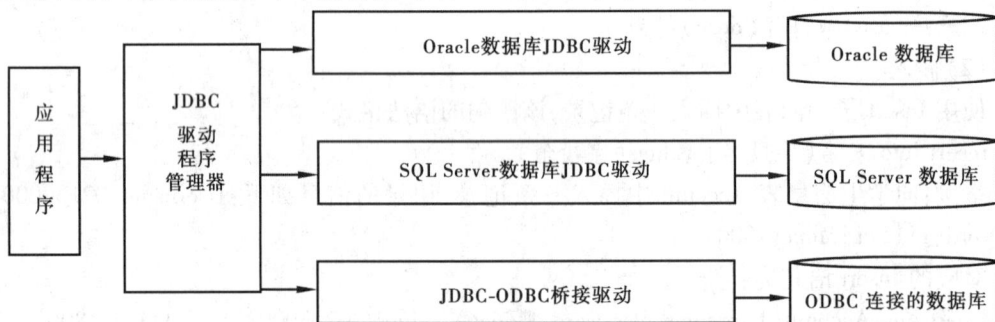

图 5.10　JDBC 体系结构

JDBC 的主要功能如下:

- 建立与数据库或者其他数据源的连接。
- 向数据库发送 SQL 语句命令。
- 处理数据库返回结果。

JDBC 接口组件类放在 java.sql 包中,任何应用程序如果要使用 JDBC 接口组件类,必须首先在程序中引入这个包,否则无法使用 JDBC 接口组件类。

JDBC 驱动程序可分为以下 4 类:

(1)JDBC-ODBC 桥驱动模式

开放数据库互联(Open DataBase Connectivity,ODBC)是微软引进的一种数据库访问接口技术。JDBC-ODBC 桥驱动是通过连接另一种数据库的 ODBC 来使用数据库,这称为 JDBC-ODBC 桥,如图 5.11 所示。

通过 JDBC-ODBC 桥,应用程序能够使用 ODBC 的驱动程序和数据库建立连接,并访问数据库。这种类型的驱动程序的优点是:适合所有的数据库,因为几乎所有的数据库开发商都提供了相应的 ODBC 驱动程序。缺点是:运行速度较慢,因为连接的层次太多。

(2)Java 到本地 API

Java 到本地 API 驱动程序利用由开发商提供的本地库来直接与数据库通信,由于使用了本地库,所以这类驱动程序有很多和 JDBC-ODBC 桥一样的限制。由于要使用到本地库,所以这些库都必须在每一台使用这个驱动程序的机器上安装和配置。这种方式使用不太方便,因此不太常用。

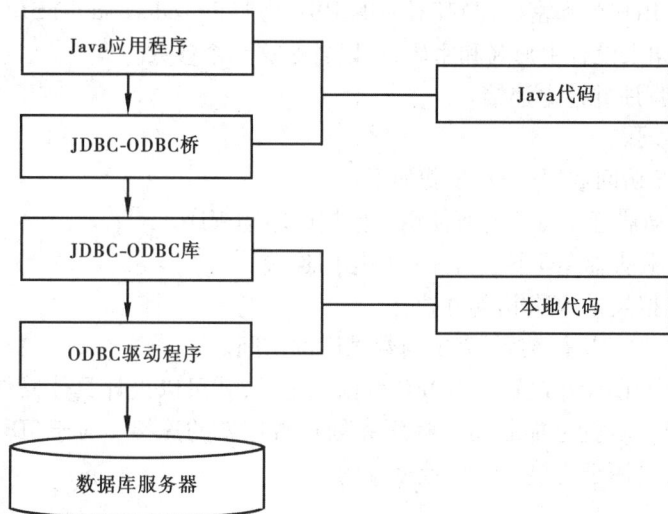

图 5.11　JDBC-ODBC 桥

（3）Java 到专有网络协议

这种驱动程序在 JDBC 与数据库驱动程序之间加有一个称为网络协议的中间件，它把应用程序 JDBC 调用映射到相应的数据库驱动程序上。这种类型的驱动程序最灵活，因为在这种类型下，中间件可以和许多不同的数据库驱动程序建立连接，因此可以和许多不同的数据库建立连接。

（4）数据库协议

这种 JDBC 驱动程序通过实现一定的数据库协议直接和数据库建立连接。这种驱动程序的效率最高，因为它直接和数据库连接。其缺点是：当目标数据库类型更换时，必须更换相应的驱动程序。

目前大多数数据库厂商都提供以上 4 种类型的驱动程序，设计人员可以根据自己的机器环境、软件资源和问题要求选择不同的数据库驱动程序。

4）JDBC 数据库编程（使用 JDBC-ODBC 桥建立连接）

（1）数据库 URL

在对数据库进行操作时，必须首先和数据库建立连接（Connection）。连接是通过数据库的 URL 对象来定位数据库的。JDBC 驱动器的 URL 由 3 部分组成，各部分间用冒号隔开，其格式为：

jdbc:子协议:子名称

含义如下：

- jdbc：JDBC 驱动器的 URL 中的协议是 jdbc。
- 子协议：驱动程序名或数据库连接机制（这种机制可由一个或多个驱动程序支持）的名称。子协议名的典型实例为"odbc"，该名称是为指定 ODBC 风格的数据资源名称的 URL 专门保留的。例如，通过 JDBC-ODBC 桥来访问某个数据库，创建 URL 对象为 jdbc:odbc:studentDB，其中 odbc 为子协议，studentDB 为子名称是本地 ODBC 数据源名。

● 子名称:使用子名称的目的是为定位数据库提供足够的信息。如果在建立 ODBC 数据源时设置了用户名和密码,则其对应的 URL 为"jdbc:odbc:studentDB;UID = sa;PWD = 123456"。如果没有用户名和密码,可以省略这两个参数。

(2)加载驱动程序并建立连接

①JDBC 基本步骤。

JDBC 应用程序访问数据库时,步骤如下:

a. 向 JDBC 驱动器管理器注册所使用的数据库驱动程序。

b. 通过 JDBC 驱动器管理器获得一个数据库连接。

c. 向数据库连接发送 SQL 语句并执行。

d. 获得 SQL 语句的执行结果,完成对数据库的访问。

在完成数据库的设计并设置好 ODBC 数据源之后,就可以设计具体操作此数据源的程序了。设计程序的第一步就是加载驱动程序和创建数据库的连接。对于 JDBC-ODBC 桥来说,创建的数据库连接是用于连接 ODBC 数据源的。

②加载驱动程序。

加载驱动程序是通过 Class. forName( )方法来完成的。这里的 Class 类是 java. lang 包中的一个类,该类通过调用静态方法 forName 加载驱动程序。对于 JDBC-ODBC 桥接器驱动程序的驱动字符串,可以用字符串"sun. jdbc. odbc. JdbcOdbcDriver"表示。用于表示不同数据库驱动程序的字符串是不同的,例如 Microsoft SQL Server 数据库的驱动字符串为"com. microsoft. sqlserver. jdbc. SQLServerdriver"。加载 JDBC 驱动程序可能会发生异常,必须要进行异常处理。

举例:若加载 ACCESS 数据库,则下面的程序段满足设计要求。

```
try{
    Class. forName( "sun. jdbc. odbc. JdbcOdbcDriver" );
}
catch( Exception ex) { }
```

③与数据库建立连接。

在加载数据库驱动之后要创建与数据源的连接,以便对数据源进行具体操作。在 JDBC 中,数据源的连接用 java. sql 包中的 Connection 类的对象表示,Connection 类的对象可以使用 DriverManager 类的静态方法 getConnection 创建。

getConnection 方法为:getConnection(String URL);

建立数据源的连接也有可能发生异常,要求必须进行异常处理。

举例:建立与 ACCESS 数据库数据源"db1ODBC"的连接。

```
try {
        String url = "jdbc:odbc: ODBC1";// ODBC1 数据源的名字
        Class. forName( "sun. jdbc. odbc. JdbcOdbcDriver" );
        Connection conn = DriverManager. getConnection( url);  .
    } catch( Exception e) {
        e. printStackTrace( );
    }
```

与数据库建立连接后,就可以对数据源发送 SQL 语句进行操作了。根据 Java 语言的特点可知,Java 语言的应用程序是健壮的,所以在任何一个 Java 程序都必须有一个合理的开始语句,一个合理的结束语句。对于数据库应用程序来说,在完成数据的所有操作之后要关闭与数据库的连接,关闭数据库连接的方法可以通过调用 Connection 类的 close( )方法来完成,此方法没有参数。

(3)执行 SQL 语句

建立连接后,使用返回的 Connection 类对象的 createStatement( )方法获取 Statement 对象进行 SQL 操作,有 3 种 Statement 对象,它们都作为在指定连接上执行 SQL 语句的容器:Statement、PreparedStatement(从 Statement 继承而来)和 CallableStatement(从 PreparedStatement 继承而来)。它们都用于发送特定类型的 SQL 语句。

- Statement:用于执行不带参数的简单 SQL 语句。
- PreparedStatement:用于执行带或不带 IN 参数的预编译 SQL 语句。
- CallableStatement:用于执行对数据库的存储过程的调用。

①Statement。利用 Connection 类对象的 createStatement( )方法获取 Statement 对象语句如下:

Statement stmt = conn. createStatement( );

以 Statement 为例,其对 SQL 语句的处理分为 3 种情形:

- 调用 Statement 对象的 executeQuery( )方法,执行 select 查询语法。该方法每次只能执行一条查询语句。
- 调用 Statement 对象的 executeUpdate( )方法,执行 insert、update、delete 等语句。
- 调用 Statement 对象的 execute( )方法,执行 create 或 drop 语句。

执行语句的所有方法都将关闭所调用的 Statement 对象当前打开的结果集。这意味着在重新执行 Statement 对象之前,需要完成对当前查询结果的处理。

[小贴士]

Statement 对象将由 Java 垃圾收集程序自动关闭。程序员也应在不需要 Statement 对象显示时关闭它们。

②PreparedStatement。PreparedStatement 接口是 Statement 接口的子接口,它直接继承并重载了 Statement 的方法。PreparedStatement 接口有两大特点:

- 在使用 Statement 对象时,因为每次执行查询时都需要将 SQL 语句传递给数据库,当多次执行同一查询语句时,将会影响其效率。在需要多次执行相同查询语句时,可以使用 PreparedStatement 类的对象。一个 PreparedStatement 对象中包含的 SQL 语句是预编译的,因此需要多次执行同一条 SQL 语句时,利用 PreparedStatement 传送这条 SQL 语句可以大大提高执行效率。
- PreparedStatement 对象所包含的 SQL 语句中允许有一个或多个输入参数。创建 PreparedStatement 对象时,输入参数用"?"代替。当执行带参数的 SQL 语句前,必须使用 PreparedStatement 类的 setXXX 方法对"?"进行赋值。

与创建 Statement 类似,创建一个 PreparedStatement 接口的对象也需在建立连接后,调用 Connection 接口中的方法 prepareStatement( )创建一个 PreparedStatement 的对象。其中包含一条带参数的 SQL 语句。一般格式如下:

PreparedStatement psm = con. PreparedStatement[" insert into Account(Username,Password,

Money) values(?,?)"];

使用 PreparedStatement 类的 setXXX 方法对"?"进行赋值,如:

psm. setString(1,"kate");//第一个参数表示参数序号,第二个参数表示参数取值

psm. setString(2,"222222");

psm. setDouble(3,500);

③取得查询结果。

执行 executeQuery()方法后返回的 ResultSet 类型是 JDBC 编程中常用的数据结构,它以零或多条记录(行)的形式包含了查询结果,可以通过隐含的游标来定位数据。初始时,游标位于第一条记录之前,使用 next()方法移到下一条记录。ResultSet 的 getXXX()方法用于从当前记录中获取指定列的信息,也可以使用通过指定列索引号或列名两种方式指定要读取的列,列的索引号从 1 开始。

[小贴示]

getXXX()方法会将数据库中存储的 SQL 类型数据转换为 Java 类型并返回。

举例:连接数据源"db1ODBC"并查询 Account 表中全部学生的信息并输出这些信息。

```
try{
    String url = "jdbc:odbc:db1ODBC";
        Class. forName("sun. jdbc. odbc. JdbcOdbcDriver");
        conn = DriverManager. getConnection(url);
        Statement stmt = conn. createStatement();
        ResultSet rs = stmt. executeQuery("select * from Account");
        while (rs. next()) {
            System. out. println("用户名:"+ rs. getString("Username") + ",密码:"+ rs.
getString("Password") + ",金额:"+ rs. getString("Money"));}
    }
    catch(Exception e){
            System. out. println("连接数据库出错!");
    }
```

5.3.3 任务实施

①为校园一卡通系统设计数据库 db1,该数据库中一个表,表名为 Account,其结构见表5.4。

表5.4 Account 的结构

序　号	字段名	类　型	长　度	说　明
1	Username	文本	10	学号,主键
2	Password	文本	6	密码
3	Jine	数字	小数后面2位	账户余额

②创建数据库 db1 的 ODBC 数据源。

图 5.12　Account 表中的数据

打开"控制面板"窗口,选择"管理工具"中的"数据源(ODBC)"打开 ODBC 数据源管理器,选择"用户 DSN"选项卡,单击"添加"按钮,如图 5.13 所示。

图 5.13　创建新数据源

在"创建新数据源"窗口中选择要创建数据源的类型,这里选择"Microsoft Access Driver (∗.mdb)数据源",然后单击"完成"按钮,如图 5.14 所示。

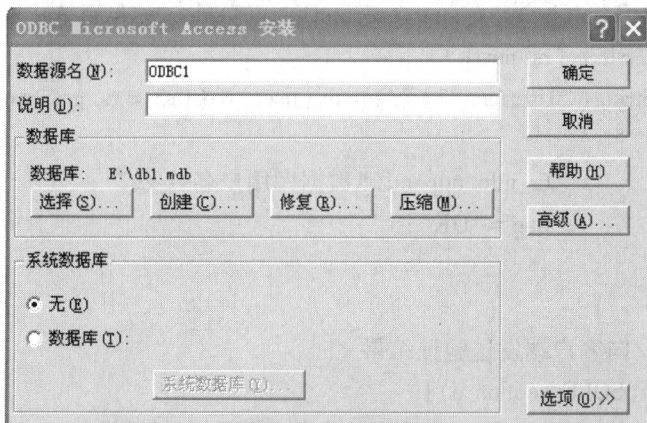

图 5.14　设置数据源

单击"选择"按钮选择数据库"db1.mdb",然后在"数据源名(N)"中为此 ODBC 数据源命名为"db1ODBC"。也可单击"高级"按钮,在"设置高级选项"窗口设置登录用户名和密码。本项目不设置用户名和密码,最后单击"确定"按钮后数据源添加成功。

③校园一卡通系统客户端向服务器端发出操作数据库请求,服务器端连接数据库执行具

体的查询、修改操作。服务器端数据库查询(用户名和密码的验证,账户余额的查询),修改(修改密码,存款)操作中涉及的代码如下:

```java
private Connection openDB() {
        try {
                String url = "jdbc:odbc:db1ODBC";//数据源的名字
                Class.forName("sun.jdbc.odbc.JdbcOdbcDriver");
                conn = DriverManager.getConnection(url);
                return conn;
        } catch(Exception e) {
                System.out.println("连接数据库出错!");
                e.printStackTrace();
                return null;
        }
}

public Server() {
......
                try {
                        String s2, s3;
                        String flag = "NO";//用于记录用户端是否验证成功,成功为"OK",失败
为"NO"
                        String user;//客户端发送过来的登录用户名
                        String password;//客户端发送过来的登录密码
                        Statement stmt = openDB().createStatement();
                        ResultSet rs = stmt.executeQuery("select * from Account");
                        while (rs.next()) {
        if((s2 = rs.getString("Username")).equals(user) && (s3 = rs.getString("Password")).
equals(password)) {
                                ta_info.append("数据库用户名:" + s2);
                                flag = "OK";
                                }
                        }
                        //向客户端发送验证结果
                } catch(SQLException e) {
                        System.out.println("查询账户余额数据库出现异常");
                }
                //查询当前用户的余额
                try {
                String user;//当前用户名
                Statement stmt = openDB().createStatement();
```

```
        ResultSet rs = stmt.executeQuery("select * from Account");
        double yue = 0;
        while (rs.next()){
            if(rs.getString("Username").equals(user)){
                yue = rs.getDouble("Jine");
                ta_info.append("当前账户余额:"+ yue);
                }
            }
        }
    catch(SQLException e){
        System.out.println("查询账户余额数据库出现异常");
        }
    //修改当前用户的密码
    try{
        String user;//当前用户名
        String newpassword;//客户端发送过来的修改后的新密码
        Statement stmt = openDB().createStatement();
        int i = stmt.executeUpdate("update Account set Password ='" + newpassword + "'
where Username ='" + user + "'");
        if(i == 1)
            //向客户端发送修改成功
        else
            //向客户端发送修改失败
        }
    catch(SQLException e){
        System.out.println("修改密码数据库出现异常");
        }
    try{
        String user;//当前用户名
        double mon;//当前用户存款金额
        int i = 1;
        PreparedStatement psm = openDB().prepareStatement("update Account set Jine =
Jine + where Username ='" + user + "'");
        psm.setDouble(1, mon);
        psm.setString(2, user);
        i = psm.executeUpdate();
        Statement stmt = openDB().createStatement();
        i = stmt.executeUpdate("update Account set money = money + " + mon + " where
Username ='" + user + "'");
```

```
        if(i==1)
            //向客户端发送存钱成功
        else
            //向客户端发送存钱失败
        }
        catch(SQLException e){
            System. out. println("修改余额数据库出现异常");
        }
    }
......
    }
```

任务 5.4　网络编程

5.4.1　任务要求

校园一卡通系统的服务器端完成了与数据库的互联,客户端把服务提交给服务器端,服务器端把处理结果返回给客户端。客户端和服务器往往是不同主机,这就涉及网络编程。通过掌握网络编程相关知识以及 Socket 网络编程的基本方法和步骤,完成本次任务服务器和客户端的信息发送。

5.4.2　知识准备

Java 作为一种网络上的编程语言,提供了丰富的网络功能,使用网络上的各种资源和数据与服务器建立各种传输通道,与网络上的其他计算机进行传输通信等。Java 的网络功能大致可以分为两类,均放置在 java. net 系统包中。

一种是利用 URL(Uniform Resurce Locator,统一资源定位器)来获取网络上的资源,以及将自己的数据传送到网络的另一端。

另一种是通过 socket(套接字)在客户机与服务器之间建立一个连接通道来进行数据传输与通信,通常用于面向连接的通信。还有一种就是通过 DataGram(数据报)将数据发送到网络上,这是一种面向无连接的通信方式。

1)网络基础知识

在使用 Java 语言进行网络编程之前,首先要了解关于网络的基础知识。

(1)IP 地址

连接在 Internet 上的每台计算机都有唯一的地址作为该计算机在互联网上的唯一标识,这个地址叫作 IP 地址。IP 地址在计算机内部的表现形式是一个 32 位的二进制数,实际表现为 4 个以小数点隔开的十进制整数,每个整数的范围是 0 ~ 255,比如:202.114.87.134。每个数字代表一个 8 位二进制数,总共 32 位,刚好是一个 IP 地址的位数。IP 地址分为以下 5 类:

A 类:0.0.0.0 ~ 127.255.255.255 适用于大型网络;

B 类:128.0.0.0 ~ 191.255.255.255 适用于中型网络;

C 类:192.0.0.0 ~ 233.255.255.255 适用于小型网络;

D 类和 E 类:保留作特殊用途。

(2)域名

由于 IP 地址是数字型的,不方便记忆,也难理解,所以 Internet 采用了另一套地址方案,即域名地址,这个域名就是通常所说的网址。域名使用具有一定意义的字符串来表示主机地址,IP 地址与域名地址两者相互对应,而且保持全网统一,例如 www.cqtbi.edu.cn。在网络中,一台主机的 IP 地址是唯一的,但它可以有多个域名与其相对应。在使用域名时,需要完成从域名到 IP 地址的转换过程(域名解析)。网络应用层的高级服务协议如 HTTP、E-mail 使用 DNS 来进行域名解析。

(3)端口

通常,一台机器会提供多种服务,比如 HTTP 服务和 FTP 服务。通过 IP 地址只能标识机器的位置,并不能完整地标识一种服务,这就需要通过端口来确定。通常,某种服务对应某个协议,并同计算机上某个唯一的端口关联在一起,如图 5.15 所示。

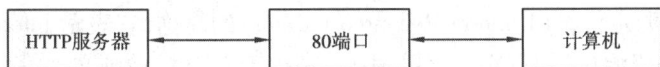

图 5.15　端口示意图

每个端口都由端口号标识。端口号是一个 16 位的二进制数字,范围是 0 ~ 65535。实际上,计算机中的 0 ~ 1024 端口保留为系统服务,程序员在程序中不应使用这些端口。表 5.5 是常见的 Internet 服务、协议及默认的端口号。

表 5.5　常见的 Internet 服务协议及端口号

服务/协议	端　口	对应的协议
HTTP	80	HTTP 协议,用于 WWW 服务
FTP	21	FTP 协议,用于文件传输
TELNET	23	TELNET 协议,用于远程登录
SMTP	25	SMTP 协议,用于邮件的发送
POP3	110	POP3 协议,用于接收邮件

(4)协议

Internet 上的计算机间进行通信需要遵守一定的规则,称为协议。应用最广泛的协议是 TCP/IP 协议。

①TCP/IP 协议。TCP/IP 协议由 TCP 协议和 IP 协议组成。IP 协议对网络传输中的数据进行分割和组装。TCP 协议确保数据包成功发送到目标计算机,如果传输过程中数据包丢失,则将重新发送数据包。如果传输过程中接收到无序数据包、数据包丢失以及被破坏,则 TCP 协议将其进行修复。分为 4 层:网络接口层、网络层、传输层和应用层。

各层的功能描述如下:

•应用层:负责处理实际的应用程序细化并与传输层交互,接收和发送数据。

•传输层:主要为两台主机上的应用程序提供端到端的通信。在 TCP/IP 协议中,有两个

207

互不相同的传输协议：面向连接的 TCP(传输控制协议)和面向非连接的 UDP(用户数据报协议)。

- 网络层：主要定义了数据包在网络上传输的格式和规则。其提供了 IP 数据包的传输确认，丢失数据包的重新请求，将收到的数据包按照发送次序重新装配等。
- 网络接口层：包括操作系统中的设备驱动程序和计算机中对应的网络接口卡。其主要负责接收 IP 数据包并把数据通过选定的网络发送出去。

②HTTP 协议。HTTP(Hypertext Transfer Protocol,超文本传输协议)定义了服务器端和客户端之间文件传输的沟通方式,用于在服务器和客户端浏览器间传输超文本格式信息的通信协议。

③FTP 协议。FTP(File Transfer Protocol,文件传输协议)是用于在网络上进行文件传输的一套标准协议。它属于网络协议组的应用层,用于 Internet 上的控制文件的双向传输。同时,它也是一个应用程序(Application)。用户可以通过 FTP 协议与其他服务器相连,以访问和下载大量的文件,也可以将文件从客户机上传到服务器。

2)URL 通信

URL 是统一资源定位符(Uniform Reuource Locator)的简称,它表示 Internet 上某一资源的地址。Internet 上的资源包括 HTML 文件、图像文件、声音文件、动画文件等。浏览器或其他程序通过解析给定的 URL 就可以在网络上查找相应的文件。

一个 URL 可以由协议名、主机、端口和资源组成。URL 的格式为"protocol://host:port/resourceName",中间用冒号隔开,例如:"http://www.sina.com.cn"。

协议名称指的就是获取资源时所使用的应用层协议,如 http、ftp、file 等。

(1)URL 类

Java 将 URL 封装为一个 URL 类。通过 URL 类中提供的方法可以获取网络上的资源。

①URL 类构造方法。

- URL(String spec):用字符串作为参数创建一个 URL 对象。

如 URL url = new URL("http://www.baidu.com/");

- URL(String protocol,String host,int port,String file):利用字符串形式的协议名称、主机名称、端口号和待访问的文件名创建 URL 对象。

如 URL url = new URL("http","www.baidu.com",80,"index.html");

- URL(String protocol,String host, String file):利用字符串形式的协议名称、主机名称和待访问的文件名创建 URL 对。

如 URL url = new URL("http","www.baidu.com","index.html");

- URL(URL context,String spec):利用给定的 URL 和相对路径创建 URL 对象。

如 URL urlt = new URL("http://www.baidu.com");

URL url = new URL(urlt,"index.html");

类 URL 的构造方法都要声明抛出异常(MalformedURLException),因此生成 URL 对象时,必须要对这一异常进行处理。

②URL 类的成员方法。

一个 URL 对象生成后,其属性是不能被改变的,但可以通过 URL 类中给定的方法来获取这些属性。

URL 类的常用方法：

- public String getProtocol( ):获取该 URL 的协议名
- public String getHost( ):获取该 URL 的主机名
- public String getPort( ):获取该 URL 的端口号
- public String getPath( ):获取该 URL 的文件路径
- public String getFile( ):获取该 URL 的文件名
- public String getQuery( ):获取该 URL 的查询名
- public final InputStream openStream( ):返回一个用于从该 URL 的输入流

举例:创建一个 URL 对象,并输出该 URL 对象的属性。

```java
import java.net.MalformedURLException;
import java.net.URL;
public class URLTest1 {
    public static void main(String[] args) {
    URL url;
    try {
        url = new URL("http://www.baidu.com");
        System.out.println("URL is" + url.toString());
        System.out.println("URL's protocol:" + url.getProtocol());
        System.out.println("URL's Host:" + url.getHost());
        System.out.println("URL's Port:" + url.getPort());
        }
    catch (MalformedURLException e) {
        e.printStackTrace();
        }
    }
}
```

运行结果如图 5.16 所示。

程序输出的端口号为 -1,这是因为创建 URL 对象时没有指定端口号。

③访问资源。

URL 对象创建后,只是在应用程序中代表一个网络资源,而用户的主要目的是访问该资源的信息。URL 对象提

```
〈已终止〉URLDemo [Java 应用程序] C:
URL ishttp://www.baidu.com
URL's protocol:http
URL's Host:www.baidu.com
URL's Port:-1
```

图 5.16　程序运行结果图

供了一个 openStream( )方法,此方法调用成功时,将返回一个输入流类 InputStream 对象。因而可以使用标准的 InputStream 类方法来从 URL 中读取资源数据,就如同从输入流中读取资源数据一样方便。

举例:读取上例中 URL 对象的资源内容。

```java
import java.io.BufferedInputStream;
import java.net.MalformedURLException;
import java.net.URL;
```

```
public class URLTest2{
    public static void main(String[] args){
    URL url;
    try{
        url = new URL("http://www.baidu.com");
        byte[] data = new byte[1024];
        BufferedInputStream bis = new BufferedInputStream(url.openStream());
        int len = -1;
        while((len=bis.read(data))!=-1){
        System.out.println(new String(data));
        }
    }
    catch (Exception e){
        e.printStackTrace();
        }
    }
}
```

(2)使用 URLConnection 类访问网络资源

URL 类的方法 openStream()只能从网络上读取数据。如果希望读取远程计算机中的数据时,还想写信息,则需要使用 java.net 软件包的另一个 URLConnection 类。它可以在应用程序和 URL 资源之间进行交互,既可以从 URL 中读取数据,也可以向 URL 中发送数据。URLConnection 类表示了应用程序和 URL 资源之间进行通信连接。

①创建 URLConnection 类的对象。

在创建 URLConnection 类的对象之前,必须先创建一个 URL 对象,然后调用该 URL 对象的 openConnection()方法就可以返回一个对应其 URL 地址 URLConnection 对象。如:

URL u = new URL("file:f:/a/t1.txt");

URLConnection con = u.openConnection();

②创建输入/输出数据流。

调用 URLConnection 对象的 getInputStream()和 getOutputStream()方法,它们将返回该连接的数据流对象。

建立数据输入流:

BufferedInputStream bis = new BufferedInputStream(con.getInputStream());

建立数据输出流:

BufferedOutputStream bos = new BufferedOutputStream(con.getOutputStream());

③读写远程计算机节点数据。

读取远程计算机节点的数据,可以使用 bis.read()方法;向远程计算机节点写入数据,可以使用 bos.write()方法。

3)基于 Socket 的网络编程

Socket(套接字)是实现客户机和服务器进行通信的一种机制,可以接受请求,也可以发送请求。利用 Socket 可以较为方便地编写网络数据传递。Java 分别提供了对 TCP 和 UDP 协议支持的类,利用这些类中提供的方法就可以实现网络上的通信。

（1）Socket

Socket 是指在两台计算机上运行的两个程序之间的一个双向通信的链接点,而这个双向链路的每一端就称为一个 Socket。

建立连接的两个程序分别称为客户端和服务器端。使用 java. net 包中定义的两个类:Socket 和 ServerSocket 来实现双向链接的客户端和服务器端。客户端程序申请连接,而服务器端程序监听端口,判断是否有客户端程序的服务请求。双方必须事先约定好所使用的通信端口,如果使用的端口不一致,则无法通信。

当客户端和服务器端建立连接后,服务器和客户端每个 Socket 对象都封装了相应的一个输入流和一个输出流对象。如果一个进程要通过网络向另一个进程发送数据,只需简单地将数据写到与其 Socket 相关联的输出流即可;同理,一个进程从相关联的输入流来读取另一个进程所写出的数据,此时读写就如同其他 I/O 流的读写方式相同。通信结束时,再将所建的虚拟连接拆除。

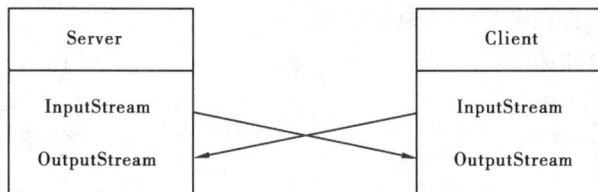

图 5.17　Socket 通信模型

（2）ServerSocket 的常用构造方法

- ServerSocket(int port) throws IOException:创建绑定到特定端口的服务器套接字。其中,参数 port 取值为 0 时,将在任何一个空闲端口上创建套接字。
- ServerSocket(int port, int backlog) throws IOException:创建绑定到特定端口的服务器套接字。其中,参数 port 取值为 0 时,将在任何一个空闲端口上创建套接字。参数 backlog 用于指定连接请求等待队列的最大长度,如果队列已满,则新的连接请求将被拒绝。

接下来服务器端进入监听状态中,如有客户端 Socket 发出连接要求,服务器端 accept( )方法将返回一个新创建的 Socket 对象。此 Socket 对象绑定了客户端的 IP 地址和端口号,然后双方就可以进行通信了。

（3）Socket 的两个常用构造方法:

- Socket(InetAddress addr, int port) throws IOException:创建一个套接字并将其连接到指定的远程 IP 地址的指定端口号。
- Socket(String host, int port) throws IOException:创建一个套接字并将其连接到指定的主机的指定端口号。其中,host 可以是机器名,也可以是其域名或 IP 地址。

如:Socket connection = new Socket("192. 168. 1. 11",1400);

创建了一个 Socket 对象后,应用程序可通过调用 Socket 对象的 getInputStream( )方法获得输入流,以读取对方传送来的信息;通过调用 Socket 对象的 getOutputStream( )方法获得输出流,向对方发送消息。

211

BufferedReader in = new BufferedReader (new InputStreamReader (server. getInputStream
( ))) ;

PrintWriter out = new PrintWriter(server. getOutputStream( )) ;

上面两句就是建立缓冲并把原始的字节流转变为字符流进行操作,服务器端 ServerSocket
也可以使用这种方法。

(4)Socket 通信机制

采用 Socket 通信方式的客户端/服务器应用程序的开发主要由以下几个步骤来完成:

①初始化服务器,建立 ServerSocket 对象,等待客户端的连接请求;

②初始化客户端,建立 Socket 对象,向服务器发出连接请求;

③服务器响应客户端,建立连接;

④客户端发送请求数据到服务器端;

⑤服务器接收客户端请求数据;

⑥服务器处理请求数据,并返问处理结果给客户端;

⑦客户端接收服务器返回结果;

⑧重复④至⑦步,直到客户端结束对话为止;

⑨中断连接,结束通信。

通信机制如图 5.18 所示。

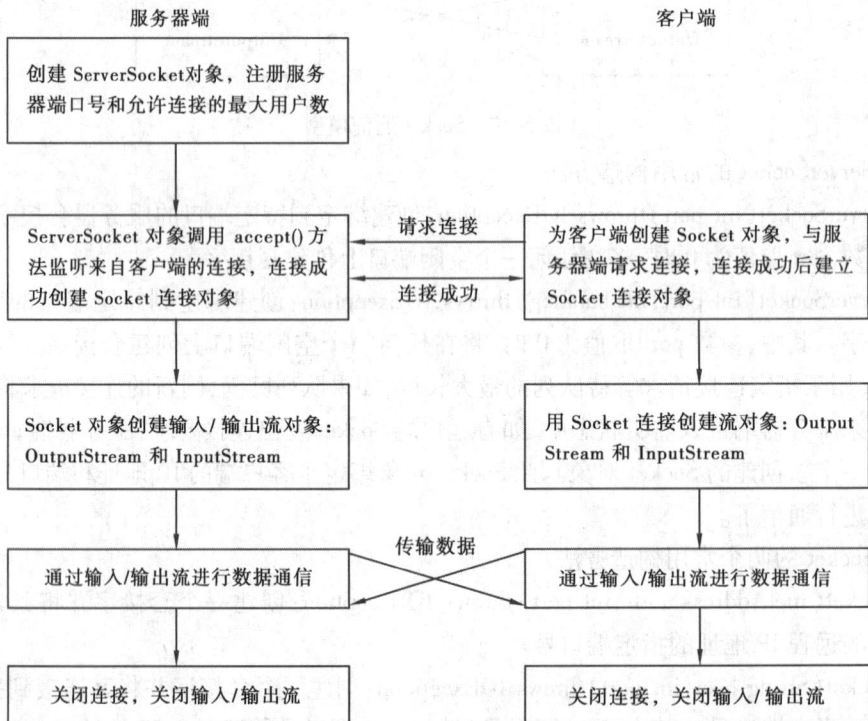

图 5.18 Socket 通信机制

举例:编写一个基于 Socket 的服务器端和客户端通信的 Java 程序。在程序中,服务器等
待与客户端连接。当建立连接后,客户端向服务器端发送一条信息,服务器收到后再向客户端
发送一条信息,直到发送 end 结束消息传递,最后释放客户端与服务器端的连接。

服务器端代码如下：

```java
import java. net. * ;
import java. io. * ;
public class Server {
    public static final int port = 6000;
    public static void main(String args[ ]) {
        String str;
        try { // 在端口 port 注册服务
            ServerSocket server = new ServerSocket(port); // 创建当前线程的监听对象
            System. out. println("Started： " + server);
            Socket socket = server. accept();
            System. out. println("socket： " + socket);
            // 获得对应 Socket 的输入/输出流
            InputStream fIn = socket. getInputStream();
            OutputStream fOut = socket. getOutputStream();
            // 建立数据流
            InputStreamReader isr = new InputStreamReader(fIn);
            BufferedReader in = new BufferedReader(isr);
            PrintStream out = new PrintStream(fOut);
            InputStreamReader userisr = new InputStreamReader(System. in);
            BufferedReader userin = new BufferedReader(userisr);
            while (true) {
                System. out. println("等待客户端的消息...");
                str = in. readLine();// 读客户端传送的字符串
                System. out. println("客户端:" + str); // 显示字符串
                if (str. equals("end"))
                    break; // 如果是 end,则退出
                System. out. print("给客户端发送:");
                str = userin. readLine();
                out. println(str); // 向客户端发送消息
                if (str. equals("end"))
                    break;
            }
            socket. close(); //释放链接
            server. close();
        }
        catch (Exception e) {
            System. out. println("异常:" + e);
        }
```

```
        }
    }
客户端代码如下:
import java. net. * ;
import java. io. * ;
public class Client {
    public static void main( String[ ] args) {
        String str;
        try {
            InetAddress addr = InetAddress. getByName( "127. 0. 0. 2" );
            Socket socket = new Socket( addr, 6000) ;
            System. out. println( "socket = " + socket) ;
            // 获得对应 socket 的输入/输出流
            InputStream fIn = socket. getInputStream( ) ;
            OutputStream fOut = socket. getOutputStream( ) ;
            // 建立数据流
            InputStreamReader isr = new InputStreamReader( fIn) ;
            BufferedReader in = new BufferedReader( isr) ;
            PrintStream out = new PrintStream( fOut) ;
            InputStreamReader userisr = new InputStreamReader( System. in) ;
            BufferedReader userin = new BufferedReader( userisr) ;
            while ( true) {
    System. out. print( "发送字符串:") ;
    str = userin. readLine( ) ; // 读取用户输入的字符串
    out. println( str) ; // 将字符串传给服务器端
    if ( str. equals( "end" ) )
        break; // 如果是"end",就退出
    System. out. println( "等待服务器端消息…") ;
    str = in. readLine( ) ; // 获取服务器获得字符串
    System. out. println( "服务器端字符:" + str) ;
    if ( str. equals( "end" ) )
        break;
            }
    socket. close( ) ; // 关闭链接
    } catch ( Exception e) {
        System. out. println( "异常:" + e) ;
        }
    }
}
```

运行结果如图 5.19 所示。

```
<已终止> Server(1) [Java 应用程序] C:\Program Files\Java\jre6\bin\javaw.exe (2014-3-7
Started:  ServerSocket[addr=0.0.0.0/0.0.0.0,port=0,localport=6000]
socket:   Socket[addr=/127.0.0.1,port=1073,localport=6000]
等待客户端的消息...
客户端:hi
给客户端发送:good morning
等待客户端的消息...
客户端:end
```

(a)服务器端

```
<已终止> Client(1) [Java 应用程序] C:\Program Files\Java\jre6\bin\javaw.exe (2014-3-7
socket=Socket[addr=localhost/127.0.0.1,port=6000,localport=1241]
发送字符串:hi
等待服务器端消息...
服务器端字符:good morning
发送字符串:end
```

(b)客户端

图 5.19　程序运行结果图

(5)处理 IP 地址的 InetAddress 类

通过调用 Socket 类中的 getInetAddress()可以获得远程主机(在服务器中将获得客户机 IP 地址,而在客户机中将获得服务器的 IP 地址)的 IP 地址。IP 地址主要使用 InetAddress 类来表示,InetAddress 类还有两个子类,即 Inet4Address 类和 Inet6Address 类,分别代表 IPv4 地址和 IPv6 地址。

InetAddress 类没有构造方法,而是使用静态方法来获取 InetAddress 实例。

- public static InetAddress getByName(String host) throws UnknownHostException:在给定主机名的情况下确定主机的 IP 地址。
- public static InetAddress getByAddress(byte[] addr) throws UnknownHostException:在给定原始 IP 地址的情况下,返回 InetAddress 对象。

InetAddress 类常用的方法如下:

- public String getCanonicalHostName():获取此 IP 地址的完全限定域名。
- public static InetAddress getLocalhost():获取本地主机的 IP 地址。
- public static InetAddress getByName(String host):获得给定主机的 IP 地址。
- public Boolean equals(Object obj):判断两个 IP 地址是否相同。
- public byte[] getAddress():取得 IP 地址。
- public String getHostName():返回此 IP 地址的主机名。
- public String toString():将 IP 地址转换成字符串。

举例:通过调用 InetAddress 类的方法获取主机的 IP 地址和主机名。

```
import java.net.InetAddress;
public class InetAddressTest1 {
    public static void main(String[] args) {
try {
    InetAddress address = InetAddress.getByName("www.cqtbi.edu.cn");
    System.out.println("主机的 IP 地址:" + address.toString());
```

```
        System. out. println("主机的名称:" + address. getHostName());
        System. out. println("本机的名称:" + address. getLocalHost());
        } catch(Exception e) {
        e. getMessage();
        }
    }
}
```

任务实施:

服务器端 CardServer. java 使用两个方法,ConnectNet()方法负责网络编程,CreateSocket()方法用来创建服务器端 Socket 并等待客户端链接。ConnectNet()方法作用是当服务器端与客户端 Socket 链接后,创建服务器端 Socket 的输入/输出流。

```
public void CreateSocket() {
        try {
                server = new ServerSocket(1987);/* 创建服务器套接字对象,端口号
为 1987 */
                ta_info. append("等待新客户连接......\n");
                socket = server. accept();// 获得套接字对象
                ta_info. append("客户端连接成功。" + socket + "\n");
                ServerThread st = new ServerThread(socket);
                st. start();// 创建并启动线程对象
                } catch (IOException e) {
                e. printStackTrace();
                }
    }

private boolean ConnectNet() {
        try {
            System. out. println("服务器网络链接开始了");
            dis = new DataInputStream(socket. getInputStream());
            dos = new PrintWriter(new OutputStreamWriter(socket. getOutputStream()));
            return true;
        }
            catch(Exception e) {
            System. out. println("连接网络出错!");
            e. printStackTrace();
            return false;
        }
    }
```

在客户端登录端和主界面端均有方法创建 Socket 来实现与服务器端进行通信。

任务 5.5 Java 中的多线程

5.5.1 任务要求

在 C/S 模式的实际应用中,往往是在服务器上运行一个永久的程序,它可以接受来自其他多个客户端的请求,提供相应的服务。为了实现校园一卡通服务器端能同时给多个客户端提供服务,需要对现有系统进行改造。这就要求目前服务器端能"分身有术",既要响应客户端 1 的请求,又要响应客户端 2 的请求,仿佛同时克隆出多个服务器端,这就需要使用到多线程。实现了多线程的服务器总是在指定的端口上监听是否有客户请求,一旦监听到客户请求,服务器就会启动一个线程来响应该客户端的请求,服务器又进入监听状态。客户端既要有图形用户界面的显示,又要不停地监听端口传输网络数据。此时也要用到多线程。本任务将通过掌握多线程的实现、生命周期及其状态迁移来完成。

5.5.2 知识准备

线程本身是操作系统的一个重要概念,Java 将操作系统的线程概念纳入程序设计语言中,使得编程人员可利用多线程机制同时运行多个执行体,从而加快程序的响应时间,提高计算机资源的使用效率。

1)线程相关概念

在当今普遍使用的操作系统中,用户可以在浏览网页的同时听听音乐,用 QQ 聊天,打印文档,似乎这些程序在同时运行。但事实并非如此,除非计算机有多个 CPU,否则不会真正同时运行两个以上的程序。一个单 CPU 计算机在任何给定的时刻内只能执行一项任务,但由于操作系统对 CPU 等资源进行合理的分配和管理,虽然每一时刻只能做一件事情,但以非常小的时间间隔交替执行几件事情,好像所有程序同时在执行一样。其中,每个独立运行的程序称为一个进程(Process)。例如 QQ 程序是一个进程,打印文档是一个进程,播放音乐的软件也是一个进程。

进程也称为任务,支持多进程同时执行的操作系统称为多进程操作系统或多任务操作系统。每一个进程都有自己独立的一块内存空间和其他系统资源,即使是同类进程之间也不会共享系统资源。

在一个程序内部也可以实现多个任务并发执行,其中每个任务称为线程(Thread)。线程是指同一个程序(进程)内部每个单独执行的流程。与进程不同的是,同类的多个线程是共享一块内存空间和一组系统资源,而线程本身的数据通常只有微处理器的寄存器数据,以及一个供程序执行时使用的堆栈。所以系统在产生一个线程或者在各个线程之间切换时,负担要比进程小得多。正因如此,线程被称为轻负荷进程(light-weight process)。一个进程中可以包含多个线程,因此可以将一个进程按不同的功能划分为多个线程。Java 语言支持在一个程序内部同时执行多个线程,这样的程序称为多线程的应用程序。

2)创建线程

Java 语言中可以使用两种方式创建线程。第一种是通过继承 Thread 类来创建其子类,然后生成子类对象创建线程;另一种是创建一个实现了 Runnable 接口的类,然后生成该类对象,用该对象作为参数创建 Thread 对象生成线程。两种方法都需要用到 Java 基础类库中的 Thread 类及其方法。

主要成员变量:

- public static final int MIN_PRIORITY:线程可以拥有的最小优先级。
- public static final int MAX_PRIORITY:线程可以拥有的最大优先级。
- public static final int NORM_PRIORITY:线程默认的优先级。

主要成员方法:

- public Thread():以默认值创建一个线程对象。
- public Thread(Runnable target):以定义 Runnable 接口的类对象创建一个线程对象。
- public Thread(String name):以指定的线程名创建一个线程对象。
- public Thread(Runnable target, String name):以定义 Runnable 接口的类对象和指定的线程名创建一个线程对象。
- public synchronized void start():启动线程。
- public void run():由调度程序调用,当 run()方法返回时,该线程停止。
- public final void stop():使用它的线程立即停止执行。
- public static void sleep(long n):使线程睡眠 n 毫秒,睡眠结束后继续执行。
- public void interrupt():中断线程。
- public final void resume():回复挂起的程序,使其处于就绪状态。
- public static void yield():将 CPU 控制权移交给下一个就绪状态的线程。
- public final void setName(string s):设置一个线程名字。
- public final String getName():获得线程的名字。
- public final int getPriority():获得线程优先级。
- public final void setPriority(int newPriority):设置线程优先级。
- public final void join():当前线程等待调用该方法的线程结束后,再往下执行。
- public final void setDaemon(boolean n):设置当前线程是 Daemon 线程还是用户线程。

(1)继承 Thread 类

在 Java 语言中创建线程对象的途径之一是通过创建 Thread 类的子类方法来定义线程体以实现线程的具体功能,具体方法如下:

①创建 Thread 类的子类;

②重新编写 run()方法,也就是说覆盖父类的 run()方法,将需要运行的线程的执行语句放到 run()方法中。

③在需要启动线程的语句中先创建一个上述线程子类的对象,然后调用该对象的 start()方法启动线程。

程序继承 Thread 类创建多线程,举例如下:

```
public class testThread extends Thread{
    private String name;
    private long delay;
    public testThread(String name, long delay){
```

```
            this. name = name;
            this. delay = delay;
        }
    public void run( ) {
        try{
            sleep( delay) ;
            }
        catch( InterruptedException e) {
            System. out. println( "InterruptedException:" + e. getStackTrace( ) ) ;
        }
        System. out. println( "please wait a moment," + name + "delay" + delay + "millisecond") ;
    }
}
public class ThreadDemo{
    public static void main( String[ ] args) {
        System. out. println( "Main") ;
        testThread t1 = new testThread( "1" ,( long) ( Math. random( ) * 1000) ) ;
        testThread t2 = new testThread( "2" ,( long) ( Math. random( ) * 1000) ) ;
        testThread t3 = new testThread( "3" ,( long) ( Math. random( ) * 1000) ) ;
        t1. start( ) ;
        t2. start( ) ;
        t3. start( ) ;
    }
}
```

程序运行如图 5.20 所示。

```
<已终止> testThread [Java 应用程序] C:\Program Files\Java\jre6
Main
please wait a moment,3 delay 588millisecond
please wait a moment,1 delay 741millisecond
please wait a moment,2 delay 986millisecond
```

图 5.20　程序运行结果图

　　testThread 类继承了 Thread 类,则该类就具备了多线程的能力,可以以多线程的方式执行。程序中有 4 个线程,即系统线程和 3 个自定义线程 t1、t2、t3。程序执行开始时,Java 虚拟机将开启一个系统线程来执行该类的 main 方法。main 方法的内部代码按照顺序结构执行,依次执行 testThread 类对象 t1、t2、t3 的初始化,然后调用 t1、t2、t3 的 start 方法来启动 3 个线程。执行完 3 个线程对象的 run( )方法后,3 个自定义的线程自然死亡。对于系统线程来说,只有当 main 方法及启动的其他线程都结束以后,main 方法才会结束。当系统线程执行结束以后,程序的执行才真正结束。

　　[小贴士]

　　● 一个类具备了多线程的能力以后,可以在程序中需要的位置启动线程,而不仅仅是在

main 方法内部启动。

● 同一个线程对象不能启动两次。

（2）实现 Runnable 接口

创建线程的另一种办法是用类实现 Runnable 接口，并用此类的对象作为 Thread 的构造函数的参数来创建线程。由于 Java 只支持单继承，使用继承 Thread 类的方式实现多线程就会导致应用程序不能继承其他的类，这时就要用 Runnable 接口了。下面先看看 Runnable 接口的定义：

```
public interface Runnable{
    public abstract void run();
}
```

Runnable 接口中只含有一个 run()抽象方法，凡是实现此接口的类都要重写 run()方法，Thread 类就是实现了 Runnable 接口的类。

Runnable 接口创建线程的步骤：

①定义一个实现 Runnable 接口的类。

②实现接口中的 run 方法。

③用该类的对象作为参数创建 Thread 类的对象。

④调用 Thread 类的对象的 start 方法启动线程。

上面程序改写成实现 Runnable 接口创建多线程如下：

```
public class testRunnable {
    public static void main(String[] args) {
        System.out.println("Main");
        RunnableThread run1 = new RunnableThread("1",3000);
        Thread t1 = new Thread(run1);
        RunnableThread run2 = new RunnableThread("2",2000);
        Thread t2 = new Thread(run2);
        RunnableThread run3 = new RunnableThread("3",1000);
        Thread t3 = new Thread(run3);
        t1.start();
        t2.start();
        t3.start();
        System.out.println("Main is over");
    }
}
class RunnableThread implements Runnable{
    private String name;
    private long delay;
    public RunnableThread(String name,long delay){
        this.name = name;
        this.delay = delay;
```

```
        }
    public void run( ) {
        try {
            Thread. sleep( delay) ;
            }
        catch( InterruptedException e) {
            System. out. println( "InterruptedException:" + e. getStackTrace( ) ) ;
            }
        System. out. println( "please wait a moment," + name + " delay " + delay + "millisecond") ;
        }
    }
```

程序运行如图 5.21 所示。

程序开始执行后,main 方法(系统线程)先后启动 3 个线程实例。由于 3 个线程均要休眠且休眠时间间隔不一样,所以输出的 3 个 Thread 对象输出顺序为 t3、t2、t1,虽然"Main is over"已经在第一个线程 t3 之前输出来了,但由于 main 方法所在的是主线程,所以要当所有线程都终止后,main 方法才会退出。

```
<已终止> testRunnable [Java 应用程序] C:\Program Files\Java\jre6
Main
Main is over
please wait a moment,3 delay 1000millisecond
please wait a moment,2 delay 2000millisecond
please wait a moment,1 delay 3000millisecond
```

图 5.21　程序运行结果图

[小贴士]

使用 Runnable 接口实现多线程程序还有一个好处是使用 Runnable 实例作构造函数创建多个 Thread 实例比创建多个经过继承的 Thread 实例开销要小。

3)线程的生命周期与线程的状态

一个线程从创建、运行到消亡的过程,称为线程的生命周期。在整个生命周期中,线程对象总是处于某一种生命状态中。线程共有新建状态、就绪状态、运行状态、阻塞状态和终止状态 5 种状态。通过线程的控制与调度可使线程在这几种状态间转换,如图 5.22 所示。

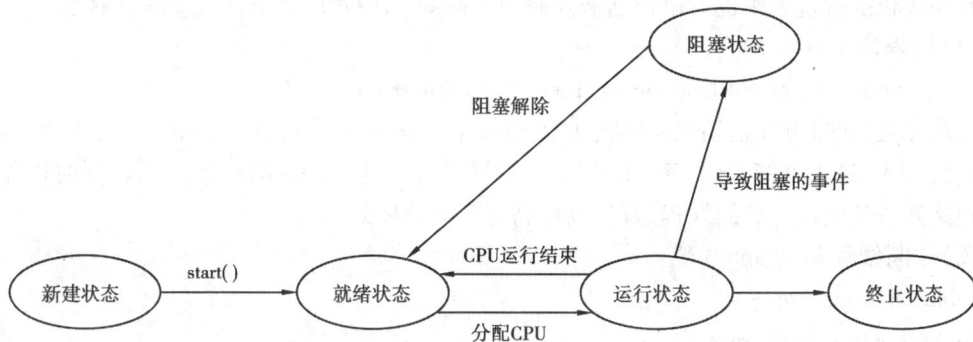

图 5.22　线程的生命周期

（1）新建状态（New）

当线程对象被初始化但还没有启动时，处于新建状态。也就是说，线程对象已经创建，此时它已经有了相应的内存空间和其他资源，并已被初始化。

（2）就绪状态（Runnable）

当调用 start（）方法时，已经新建的线程对象进入就绪状态，此时线程已获得除 CPU 以外所有的资源，只要分配 CPU 就可执行。可能同时有多个线程处于就绪状态，它们被存储在就绪队列中。

（3）运行状态（Run）

当就绪状态的线程被调度并获得 CPU 资源时，便进入运行状态。当线程对象被调度执行时，它将自动调用本对象的 run（）方法，从第一句开始顺次执行。

（4）阻塞状态（Block）

一个正在执行的线程在某些特殊情况下如被人为挂起或需要执行输入输出操作需要等待时，将让出 CPU 暂时中止自己的执行，进入阻塞状态。阻塞时它不能进入排队队列。只有当引起阻塞的原因被解决时，线程才可以重新进入就绪状态，进入线程队列中排队等待 CPU 的调度。

（5）终止状态（Dead）

终止状态是指线程执行结束，释放所占用的系统资源。有两种情况可以让线程终止：自然终止和强制终止。自然终止是指正常运行的线程执行完 run（）方法的最后一条语句并退出。强制终止是指线程被提前强制性终止，如通过执行 stop（）方法或 destroy（）方法终止线程。

线程的运行状态和就绪状态的转换是由 Java 虚拟机来完成。

4）线程的调度

当线程数多于处理机的数目时，势必存在各个线程争用 CPU 的情况。这就需要提供一种机制来合理地分配 CPU，使多个线程有条不紊、互不干扰地工作，这一机制称为调度。

线程对象使用 new 操作符创建完成后，该线程处于新建状态。新建状态的线程已经初始化完成但是还没有启动，不会获得 CPU 的调度。此时可以通过调用线程对象的 start（）方法使线程进入就绪状态。一旦线程进入就绪状态，则开始排队进入 CPU 执行，然后根据系统的调度在运行状态和阻塞状态之间进行切换，这就是线程的执行状态。当线程运行完成或被强制终止时，需要将线程转换到终止状态，释放占用的资源，结束线程的执行。

此外线程执行过程中也可以根据需要调用 Thread 类中对应的方法改变线程状态。

（1）线程休眠 sleep（）

public static void sleep（long mills）throws interruptedException

在线程运行时，可以主动调用静态方法 Thread.sleep（参数）让线程休眠一段时间。此时线程让出 CPU，进入就绪队列，等时间到达才恢复运行。高优先级的线程在执行耗时操作时，通常用此方法让低优先级的线程运行，以提高程序的整体效率。

（2）中断线程 interrupt（）

public void interrupt（）

public boolean isInterrupted（）

public static boolean interrupted（）

在主线程中调用 interrupt（）方法可以使进入休眠状态的子线程提前唤醒。

说明：interrupt()方法为线程设置一个中断标记，以便于 run()方法运行时使用 isInterrupted()方法能够检测到。此时，线程在 sleep()之类的方法中被阻塞时，由 sleep()方法抛出一个 InterruptedException 异常，然后捕获这个异常以处理超时。

注意：interrupted()方法只是为线程设置了一个中断标记，并没有中断线程运行。一个线程在被设置了中断标记之后仍可运行，isAlive()返回 true。实例方法 isInterrupted()测试线程的中断标记，并不清楚中断标记。而静态的 interrupted()方法则不同，它会测试当前测试执行的线程是否被中断，在肯定的情况下清除当前线程对象的中断标记并返回 true。

当抛出一个 InterruptedException 异常时，记录该线程中断情况的标记将会被清除，这样后面对 isInterrupted()或 interrupted()的调用将返回 false。

（3）停止/销毁线程 stop()/destroy()

在主线程中使用静态方法 stop()可以结束子线程，调用时要求主线程拥有被控制线程的对象名（引用）。但是不提倡使用此方法，因为一个线程突然被另一个线程结束有可能使正在访问的共享资源的一致性遭到破坏。destroy()方法可以销毁线程，如果该方法在没有保护措施的情况下结束线程，易造成其他线程死锁。

（4）挂起/恢复线程 suspend()/resume()

在主线程中调用 Thread. suspend()方法和 Thread. resume()方法可以暂停和恢复线程的运行。使用时，要避免造成死锁。

（5）主动让出 CPU yield()

调用 yield()方法可暂停当前线程执行，将 CPU 资源让出来，把 CPU 时间让给其他同优先级的线程执行。若无其他同优先级线程，则选中该线程继续执行。线程调用此方法后，进入就绪队列，等待 CPU 调度，不转变为阻塞状态。

举例：

```java
import java. util. Date;
public class yieldTest {
    public static void main(String[] args) {
        Thread t1 = new MyThread(false,"t1");
        Thread t2 = new MyThread(false,"t2");
        Thread t3 = new MyThread(true,"t3");
        t1. start();
        t3. start();
        t2. start();
    }
}
class MyThread extends Thread{
    private boolean flag;
    public MyThread(boolean flag,String name){
        super(name);
        this. flag = flag;
    }
```

```
public void run() {
    long startTime = new Date().getTime();
    for(int i = 0;i < 1000;i ++) {
        if(flag)
            Thread.yield();
        try{sleep(5);
        }
    catch(InterruptedException e) {
        System.out.println("InterruptedException:" + e.getStackTrace());
    }
    }
    long endTime = new Date().getTime();
    System.out.println(this.getName() + "执行时间" + (endTime - startTime) + "毫秒");
}
}
```

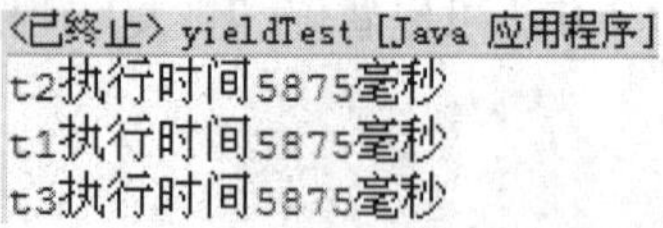

〈已终止〉yieldTest [Java 应用程序]
t2执行时间5875毫秒
t1执行时间5875毫秒
t3执行时间5875毫秒

图 5.23　程序运行结果图

程序运行结果如图 5.23 所示,结果显示各个线程运行所经历的时间,运行结果显示执行同样的 3 个线程,由于 t1 和 t2 进行了让步操作,执行时间明显长于 t3 线程。

（6）连接线程 join()

join() 方法使当前线程暂停执行,等待调用该方法的线程结束后再继续执行本线程。例如线程 A 在运行过程中要显示一张图片,而这张图片是由线程 B 在后台生成的,这时线程 A 就应该挂起,等待线程 B 运行结束后才能继续运行。

public final void join() throws InterruptedException

public final void join(long mills) throws InterruptedException

public final void join(long mills, int nanos) throws InterruptedException

等待调用该方法的线程结束,或者最多等待 mills 毫秒 + nanos 纳秒后,再继续执行本线程。

如果需要在一个线程中等待,直到另一个线程消失,可以调用 join() 方法。如果当前线程被另一线程中断,join() 方法会抛出 InterruptedException 异常。

举例:

```
public class JoinTest {
    public static void main(String[] args) {
        sleeper s1 = new sleeper(1000,"Sleeper1");
        Joiner j1 = new Joiner(s1,"Joiner1");
        sleeper s2 = new sleeper(1000,"Sleeper2");
        Joiner j2 = new Joiner(s2,"Joiner2");
        s2.interrupt();
    }
}
```

```
class sleeper extends Thread{
    private int delay;
    public sleeper(int delay,String name){
        super(name);
        this.delay = delay;
        start();
    }
    public void run(){
      try{
        sleep(delay);
      }
      catch(InterruptedException e){
    System.out.println("InterruptedException:" + this.getName() + this.isInterrupted());
      }
    System.out.println(this.getName() + "wakened");
    }
}

class Joiner extends Thread{
    private sleeper s;
    public Joiner(sleeper s,String name){
        super(name);
        this.s = s;
        start();
    }
    public void run(){
        try{
            s.join();
        }
        catch(InterruptedException e){
            System.out.println("join Exception");
        }
        System.out.println(this.getName() + "join complete");
    }
}
```

程序运行结果如图 5.24 所示。

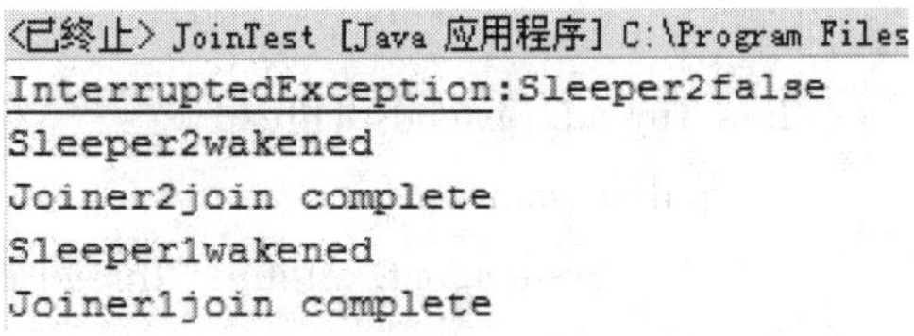

sleeper 类 run( )方法中使用了 sleep( )语句,因此是一个会休眠的线程类。在 sleep( )方法执行过程中,可以因时间结束而返回,也可以被 interrupt( )方法打断。Joiner 类是另一个线程类,它

```
<已终止> JoinTest [Java 应用程序] C:\Program Files
InterruptedException:Sleeper2false
Sleeper2wakened
Joiner2join complete
Sleeper1wakened
Joiner1join complete
```

图 5.24　程序运行结果图

225

调用了 sleeper 类对象的 join( )方法,所以它要等 sleeper 休眠完成后才能执行。由程序运行结果可以看出,不论 sleeper 是被打断还是正常结束,Joiner 都会等 sleeper 结束后再结束。

5)线程的优先级

线程是有优先级的,Java 虚拟机首先调用优先级较高的线程,然后才调用优先级较低的线程。优先级高的线程被优先执行,直到其结束或是因为某些原因被挂起,例如进入等待状态、睡眠状态等。在有些情况下,优先级相同的线程分时运行,有时线程将一直运行到结束。

通常情况下系统会为每个 Java 线程赋予一个介于最大优先级和最小优先级之间的数,作为该线程的优先级,通常是 1 ~ 10 范围内的一个数字。数字越高表明任务越紧急。每一个优先级值对应一个 Thread 类的公用静态常量,如:

public static final int NORM_PRIORITY = 5;

public static final int MIN_PRIORITY = 1;

public static final int MAX_PRIORITY = 10;

新创建的线程对象将继承创建它的线程的优先级。它可能是程序的主线程,也可能是另一个用户自定义的线程。一般情况下,主线程具有普通优先级。可以通过 getPriority 方法来获得线程的优先级,也可以通过 setPriority 方法来设定线程的优先级。这两个方法的定义为:

- public final int getPriority( ):获得线程的优先级;
- public final int setPriority(int newPriority):设置线程的优先级。

线程继承优先级举例:

```java
public class threadLet {
    public static void main(String[ ] args) {
        Thread1 t1 = new Thread1( );
        t1. start( );
        Thread2 t2 = new Thread2( );
        t2. start( );
    }
}
class Thread1 extends Thread{
public void run( ) {
    this. setPriority(8);
    Thread2 t = new Thread2( );
    t. start( );
    System. out. println("thread 1 优先级为" + this. getPriority( ));
}
}
class Thread2 extends Thread{
    public void run( ){
        System. out. println("thread 2 优先级为" + this. getPriority( ));
    }
}
```

```
class Thread3 extends Thread{
    public void run( ){
        this. setPriority(7);
        Thread2 t2 = new Thread2( );
        t2. start( );
        System. out. println("thread 3" + this. getPriority( ));
    }
}
```

程序运行结果如图5.25所示

程序中没有休眠语句,main 函数中首先创建的是
Thread1 类实例 t1 对象,Thread1 类体中设置优先级为8,且创
建了 Thread2 类实例 t 对象。由于 Thread2 类没有设置优先
级,此时是 Thread1 类实例 t1 创建了 Thread2 类实例 t,因此 t
继承 t1 的优先级为8,程序输出 thread1 为 8,thread 2 为 8。
接下来 main 函数创建了 Thread2 类实例 t2 对象,由于 t2 由主线程创建,主线程默认优先级为
5,因此 t2 优先级为5,输出 thread 2 为 5。

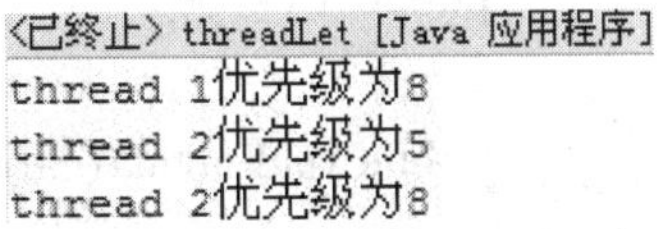

<已终止> threadLet [Java 应用程序]
thread 1优先级为8
thread 2优先级为5
thread 2优先级为8

图 5.25　程序运行结果图

6)线程的同步和死锁

在使用多线程时,由于可以共享资源,有时就会发生冲突。多个线程同时访问一个资源,
如文件、变量等,这种会被多个线程同时访问的资源叫作临界资源。如甲线程正在对文件进行
更新但未完成,此时乙线程正在读文件,数据当然不正确。为了避免多个并行运行的线程对共
享资源操作时可能出现的问题,Java 语言引入了互斥锁。互斥锁是基于共享资源的互斥性设
计的,用来标记那些多个并行运行的线程共享的资源。被互斥锁标记的共享资源,在一个时间
段内只能由一个线程使用;只有当加互斥锁的线程使用完了该共享资源,另一个线程才可以使
用。这样就可以保证线程对共享资源操作的正确性。

Java 中使用 Synchronized 关键字来给共享资源加互斥锁。Synchronized 是一个修饰符,可
以修饰方法和对象。被 Synchronized 修饰的方法和对象在任何一个时刻只能被个线程使用。

(1)Synchronized 修饰一个对象和一段代码
声明格式为:
```
synchronized( <对象名> )
{
    <语句组>
}
```
对象表示要锁定的共享资源,一对花括号内的语句组表示锁定对象期间执行的语句表示
对象的锁定范围。此格式可以用来在一个线程的一部分代码上加互斥锁。

当一个线程执行这段代码时,就锁定了指定的对象。此时,如果其他线程对加了互斥锁的
对象进行操作,则无法进行。其他线程必须等候,直到该对象的锁被释放为止。加锁的线程执
行完花括号内的语句后,将释放对该对象加的锁。这就形成了多个线程对同一个对象的"互
斥"使用方式,因此该对象也称为互斥对象。

举例:设计带锁定的抢票程序(Synchronized 修饰一个对象和一段代码)。

```java
public class TicketDemo {
    public static void main(String[] args) {
        Tickets t = new Tickets();
        getTicketThread g1 = new getTicketThread(t,"张三");
        getTicketThread g2 = new getTicketThread(t,"李四");
    }
}
class Tickets {
    public int tickets = 10;
    public Tickets() {
    }
    public void action(String name) {
        if(tickets > 0) {
            System.out.println(name + "抢到了第" + tickets + "号票");
            tickets --;
        }
        else
            System.out.println("不好意思,没票了");
    }
}
class getTicketThread extends Thread {
    Tickets t;
    String name;
    public getTicketThread(Tickets t,String name) {
        this.t = t;
        this.name = name;
        start();
    }
    public void run() {
        try {
            for(int i = 0; i < 5; i++) {
                synchronized(t) {
                    t.action(name);
                    Thread.sleep(10);
                }
            }
        }
        catch(Exception e) {}
    }
}
```

程序运行结果如图 5.26 所示。

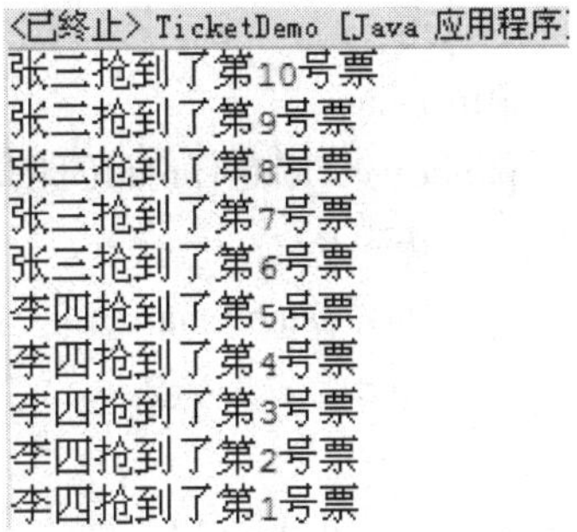

本例中使用 synchronized 修饰 Tickets 对象 t 及后面调用对象 t 的抢票方法 action 的代码块,这就使得多个线程在同时调用此方法时,只有一个线程完全执行完该方法后,其他线程才能执行此方法,这就避免了多个并行运行的线程对共享资源操作时可能出现的问题。

（2）Synchronized 修饰一个方法

声明格式为：

```
synchronized(<方法声明>)
{
    <方法体>    run()执行完毕
}
```

图 5.26　程序运行结果图

这里虽然没有指出锁定的对象,但是一个方法必然属于一个类,因此,此格式锁定的是该方法所属类的对象,锁定的范围是整个方法,即在一个线程执行整个方法期间对该方法所属类的对象加互斥锁。

当一个线程调用一个"互斥"方法时,它试图获得该方法锁。如果方法未锁定,则获得使用权,以独占方式运行方法体,运行完释放该方法的锁。如果方法被锁定,则该线程必须等待,直到方法锁被释放。

举例：改写上例带锁定的抢票程序（Synchronized 修饰一个方法）。

```java
public class TicketDemo {
    public static void main(String[] args) {
        Tickets t = new Tickets();
        getTicketThread g1 = new getTicketThread(t,"张三");
        getTicketThread g2 = new getTicketThread(t,"李四");
    }
}

class Tickets{
    public int tickets = 10;
    public Tickets(){
    }
    public synchronized void action(String name){
        if(tickets >0){
        System. out. println(name + "抢到了第" + tickets + "号票");
        tickets -- ;
        }
        else
        System. out. println("不好意思,没票了");
    }
}
```

```
class getTicketThread extends Thread {
Tickets t;
String name;
public getTicketThread(Tickets t,String name) {
    this. t = t;
    this. name = name;
    start( );
}
public void run( ) {
    try {
        for( int i = 0; i < 5; i ++ ) {
            t. action(name);
            Thread. sleep(10);
        }
    }
    catch( Exception e) { }
}
}
```

程序运行结果如图 5.27 所示。

本例中使用 synchronized 修饰 action 方法。两种方法均避免了多个并行运行的线程对共享资源操作时可能出现的问题。

```
〈已终止〉TicketDemo [Java 应用程序]
张三抢到了第10号票
李四抢到了第9号票
张三抢到了第8号票
李四抢到了第7号票
李四抢到了第6号票
张三抢到了第5号票
张三抢到了第4号票
李四抢到了第3号票
张三抢到了第2号票
李四抢到了第1号票
```

图 5.27　程序运行结果图

5.5.3　任务实施

在服务器端创建 ServerThread 类用来专门处理服务器端数据的发送和传输,以及数据库连接。为区别客户端发送给服务端的不同事务请求,001 表示查询用户名和密码,002 表示查询当前用户名的账户余额,003 表示修改当前用户名的密码,004 表示修改当前用户名的账户余额。服务器端返回给客户端"OK"表示操作成功,"NO"表示操作失败。

CardServer. java 文件

```java
import java. awt. * ;
import java. io. * ;
import java. net. * ;
import java. sql. * ;
import java. util. * ;
import javax. swing. * ;

public class CardServer extends JFrame {
    private JTextArea ta_info;
    private ServerSocket server;
```

```java
        private Socket socket;
        public CardServer() {
                setTitle("校园一卡通服务器端");
                setBounds(100, 100, 385, 266);
                ta_info = new JTextArea();
                ta_info.setEditable(false);
                ta_info.setLineWrap(true);
                JScrollPane scrollPane = new JScrollPane(ta_info, JScrollPane.VERTICAL_
SCROLLBAR_AS_NEEDED, JScrollPane.HORIZONTAL_SCROLLBAR_AS_NEEDED);
                getContentPane().add(scrollPane, BorderLayout.CENTER);
                setVisible(true);
                CreateSocket();
        }
        public void CreateSocket() {
            try {
                    server = new ServerSocket(1987);// 创建服务器套接字对象
                    ta_info.append("等待新客户连接......\n");
                    while(true) {
                    socket = server.accept();/* 当有客户端发出连接请求并被成功接收,为
此客户端创建一个服务线程为其服务后,继续监听端口等待下一个客户发送的请求 */
                    ta_info.append("客户端连接成功。" + socket + "\n");
                    ServerThread st = new ServerThread(socket);
                    st.start();// 创建并启动线程对象
                    }
                    } catch (IOException e) {
                    e.printStackTrace();
            }
        }
        public static void main(String args[]) {
            CardServer frame = new CardServer();
            }
    }
    class ServerThread extends Thread {
        private Socket socket;
        private DataInputStream dis;
        private PrintWriter dos;
        private Connection conn;
        public ServerThread(Socket socket) {
            this.socket = socket;
```

```
                }
        private Connection openDB() {
            try {
                String url = "jdbc:odbc:ODBC1";//数据源的名字
                Class. forName("sun. jdbc. odbc. JdbcOdbcDriver");
                conn = DriverManager. getConnection(url);
                return conn;
            } catch(Exception e) {
                System. out. println("连接数据库出错!");
                e. printStackTrace();
                return null;
            }
        }

        private boolean ConnectNet() {
            try {
                System. out. println("服务器网络链接开始了");
                dis = new DataInputStream(socket. getInputStream());
                dos = new PrintWriter(new OutputStreamWriter(socket. getOutputStream()));
                return true;
            }
            catch(Exception e) {
                System. out. println("连接网络出错!");
                e. printStackTrace();
                return false;
            }
        }
        public void run() {
            String flag = "NO";
            String s;
            if(ConnectNet())
                System. out. println("服务器网络连接成功");
            while(true) {
                    try {
                        if((s = dis. readLine()) != null) {
                            System. out. println(s);
                            if(s. startsWith("001")) {//登录
                                String user = s. split("%")[1];//前面加上导标 + %
                                String password = s. split("%")[2];
                                System. out. println("user:" + user + "pass:" + password);
```

```
                        String s2,s3;
                        try{
                        Statement stmt = openDB().createStatement();
                        ResultSet rs = stmt.executeQuery("select * from Account");
                        while (rs.next()) {
        if(( s2 = rs.getString("Username")).equals(user)&&( s3 = rs.getString("Password")).
equals(password)) {
                                            System.out.println(s2 + " * " + s3);
                                            flag = "OK";
                                        }
                                    }
                        dos.println(flag);
                        dos.flush();
                        System.out.println("flag is " + flag);
                        }catch(SQLException e){
                            System.out.println("查询登录信息数据库出现异常");
                        }
                    }//登录结束
                else if(s.startsWith("002")){//查询余额
                    String user = s.split("%")[1];
                    double yue = 0;
                    try{
                            Statement stmt = openDB().createStatement();
                            ResultSet rs = stmt.executeQuery("select * from Account");
                        while (rs.next()){
                            if(rs.getString("Username").equals(user)){
                                yue = rs.getDouble("money");
                                System.out.println("当前账户余额:" + yue);
                                }
                            }
                    dos.println("002%" + yue);
                    dos.flush();
                    }
                    catch(SQLException e){
                            System.out.println("查询账户余额数据库出现异常");
                    }
                }//查询余额结束
                else if(s.startsWith("003")){//修改密码
                    String user = s.split("%")[1];
```

```
                        String newpassword = s. split("%")[2];
                        int i = 0;//用于记录修改密码后的数据库返回值
                        try{
                                Statement stmt = openDB(). createStatement();
                                i = stmt. executeUpdate("update Account set Password =
"'newpassword + '"where Username ="' + user + '"");
                        }
                        catch(SQLException e){
                                System. out. println("修改密码数据库出现异常");
                        }
                        if(i == 1){
                                dos. println("003% OK");
                                dos. flush();
                        }
                        else{
                                dos. println("003% NO");
                                dos. flush();
                        }
                }
                else if(s. startsWith("004")){//存钱接收到的应该是 004% 用户
名% 存钱金额
                        String user = s. split("%")[1];
                        double mon = Double. parseDouble(s. split("%")[2]);
                        int i = 1;
                        try{
                                Statement stmt = openDB(). createStatement();
                                i = stmt. executeUpdate("update Account set money = mon-
ey + " + mon + " where Username = \"' + user + '"\");
                                //i = stmt. executeUpdate("update Account set money =
money + 50");
                                System. out. println("服务器执行数据库存钱操作" + i);
                        }
                        catch(SQLException e){
                                System. out. println("修改余额数据库出现异常");
                        }
                        if(i == 1){
                                dos. println("004% OK");
                                dos. flush();
                        }
```

```
                        else{
                            dos. println( "004% NO" ) ;
                            dos. flush( ) ;
                        }
                    }
                }
            } catch (IOException e) {
                e. printStackTrace( ) ;
            }
        }
    }
}
```

客户端有两个文件:CardClient. java 和 CardLogin. java。CardLogin. java 文件中包含 Card-Login 类,用于完成登录界面及登录界面的事件处理,以及服务器的数据传输。CardClient. java 文件包含 CardClient 类、UserMes 类和 CardClientThread 类。CardClientThread 处理客户端主界面和服务器之间的数据接收。UserMes 类是用户信息类,用来表示对象的用户名、密码、余额属性。当客户登录端 CardLogin 接收到服务器端登录成功信息后,把用户对象和建立连接的 Socket 使用参数传递给客户端主界面 CardClient 类。CardClient 用来客户端主界面显示和事件处理及发送请求。

```java
import java. awt. * ;
import java. awt. event. * ;
import java. io. * ;
import java. net. Socket ;
import java. net. UnknownHostException ;
import java. sql. Connection ;
import java. sql. DriverManager ;
import java. sql. ResultSet ;
import java. sql. SQLException ;
import java. sql. Statement ;
import javax. swing. * ;
public class CardLogin extends JFrame implements ActionListener {
    JTextField txtUser = new JTextField( ) ;
    JPasswordField txtPass = new JPasswordField( ) ;
    PrintWriter dos ;
    BufferedReader dis ;
    Socket socket ;
    public CardLogin( ) {
    // 设置窗体属性
    this. setSize(250 , 125) ;
```

```java
        this. setTitle(" * * 大学校园一卡通登录");
        this. setResizable(false);
        // 布置输入面板
        JPanel panInput = new JPanel();
        panInput. setLayout(new GridLayout(2, 2));
        // 创建组件
        JLabel labUser = new JLabel("账号(10 位):");
        JLabel labPass = new JLabel("密码:");
        JButton btnLogin = new JButton("登录");
        JButton btnCancel = new JButton("取消");
        // 注册事件
        btnLogin. addActionListener(this);
        btnCancel. addActionListener(this);

        panInput. add(labUser);
        panInput. add(txtUser);
        panInput. add(labPass);
        panInput. add(txtPass);

        // 布置按钮面板
        JPanel panButton = new JPanel();
        panButton. setLayout(new FlowLayout());
        panButton. add(btnLogin);
        panButton. add(btnCancel);
        // 布置窗体
        this. setLayout(new BorderLayout());
        this. add(panInput, BorderLayout. CENTER);
        this. add(panButton, BorderLayout. SOUTH);
        try {
            socket = new Socket("192,168,1,18", 1987);// 创建套接字对象
            //读数据
            dos = new PrintWriter(new OutputStreamWriter(socket. getOutputStream()),true);
            dis = new BufferedReader(new InputStreamReader(socket. getInputStream()));

        } catch(Exception e) {
            }
    }
    public static void main(String args[]) {
        //JFrame. setDefaultLookAndFeelDecorated(true);
```

```
        CardLogin w = new CardLogin();
        w. setVisible( true );
}
public void actionPerformed( ActionEvent e ) {
if ( e. getActionCommand( ). equals( "登录" ) ) {
String u = txtUser. getText( );
String p = txtPass. getText( );
String s;
        dos. println( "001%" + u + "%" + p );
        dos. flush( );
        try {
            s = dis. readLine( );
            System. out. println( s );

            if( s. startsWith( "OK" ) ) {
                System. out. println( "客户端登录接收到" + s );
                UserMes user = new UserMes( u, p );
                CardClient c = new CardClient( user, socket );
                this. setVisible( false );
                c. setVisible( true );
                System. out. println( "弹出主界面" );
            }
            else {
                JOptionPane. showMessageDialog( this, "请输入正确的用户名和密码" );
                txtUser. setText( "" );
                txtPass. setText( "" );
            }

        } catch ( HeadlessException e1 ) {
            e1. printStackTrace( );
        } catch ( IOException e1 ) {
            e1. printStackTrace( );
        }
}
else if( e. getActionCommand( ). equals( "取消" ) ) {
    txtUser. setText( "" );
    txtPass. setText( "" );
    }
}
```

```
}
import java. awt. * ;
import java. awt. event. * r;
import java. io. * ;
import java. net. * ;
import javax. swing. * ;
/public class CardClient extends JFrame implements ActionListener{
    JLabel tslabel1 ,tslabel2;
    JButton bselect ,bget ,bpass ,bok ,bexit;
    JButton b[ ];
    Panel p1 ,p2 ,p3 ,p4;
    PrintWriter dos;
    CardClientThread cardThread;
    Socket clisocket;
    String flag;
    UserMes u;
    public CardClient( UserMes u ,Socket socket){
        this. setSize(350 , 250);
        this. setTitle(" * *大学校园一卡通登录");
        this. setResizable(false);
        this. u = u;
        tslabel1 = new JLabel("请选择");
        tslabel2 = new JLabel( );
        bselect = new JButton("查询");
        bget = new JButton("存钱");
        bpass = new JButton("修改密码");
        bok = new JButton("确定");
        bexit = new JButton("退出");
        bselect. addActionListener(this);
        bget. addActionListener(this);
        bpass. addActionListener(this);
        bok. addActionListener(this);
        bexit. addActionListener(this);
        b = new JButton[12];
        for( int i =0;i < b. length;i ++ )
        {
            b[i] = new JButton(" "+i);
            b[i]. addActionListener(new NOButton( ));
        }
```

```java
            b[10] = new JButton(" * ");
            b[10].addActionListener(this);
            b[11] = new JButton("#");
            b[11].addActionListener(this);
            p1 = new Panel();
            p2 = new Panel();
            p3 = new Panel();
            p4 = new Panel();
            p1.setLayout(new GridLayout(3,1));
            p1.add(tslabel1);
            p1.add(tslabel2);
            p3.setLayout(new GridLayout(4,3));
            for(int i = 0;i < b.length;i ++) {
            p3.add(b[i]);
            }
            p4.setLayout(new GridLayout(5,1,7,7));
            p4.add(bselect);
            p4.add(bget);
            p4.add(bpass);
            p4.add(bok);
            p4.add(bexit);
            p2.setLayout(new GridLayout(1,2));
            p2.add(p3);
            p2.add(p4);
            setLayout(new GridLayout(2,1));
            add(p1);
            add(p2);
            setVisible(true);
            clisocket = socket;
            try {
                dos = new PrintWriter(new OutputStreamWriter(clisocket.getOutputStream
        ()),true);
            } catch (IOException e) {
                // TODO Auto-generated catch block
                e.printStackTrace();
            }
            cardThread = new CardClientThread(clisocket);
            cardThread.start();
        }
```

```java
        public void actionPerformed( ActionEvent e) {
            if( e. getSource( ) == bselect) {
                dos. println( "002%" + u. getUsername( ) );
                dos. flush( );
            }
            else if( e. getSource( ) == bget) {
                tslabel1. setText( "请输入您的存款数额" );
                tslabel2. setText( " " );
                bselect. setEnabled( false);
                bpass. setEnabled( false);
            }
            else if( e. getSource( ) == bpass) {
                tslabel1. setText( "请输入您的六位新密码:" );
                tslabel2. setText( " " );
                bselect. setEnabled( false);
                bget. setEnabled( false);
            }
            else if( e. getSource( ) == bok) {
                if( bpass. isEnabled( ) == false&&bget. isEnabled( ) == true) {//存钱后的
确定{
                    dos. println ( "004%" + u. getUsername ( ) + "%" + tslabel2. getText
( ));//存钱发送到应该是004% 用户名% 存钱金额
                    dos. flush( );
                    System. out. println( "存钱后的确定" );
                    bselect. setEnabled( true);
                    bpass. setEnabled( true);
                }
                else if( bpass. isEnabled( ) == true&&bget. isEnabled( ) == false) {
                    dos. println ( "003%" + u. getUsername ( ) + "%" + tslabel2. getText
( ));//修改密码发送的应该是003% 用户名% 新密码
                    dos. flush( );
                    System. out. println( "修改密码后的确定" );
                    bselect. setEnabled( true);
                    bget. setEnabled( true);
                }
            }
            else if( e. getSource( ) == bexit) {
                System. exit(0);
```

```
        }
    }
    public void put( ) {
        tslabel1. setText("您的余额为:");

        tslabel2. setText("元");
    }
    class NOButton implements ActionListener{
        public void actionPerformed( ActionEvent e)
        {
            tslabel2. setText(( tslabel2. getText( ) + e. getActionCommand( )). trim( ));
        }
    }
    class CardClientThread extends Thread{
        Socket socket;
        PrintWriter dos;
        BufferedReader dis;
        public CardClientThread( Socket socket) {
            this. socket = socket;
        }
        public void run( ) {
            try {
                dis = new BufferedReader( new InputStreamReader( socket. getInput-
Stream( )));
            } catch ( IOException e) {

                System. out. println("客户端主界面创建 socket 出现异常");
                e. printStackTrace( );
            }
    while( true) {
        String info;
        try {
            info = dis. readLine( ). trim( );
        System. out. println("客户端主界面接收到的信息"+info);
        if( info. startsWith( "002")) {
            tslabel2. setText("当前客户查询余额:"+info. split( "%")[1]);
        }
        else if( info. startsWith( "003")) {
            tslabel1. setText("");
```

```
                    if( info. split( "%" )[ 1 ]. equals( "OK" ))
                        tslabel2. setText( "密码修改成功,请记住您的新密码" );
                    else
                        tslabel2. setText( "密码修改失败,请重新修改" );
                }
                else if( info. startsWith( "004" )){
                    tslabel1. setText( "" );
                    if( info. split( "%" )[ 1 ]. equals( "OK" ))
                        tslabel2. setText( "存钱成功" );
                    else
                        tslabel2. setText( "存钱失败,请取回您的钱" );
                }

            } catch ( IOException e ) {
                e. printStackTrace( );
            }
        }
    }
}
```

习 题

一、判断题

1. Java 可以将表作为 connection 对象来操作。   (   )

2. 关键字唯一地表示表中的每个记录。   (   )

3. C 和 Java 都是多线程语言。   (   )

4. 如果线程死亡,它便不能运行。   (   )

5. 一个线程在调用它的 start 方法之前,该线程将一直处于出生期。   (   )

6. 当调用一个正在进行线程的 stop( ) 方法时,该线程便会进入休眠状态。   (   )

7. 如果线程的 run 方法执行结束或抛出一个不能捕获的例外,线程便进入等待状态。

          (   )

8. 一个线程可以调用 yield 方法使其他线程有机会运行。   (   )

二、选择题

1. (   )布局管理器中的按钮位置会根据 Frame 的大小改变而改变。

   A. BorderLayout   B. CardLayout

  C. GridLayout   D. FlowLayout

2. 在 Java 中,对组件可实现不同的布局,不正确的是( )。

  A. 顺序布局(FlowLayout)   B. 边界布局(BorderLayout)

  C. 网络布局(GridLayout)   D. 中央布局(CenterLayout)

3. 下面关于事件监听的说明中,正确的是 ( )。

  A. 所有组件,都不允许附加多个监听器

  B. 如果多个监听器加在一个组件上,那么事件只会触发一个监听器

  C. 组件不允许附加多个监听器

  D. 监听器机制允许按照我们的需要,任意调用 addXxxxListener 方法多次,而且没有次序区别

4. ( )事件监听器可以处理在文本框中输入回车键的事件。

  A. ItemListener   B. ActionListener

  C. KeyListener   D. MouseListener

5. Frame 类对象的默认布局是( )。

  A. FlowLayout 布局   B. BorderLayout 布局

  C. CardLayout 布局   D. GridLayout 布局

6. 在 Java 语言网络编程中,URL 类是在 java. net 包中,该类中提供了许多方法用来访问 URL 对象的各种资源。用来获取 URL 中端口号的是( )。

  A. getFile( )   B. getProtocol( )

  C. getHost( )   D. getPort( )

7. 有 3 种原因可以导致线程不能运行,它们是( )。

  A. 等待   B. 阻塞   C. 休眠   D. 挂起及由于 I/O 操作而阻塞

8. 当( )方法终止时,能使线程进入死亡状态。

  A. run   B. setPrority   C. yield   D. sleep

9. 用( )方法可以改变线程的优先级。

  A. run   B. setPrority   C. yield   D. sleep

10. 线程通过( )方法可以休眠一段时间,然后恢复运行。

  A. run   B. setPrority   C. yield   D. sleep

11. ( )方法使对象等待队列的第一个线程进入就绪状态。

  A. run   B. notify   C. yield   D. sleep

三、简述题

1. 用一个 Java 建立一个简单的服务器需要几个步骤?

2. 简述程序、进程和线程之间的关系。什么是多线程程序?

3. 线程有哪 5 个基本状态?它们之间如何转化?简述线程的生命周期。

4. 试述 Thread 类的子类或实现 Runnable 接口两种方法的异同。

四、编程题

1. 创建一个 Frame,有两个 Button 按钮和一个 TextField,单击按钮,在 TextField 上显示

Button 信息。

2. 编写一个班级管理数据库,实现从数据库学生信息表中查询一条记录的所有信息的功能。

3. 编写一个应用程序,在线程同步的情况下来实现"生产者—消费者"问题。

4. 利用多线程设计一个程序,同时输出 50 以内的奇数和偶数,以及当前运行的线程数。

参考文献

［1］彭正文,卢昕.Java 程序设计［M］.北京:中国铁道出版社,2010.

［2］袁绍欣,安毅生,赵祥模,等.Java 面向对象程序设计［M］.北京:清华大学出版社,2007.

［3］许焕新,丁宏伟.Java 程序设计精讲［M］.北京:清华大学出版社,2010.

［4］陆迟.Java 语言程序设计［M］.北京:清华大学出版社,2010.

［5］沈大林.Java 程序设计案例教程［M］.北京:中国铁道出版社,2007.

［6］王鹏.零基础学 Java［M］.北京:机械工业出版社,2010.

［7］董小园.Java 面向对象程序设计［M］.北京:清华大学出版社,2011.

［8］邓琨.Java 语言程序设计教程［M］.北京:清华大学出版社,2010.

［9］杨文军,董玉涛.Java 程序设计教程［M］.北京:北京交通大学出版社,2010.

［10］刘丽华.Java 程序设计实例教程［M］.北京:化学工业出版社,2008.

［11］Horstmann,C. S. ,Cornell,G. Java 2 核心技术,卷Ⅰ:基础知识(Sun 公司核心技术丛书)
［M］.6 版.陈昊鹏,等,译.北京:机械工业出版社,2003.

［12］Horstmann,C. S. ,Cornell,G. Java 2 核心技术,卷Ⅱ:高级特性(Sun 公司核心技术丛书)
［M］.6 版.陈昊鹏,等,译.北京:机械工业出版社,2003.